# 电磁法中的数值模拟方法

李　貅　戚志鹏　孙怀凤　周建美　编著

科学出版社

北　京

# 内 容 简 介

　　本书主要介绍稳定电场、磁场和频域电磁场的有限元与边界元数值计算方法,以及时域电磁场时域有限差分法、时域矢量有限元法与时域有限体积法等的理论与三维计算方法。从基本理论阐述展开,详细介绍有限元与边界元的基本原理,通过二维模型程序分析有限元法与边界元法在电磁探测中的应用,总结近年来电磁探测三维数值模拟的主要研究成果,介绍三维计算方法的应用过程与效果。

　　本书可供高等院校地球物理专业的师生及地球物理电磁法相关领域科研人员和技术人员学习参考。

**图书在版编目(CIP)数据**

电磁法中的数值模拟方法/李貅等编著. —北京:科学出版社,2022.10
ISBN 978-7-03-067343-5

Ⅰ. ①电⋯　Ⅱ. ①李⋯　Ⅲ. ①电磁法勘探–数值模拟　Ⅳ. ①P631.3

中国版本图书馆 CIP 数据核字(2020) 第 268677 号

责任编辑:杨　丹 / 责任校对:任苗苗
责任印制:张　伟 / 封面设计:陈　敬

科学出版社 出版
北京东黄城根北街 16 号
邮政编码:100717
http://www.sciencep.com

**北京中石油彩色印刷有限责任公司** 印刷
科学出版社发行　各地新华书店经销
*
2022 年 10 月第 一 版　开本:720×1000　1/16
2024 年 1 月第二次印刷　印张:16 1/4
字数:325 000
**定价:160.00 元**
(如有印装质量问题,我社负责调换)

# 前　　言

地球物理数值计算方法是根据地球物理的偏微分方程和边界条件，用数值方法计算场值的近似值，适用于复杂物性分布和复杂边界条件的地球物理场计算。目前，数值计算方法已成为地球物理正演的主要手段。在稳定电流场、稳定磁场及频域电磁场的数值计算中，常用有限元法和边界元法；在时间域电磁场的数值计算中，常用时域有限差分法、时域矢量有限元法和时域有限体积法。

本书突出了基础理论的阐述，力争做到条理清晰、容易阅读，在每一部分原理的后面均增加了 Fortran 原程序和程序说明。

全书包含三部分，第一部分为有限单元法，共 4 章。第 1 章介绍有限单元法数学基础，讨论变分问题、欧拉方程，用里兹法与伽辽金法解变分问题。第 2 章介绍有限元方法，从自然坐标和高斯数值积分等方面介绍有限元的求解方法。第 3 章介绍二维拉普拉斯方程的有限单元法。第 4 章介绍二维亥姆霍兹方程的有限单元法。

第二部分为边界单元法，共 4 章。第 5 章为边界元法数学基础，介绍狄拉克函数、格林公式、基本解的概念、第二类修正贝塞尔函数。第 6 章介绍边界元数值方法，从单元分析、高次元法与样条边界法和三维边界单元法等方面介绍边界元的求解方法。第 7 章介绍二维拉普拉斯方程的边界单元法。第 8 章介绍二维亥姆霍兹方程的边界单元法。

第三部分为时间域电磁法中的三维数值模拟方法，共 3 章。第 9 章为三维时域有限差分正演原理，详细介绍控制方程与有限差分离散，源的加载与并行计算技术，并给出隧道三维模型的正演算例。第 10 章为电磁场直接时域矢量有限元正演方法，介绍变分方程的推导以及矢量有限元的求解方法。第 11 章为求解电磁场的有限体积法，介绍控制方程的弱形式表示、空间有限体积离散以及大型稀疏线性方程组求解等有限体积法基本原理。

本书第 1~3 章与第 5~7 章由李貅执笔，第 4、8、10 章由戚志鹏执笔，第 9 章由孙怀凤执笔，第 11 章由周建美执笔，全书由李貅统稿，戚志鹏负责审核。博士研究生李贺、刘文韬、鲁凯亮、景旭调制了程序及绘制了全部图件，感谢他们为本书做出的贡献。

本书是在作者多年的研究生教学的基础上，结合了近年时间域电磁场三维正演方法的研究成果编著而成，特别在第三部分，将近些年的研究成果编入其中，并附上正演程序，目的是让研究生在学习三维数值算法理论的基础上，建立所需模型，利用正演程序计算出场的分布特征，有利于研究生科研能力的培养。

本书的出版得到了国家自然科学基金项目 (41174108、41830101) 资助，在此表示感谢。

限于作者水平，书中难免存在不足之处，欢迎广大读者提出宝贵意见。

李　貅

2022 年 2 月

于长安大学

# 目　　录

# 第二部分　边界单元法

## 第三部分　时间域电磁法中的三维数值模拟方法

# 第一部分 有限单元法

# 第 1 章 有限单元法数学基础——变分法

变分是求泛函极值的一种方法，求泛函极值的问题称为变分问题。本章介绍变分法的基本原理，即变分问题与边值问题的关系，并简单介绍里兹法与有限单元法解变分问题的基本思想 [1]。

## 1.1 泛函与变分问题

### 1.1.1 泛函的概念

泛函就是以函数为自变量的函数，简称函数的函数。

**例如** 有一函数 $y = y(x)$，如果 $v$ 又是 $y = y(x)$ 的函数，则

$$v = v[y] = v[y(x)] \tag{1.1.1}$$

称 $v$ 为 $y$ 的泛函。

泛函和复合函数的区别如下：复合函数，如在 (1.1.2) 式中，给定一个 $x$ 值，得到一个 $y$ 值，相应地有一个 $z$ 值，$x$ 是 $y$ 的自变量，$y$ 是 $z$ 的自变量。泛函，如整条曲线 $y = y(x)$ 是自变量，$v$ 是 $y(x)$ 的函数，则 $v$ 是 $y$ 的泛函。

$$z = y^2, \quad y = \sin x \tag{1.1.2}$$

### 1.1.2 泛函极值的概念——变分问题

举例说明变分问题。

**例 1** 连接两点弧长的最短线

如图 1.1.1 所示，$A, B$ 是平面上的两个点，$y(x)$ 是通过 $A, B$ 的曲线方程，曲线的圆弧长度是 $\mathrm{d}l = \sqrt{\mathrm{d}x^2 + \mathrm{d}y^2}$。

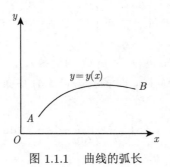

图 1.1.1 曲线的弧长

两点弧长的最短线问题可分为以下两个问题。

1) 弧长问题——泛函

从 $A$ 点至 $B$ 点曲线的弧长

$$l = \int_A^B \sqrt{\mathrm{d}x^2 + \mathrm{d}y^2} = \int_A^B \sqrt{1 + y'^2}\mathrm{d}x = l[y(x)]$$

曲线长度 $l$ 是曲线 $y(x)$ 的函数，称 $l$ 为 $y(x)$ 的泛函，记作 $l[y(x)]$。

2) 弧长最短线问题——泛函极值问题

求满足式 (1.1.3) 所列条件的 $y$，就是泛函的极值问题，或称为变分问题。

$$\begin{cases} l = \int_A^B \sqrt{1 + y'^2}\mathrm{d}x \to \min \\ y_A = y(x_A), y_B = y(x_B) \end{cases} \tag{1.1.3}$$

**例 2**　质点沿曲线自由下滑的时间

已知质点沿曲线自由下滑如图 1.1.2 所示。

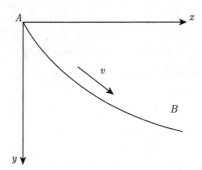

图 1.1.2　质点沿曲线自由下滑

质点从 $A$ 点沿 $y(x)$ 滑至 $B$ 点，所需时间为

$$t = \int \mathrm{d}t = \int_A^B \frac{\mathrm{d}l}{v} = \int_A^B \frac{\sqrt{1 + y'^2}}{\sqrt{2gy}}\mathrm{d}x = t[y(x)]$$

时间 $t$ 是曲线 $y(x)$ 的函数，称 $t$ 为 $y(x)$ 的泛函。

$A$、$B$ 两点的最速下降问题，即满足式 (1.1.4) 中条件的 $y(x)$，就是变分问题。

$$\begin{cases} t = \int_A^B \frac{\sqrt{1 + y'^2}}{\sqrt{2gy}}\mathrm{d}x \to \min \\ y_A = y(x_A), \quad y_B = y(x_B) \end{cases} \tag{1.1.4}$$

## 1.2 泛函极值与变分

变分问题就是泛函的极值问题，泛函极值的计算方法类似于函数极值的计算方法。变分的概念为：在泛函 $v = v[y(x)]$ 中，自变量 $y(x)$ 的增量 $\delta y(x)$ 是指满足同一边界两个 $y(x)$ 的差，$\delta y(x)$ 称为自变量 $y$ 的变分，如式 (1.2.1) 所示。

$$\delta y(x) = y_1(x) - y_0(x) \tag{1.2.1}$$

应注意以下两点。

(1) 变分与微分的区别。

变分——对应于同一个 $x$ 的两个 $y(x)$ 之差：

$$\delta y(x) = y_1(x) - y_0(x)$$

微分——$x$ 变化引起的 $y$ 的微分：

$$\mathrm{d}y = \lim_{\Delta x \to 0} \frac{\Delta y}{\Delta x} \mathrm{d}x = y'(x)\mathrm{d}x$$

(2) 若 $y_0(x)$ 固定，则有无限多种 $\delta y(x)$。

泛函的变分：

$$\Delta v = v[y + \delta y] - v[y] \tag{1.2.2}$$

其中，$\Delta v$ 为泛函的增量。

$$\delta v = \lim_{\delta y \to 0} \frac{\Delta v}{\delta y} \delta y = \lim_{\delta y \to 0} \frac{v[y + \delta y] - v[y]}{\delta y} \delta y = v'[y]\delta y \tag{1.2.3}$$

其中，$\delta v$ 为泛函的变分。

泛函的极值可根据泛函的极值条件进行计算：

$$\delta v = v'[y]\delta y = \lim_{\alpha \to 0} \frac{v[y + \alpha \delta y] - v[y + \delta y]}{\alpha} \delta y$$

$$= \frac{\partial v[y + \alpha \delta y]}{\partial \alpha} \bigg|_{\alpha = 0} \tag{1.2.4}$$

$$\delta v[y] = 0 \tag{1.2.5}$$

与函数的极值一样，判别泛函的极大值与极小值还需考虑二阶变分。

## 1.3  变分问题与边值问题

有限元法是求解变分问题的有效手段，但地球物理问题主要用边值问题表述，因此需要讨论变分问题与边值问题的关系。欧拉方程是解变分问题的方法之一，具体思路是将变分问题转变为微分方程 (欧拉方程)，然后解欧拉方程得到变分问题的解。利用极小位能原理与虚功原理可以将微分方程边值问题转化为变分问题，从而证明变分问题与边值问题是等价的。

### 1.3.1  欧拉方程

将变分问题写成一般形式:

$$\begin{cases} v[y(x)] = \displaystyle\int_{x_1}^{x_2} F\left[x, y(x), y'(x)\right] \mathrm{d}x \to \min \\ y_1 = y\left(x_1\right), \quad y_2 = y\left(x_2\right) \end{cases} \tag{1.3.1}$$

设 $v$ 在 $y(x)$ 上取极值，任取一条与 $y(x)$ 接近的曲线 $\overline{y}(x)$(图 1.3.1)，$y$ 的变分为

$$\delta y = \overline{y}(x) - y(x) \tag{1.3.2}$$

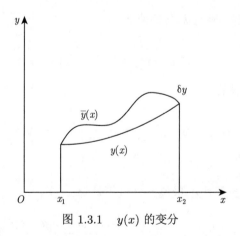

图 1.3.1   $y(x)$ 的变分

考虑到:

(1) 两端点处的变分为零，则

$$\begin{cases} \delta y(x_1) = \overline{y}(x_1) - y(x_1) = 0 \\ \delta y(x_2) = \overline{y}(x_2) - y(x_2) = 0 \end{cases} \tag{1.3.3}$$

(2) 变分 $\delta y(x)$ 对 $x$ 的导数就是导数的变分，即

$$(\delta y)' = [\overline{y}(x) - y(x)]' = \overline{y}'(x) - y'(x) = \delta y' \tag{1.3.4}$$

下面求泛函的变分。根据变分的计算公式有

$$
\begin{aligned}
v[y + \alpha \delta y] &= \int_{x_1}^{x_2} F[x, y + \alpha \delta y, (y + \alpha \delta y)'] \mathrm{d}x \\
&= \int_{x_1}^{x_2} F[x, y + \alpha \delta y, y' + \alpha \delta y'] \mathrm{d}x
\end{aligned}
\tag{1.3.5}
$$

令

$$
\xi = y + \alpha \delta y, \quad \zeta = y' + \alpha \delta y'
\tag{1.3.6}
$$

有

$$
v[y + \alpha \delta y] = \int_{x_1}^{x_2} F(x, \xi, \zeta) \mathrm{d}x, \quad \frac{\partial v[y + \alpha \delta y]}{\partial \alpha} = \int_{x_1}^{x_2} \left( \frac{\partial F}{\partial \xi} \frac{\partial \xi}{\partial \alpha} + \frac{\partial F}{\partial \zeta} \frac{\partial \zeta}{\partial \alpha} \right) \mathrm{d}x
$$

因为

$$
\left. \frac{\partial F}{\partial \xi} \right|_{\alpha=0} = \frac{\partial F}{\partial y}, \quad \left. \frac{\partial F}{\partial \zeta} \right|_{\alpha=0} = \frac{\partial F}{\partial y'}, \quad \frac{\partial \xi}{\partial \alpha} = \delta y, \quad \frac{\partial \zeta}{\partial \alpha} = \delta y'
$$

所以

$$
\delta v = \left. \frac{\partial v[y + \alpha \delta y]}{\partial \alpha} \right|_{\alpha=0} = \int_{x_1}^{x_2} \left( \frac{\partial F}{\partial y} \delta y + \frac{\partial F}{\partial y'} \delta y' \right) \mathrm{d}x
\tag{1.3.7}
$$

用分部积分法计算式 (1.3.7) 中积分号内的第二项积分，由于 $\delta y' = (\delta y)'$，有式 (1.3.8)

$$
\int_{x_1}^{x_2} \frac{\partial F}{\partial y'} \delta y' \mathrm{d}x = \int_{x_1}^{x_2} \frac{\partial F}{\partial y'} \mathrm{d}(\delta y) = \left. \frac{\partial F}{\partial y'} \delta y \right|_{x_1}^{x_2} - \int_{x_1}^{x_2} \delta y \mathrm{d} \frac{\partial F}{\partial y'}
\tag{1.3.8}
$$

在端点 $x_1, x_2$ 处的变分为零，$\left. \partial y \right|_{x_1} = 0, \left. \delta y \right|_{x_2} = 0$，代入式 (1.3.8)，得

$$
\int_{x_1}^{x_2} \frac{\partial F}{\partial y'} \delta y' \mathrm{d}x = - \int_{x_1}^{x_2} \frac{\mathrm{d}}{\mathrm{d}x} \frac{\partial F}{\partial y'} \delta y \mathrm{d}x
$$

所以

$$
\delta v = \int_{x_1}^{x_2} \left( \frac{\partial F}{\partial y} \delta y + \frac{\partial F}{\partial y'} \delta y' \right) \mathrm{d}x = \int_{x_1}^{x_2} \left( \frac{\partial F}{\partial y} - \frac{\mathrm{d}}{\mathrm{d}x} \frac{\partial F}{\partial y'} \right) \delta y \mathrm{d}x
$$

由泛函的极值条件 $\delta v = 0$，得

$$
\int_{x_1}^{x_2} \left( \frac{\partial F}{\partial y} - \frac{\mathrm{d}}{\mathrm{d}x} \frac{\partial F}{\partial y'} \right) \delta y \mathrm{d}x = 0
$$

由 $\delta y(x)$ 的任意性，除 $x_1,x_2$ 两点外，在 $(x_1,x_2)$ 内 $\delta y(x) \neq 0$，有

$$\frac{\partial F}{\partial y} - \frac{\mathrm{d}}{\mathrm{d}x}\frac{\partial F}{\partial y'} = 0 \tag{1.3.9}$$

式 (1.3.9) 就是欧拉方程。欧拉方程是泛函取极值时必须满足的方程，可通过积分的方法求得方程的通解 $y = y(x, c_1, c_2)$，由边界条件 $y_1 = y(x_1)$ 和 $y_2 = y(x_2)$ 可确定常数 $c_1, c_2$。

欧拉方程的展开式为

$$\frac{\partial F}{\partial y} - \frac{\mathrm{d}}{\mathrm{d}x}\frac{\partial F}{\partial y'} = F_y - (F_{y'x} + F_{y'y}y' + F_{y'y'}y'') = 0 \tag{1.3.10}$$

由式 (1.3.10) 可以看出，如果存在一个变分问题，可通过欧拉方程求出变分问题的解。

下面给出求变分问题的三个例子。

**例 1**　求下列已知变分问题

$$\begin{cases} v[y(x)] = \int_0^1 [(y')^2 + 2x^3 y]\mathrm{d}x & \text{取极值} \\ y(0) = 0, \quad y(1) = 0 \end{cases}$$

**解:**

$$F(x, y, y') = (y')^2 + 2x^3 y$$

$$\frac{\partial F}{\partial y} = 2x^3, \quad \frac{\partial F}{\partial y'} = 2y'$$

欧拉方程

$$\frac{\partial F}{\partial y} - \frac{\mathrm{d}}{\mathrm{d}x}\left(\frac{\partial F}{\partial y'}\right) = 2x^3 - \frac{\mathrm{d}}{\mathrm{d}x}(2y') = 2x^3 - 2y'' = 0$$

或

$$y'' = x^3$$

其通解为

$$y = \frac{1}{20}x^5 + c_1 x + c_2$$

将边界条件

$$\begin{cases} x_1 = 0, \quad y_1 = 0 \\ x_2 = 1, \quad y_2 = 0 \end{cases}$$

代入，得

$$c_1 = -\frac{1}{20}, \quad c_2 = 0$$

所以解为

$$y = \frac{x^5 - x}{20}$$

**例 2** 两点的最短线问题

解下列变分问题：

$$\begin{cases} l[y] = \displaystyle\int_A^B \sqrt{1 + (y')^2}\,\mathrm{d}x & \text{取极值} \\ y_A = y(x_A), \quad y_B = y(x_B) \end{cases}$$

由已知变分问题可知

$$F(x, y, y') = \sqrt{1 + y'^2}$$

$$\frac{\partial F}{\partial y} = 0, \quad \frac{\partial F}{\partial y'} = \frac{y'}{\sqrt{1 + y'^2}}$$

欧拉方程

$$\frac{\partial F}{\partial y} - \frac{\mathrm{d}}{\mathrm{d}x}\left(\frac{\partial F}{\partial y'}\right) = -\frac{\mathrm{d}}{\mathrm{d}x}\frac{y'}{\sqrt{1 + y'^2}} = 0$$

所以

$$\frac{y'}{\sqrt{1 + y'^2}} = c_1$$

由此可得

$$y' = \sqrt{\frac{c_1^2}{1 - c_1^2}} = c_2$$

所以

$$y = c_2 x + c_3$$

将边界条件代入，可得通过 $(x_A, y_A)$，$(x_B, y_B)$ 的直线的方程。

**例 3** 最速下降问题

解下列变分问题：

$$\begin{cases} t[y] = \displaystyle\int_A^B \frac{\sqrt{1 + y'^2}}{\sqrt{2gy}}\,\mathrm{d}x & \text{取极值} \\ y_A = y(x_A), \quad y_B = y(x_B) \end{cases}$$

变分问题中的

$$F = \frac{\sqrt{1 + y'^2}}{\sqrt{2gy}} \tag{1.3.11}$$

由于 $F$ 与 $x$ 无直接关系，根据式 (1.3.10)，欧拉方程为

$$F_y - F_{yy'}y' - F_{y'y'}y'' = 0 \tag{1.3.12}$$

其恰好是一个全微分：

$$\frac{\mathrm{d}}{\mathrm{d}x}(F - y'F_{y'}) \tag{1.3.13}$$

其中

$$\frac{\mathrm{d}}{\mathrm{d}x}F = F_y y' + F_{y'} y''$$

$$\frac{\mathrm{d}}{\mathrm{d}x}(y'F_{y'}) = y''F_{y'} + y'\left(F_{yy'}y' + F_{y'y'}y''\right)$$

代入式 (1.3.13)，得

$$\frac{\mathrm{d}}{\mathrm{d}x}(F - y'F_{y'}) = y'(F_y - F_{yy'}y' - F_{y'y'}y'')$$

根据式 (1.3.12)，有

$$\frac{\mathrm{d}}{\mathrm{d}x}(F - y'F_{y'}) = 0$$

因此，欧拉方程的首次积分是

$$F - y'F_{y'} = c$$

将式 (1.3.11) 代入，得

$$\frac{\sqrt{1 + y'^2}}{\sqrt{2gy}} - \frac{y'^2}{\sqrt{2gy}\sqrt{1 + y'^2}} = c$$

整理后，得

$$y(1 + y'^2) = \frac{1}{2gc^2} = c_1 \tag{1.3.14}$$

方程 (1.3.14) 可用参数方程求解。令 $y' = \mathrm{ctg}\,t$，代入式 (1.3.14)，得

$$y = \frac{c_1}{1 + \mathrm{ctg}^2 t} = c_1 \sin^2 t = \frac{c_1}{2}(1 - \cos^2 t)$$

$$\mathrm{d}x = \frac{\mathrm{d}y}{y'} = \frac{2c_1 \sin t \cos t}{\mathrm{ctg}t}\mathrm{d}t = 2c_1 \sin^2 t \mathrm{d}t = c_1(1 - \cos 2t)\mathrm{d}t$$

积分得

$$x = \frac{c_1}{2}(2t - \sin 2t) + c_2$$

因此，所求曲线的参数方程为

$$x = \frac{c_1}{2}(2t - \sin 2t) + c_2, \quad y = \frac{c_1}{2}(1 - \cos^2 t) \tag{1.3.15}$$

将边界条件代入，可确定方程中的参数 $c_1$ 和 $c_2$。式 (1.3.15) 是圆滚线，所以最速下降线是圆滚线。

## 1.3.2  极小位能原理和虚功原理

欧拉方程实现了变分问题到边值问题的转化。也可从极小位能原理和虚功原理出发建立将边值问题转化为变分问题的方程。现以弦的平衡问题为例讨论二者间的关系。

两点边值问题如式 (1.3.16) 所示：

$$\begin{cases} -Ty'' = f(x), & 0 < x < l \\ y(0) = 0, & y(l) = 0 \end{cases} \tag{1.3.16}$$

其中，$T$ 为弦的张力 (正常数)；$f(x)$ 为外荷载，垂直向下作用于弦。该问题的解是弦的平衡位置。

由力学的"极小位能原理"可知，弦的平衡位置 $y^*(x)$ 是在满足上述边界条件的一切可能的 $y(x)$ 中，使弦的总位能取值最小者。弦处于某一位置时的总位能包括两部分：一部分为弦的内能，另一部分为外力所做的功。

$$w_内 = \frac{1}{2}\int_0^l T(y')^2\mathrm{d}x, \quad w_外 = \int_0^l fy\mathrm{d}x$$

总位能

$$v[y(x)] = w_内 - w_外 = \frac{1}{2}\int_0^l [T(y')^2 - 2fy]\mathrm{d}x \tag{1.3.17}$$

其中，$v[y(x)]$ 称为二次泛函。

将上述两个能量积分进行变形，有

$$\begin{aligned} w_内 &= \frac{1}{2}\int_0^l T(y')^2\mathrm{d}x = \frac{1}{2}Ty'\,y\Big|_0^l - \frac{1}{2}\int_0^l Ty''y\mathrm{d}x \\ &= \frac{1}{2}\int_0^l [-Ty'']y\mathrm{d}x = \frac{1}{2}(Ly, y) \end{aligned} \tag{1.3.18}$$

$$w_{外} = \int_0^l fy\mathrm{d}x = (f, y) \tag{1.3.19}$$

二次泛函又可写成

$$v[y(x)] = \frac{1}{2}(Ly, y) - (f, y) \tag{1.3.20}$$

其中，$(Ly, y)$ 称为 $Ly$ 与 $y$ 的内积，$Ly = -Ty''$，$L$ 称为算子。式 (1.3.20) 对一切一维椭圆形方程的两点边值问题都适用。

由于

$$(Ly, y) = \int_0^l [-Ty'']y\mathrm{d}x = -Ty\,y'\big|_0^l - Ty'y'\mathrm{d}x$$
$$= \int_0^l Ty'y'\mathrm{d}x = a(y, y) \tag{1.3.21}$$

于是二次泛函可写为

$$v[y(x)] = \frac{1}{2}a(y, y) - (f, y) \tag{1.3.22}$$

其中，$a(y, y)$ 称为双线性泛函，具有双线性、对称性、正定性。

为了确定弦的平衡位置，可导出两个不同形式的数学问题：边值问题与变分问题，显然二者之间应具有某种等价关系，这就是所要建立变分原理的最简模型。

边值问题转换为变分问题如下所示。

**定理 1.3.1**　若 $y^*(x)$ 是边值问题

$$\begin{cases} -Ty'' = f(x), & 0 < x < l \\ y(0) = 0, & y(l) = 0 \end{cases} \tag{1.3.23}$$

的解，则 $y^*(x)$ 使

$$v[y(x)] = \frac{1}{2}a(y, y) - (f, y) \tag{1.3.24}$$

达到极小值；反之，若 $y^*(x)$ 使式 (1.3.24) 达到极小值，则 $y^*(x)$ 是以上边值问题的解，这就是极小位能原理。

**定理 1.3.2**　若 $y^*(x)$ 是边值问题

$$\begin{cases} -Ty'' = f(x), & 0 < x < l \\ y(0) = 0, & y(l) = 0 \end{cases}$$

的解，则它必满足虚功方程

$$a(y,y) - (f,y) = 0 \tag{1.3.25}$$

反之，若 $y^*(x)$ 满足虚功方程，则 $y^*(x)$ 是以上边值问题的解，这就是虚功原理。

与极小位能原理相比，虚功原理的应用范围更广，实际上虚功原理是欧拉方程的积分形式，两者是一致的 [1,2]。有了这两个原理，可以将边值问题转换为变分问题。

## 1.4 依赖多个自变量函数的泛函的变分问题

设函数 $u$ 是两个自变量 $(x,y)$ 的函数：$u = u(x,y)$ 且 $u(x,y)$ 在区域 $\Omega$ 的边界 $\Gamma$ 上的值是给定的。求满足这一边界条件时，泛函

$$v[u(x,y)] = \iint_\Omega F\left(x, y, u, \frac{\partial u}{\partial x}, \frac{\partial u}{\partial y}\right) \mathrm{d}x\mathrm{d}y$$

取极值的 $u(x,y)$。

令 $u_x = \dfrac{\partial u}{\partial x}$，$u_y = \dfrac{\partial u}{\partial y}$，上述变分问题写成

$$\begin{cases} v[u] = \iint_\Omega F(x, y, u, u_x, u_y)\mathrm{d}x\mathrm{d}y \to \min \\ u|_\Gamma = f(x,y) \end{cases} \tag{1.4.1}$$

因为边界 $\Gamma$ 上的 $u$ 是固定的，所以有边界条件

$$\delta u|_\Gamma = 0 \tag{1.4.2}$$

根据变分的定义，经推导可知二维问题的欧拉方程为

$$\frac{\partial F}{\partial u} - \frac{\partial}{\partial x}\left(\frac{\partial F}{\partial u_x}\right) - \frac{\partial}{\partial y}\left(\frac{\partial F}{\partial u_y}\right) = 0 \tag{1.4.3}$$

解方程 (1.4.3)，得到带积分常数的二维函数 $u(x,y)$，代入边界条件后，解出积分常数，最后确定二维函数 $u(x,y)$。通过以下两个例子介绍计算与变分问题相对应的边值问题。

**例 1**

$$\begin{cases} v[u(x,y)] = \iint_\Omega \frac{1}{2}\left[\left(\frac{\partial u}{\partial x}\right)^2 + \left(\frac{\partial u}{\partial y}\right)^2\right]\mathrm{d}x\mathrm{d}y = \iint_\Omega \frac{1}{2}\left(u_x^2 + u_y^2\right)\mathrm{d}x\mathrm{d}y \to \min \\ u(x,y)|_\Gamma = f(x,y) \end{cases}$$

$$\tag{1.4.4}$$

其中，$\Gamma$ 是二维区域 $\Omega$ 的边界。

解：

$$F(x, y, u, u_x, u_y) = \frac{1}{2}(u_x^2 + u_y^2)$$

$$\frac{\partial F}{\partial u} = 0, \quad \frac{\partial F}{\partial u_x} = u_x, \quad \frac{\partial F}{\partial u_y} = u_y$$

代入欧拉方程 (1.4.3)

$$\frac{\partial F}{\partial u} - \frac{\partial}{\partial x}\left(\frac{\partial F}{\partial u_x}\right) - \frac{\partial}{\partial y}\left(\frac{\partial F}{\partial u_y}\right) = -\frac{\partial}{\partial x}u_x - \frac{\partial}{\partial y}u_y$$

$$= -\left(\frac{\partial^2 u}{\partial x^2} + \frac{\partial^2 u}{\partial y^2}\right) = 0$$

因此，变分问题式 (1.4.4) 所求的 $u$，应满足下列边值问题：

$$\begin{cases} \dfrac{\partial^2 u}{\partial x^2} + \dfrac{\partial^2 u}{\partial y^2} = 0, \quad u \in \Omega \\ u|_\Gamma = f(x, y) \end{cases} \tag{1.4.5}$$

式 (1.4.5) 中的方程称为拉普拉斯 (Laplace) 方程，是稳定电流场中的基本方程。如果其中 $u$ 代表电位，则式 (1.4.4) 中的 $\dfrac{1}{2}\left[\left(\dfrac{\partial u}{\partial x}\right)^2 + \left(\dfrac{\partial u}{\partial y}\right)^2\right]$ 就是电场的能流密度。对区域 $\Omega$ 积分后，得整个区域的电场能量。可见，满足拉普拉斯方程的电位所对应的电场能量将取极小值。

对于含三个自变量函数的泛函，设函数 $u$ 是三个自变量 $x, y, z$ 的函数，$u = u(x, y, z)$ 在区域 $\Omega$ 的边界 $\Gamma$ 上的值是给定的。求满足这一边界条件时，使泛函

$$v[u(x, y, z)] = \iint_\Omega F(x, y, z, u, u_x, u_y, u_z)\mathrm{d}x\mathrm{d}y\mathrm{d}z$$

取极值的 $u$。

经推导可知三维问题的欧拉方程为

$$\frac{\partial F}{\partial u} - \frac{\partial}{\partial x}\left(\frac{\partial F}{\partial u_x}\right) - \frac{\partial}{\partial y}\left(\frac{\partial F}{\partial u_y}\right) - \frac{\partial}{\partial z}\left(\frac{\partial F}{\partial u_z}\right) = 0 \tag{1.4.6}$$

解方程 (1.4.6)，得到带积分常数的三维函数 $u(x, y, z)$，代入边界条件后，解出积分常数，最后得到三维函数 $u(x, y, z)$。

**例 2**

$$\begin{cases} v[u(x,y,z)] = \iiint_{\Omega} \frac{1}{2} \left[ \left( \frac{\partial u}{\partial x} \right)^2 + \left( \frac{\partial u}{\partial y} \right)^2 + \left( \frac{\partial u}{\partial z} \right)^2 \right] \mathrm{d}x\mathrm{d}y\mathrm{d}z \to \min \\ u(x,y,z)|_{\Gamma} = f(x,y,z) \end{cases}$$

(1.4.7)

其中，$\Gamma$ 是三维区域 $\Omega$ 的边界。

解：

$$F(x,y,z,u,u_x,u_y,u_z) = \frac{1}{2} \left( u_x^2 + u_y^2 + u_z^2 \right)$$

$$\frac{\partial F}{\partial u} = 0, \quad \frac{\partial F}{\partial u_x} = u_x, \quad \frac{\partial F}{\partial u_y} = u_y, \quad \frac{\partial F}{\partial u_z} = u_z$$

代入欧拉方程 (1.4.6)：

$$\frac{\partial F}{\partial u} - \frac{\partial}{\partial x} \left( \frac{\partial F}{\partial u_x} \right) - \frac{\partial}{\partial y} \left( \frac{\partial F}{\partial u_y} \right) - \frac{\partial}{\partial z} \left( \frac{\partial F}{\partial u_z} \right) = -\frac{\partial}{\partial x} u_x - \frac{\partial}{\partial y} u_y - \frac{\partial}{\partial z} u_z$$

$$= -\left( \frac{\partial^2 u}{\partial x^2} + \frac{\partial^2 u}{\partial y^2} + \frac{\partial^2 u}{\partial z^2} \right) = 0$$

因此，变分问题式 (1.4.7) 所求的 $u$，应满足以下边值问题：

$$\begin{cases} \dfrac{\partial^2 u}{\partial x^2} + \dfrac{\partial^2 u}{\partial y^2} + \dfrac{\partial^2 u}{\partial z^2} = 0, \quad u \in \Omega \\ u|_{\Gamma} = f(x,y,z) \end{cases}$$

(1.4.8)

这是三维的拉普拉斯方程。

## 1.5 用里兹法与伽辽金法解变分问题

欧拉方程将变分问题转变成微分方程的边值问题，解边值问题就得到变分问题的解。用有限元解边值问题的过程恰好相反。首先将边值问题转变为变分问题，然后用有限单元法解变分问题，也就得到边值问题的解。在有限元发展起来之前，就已存在多种解变分问题的数值方法，现介绍两种古典的解变分问题的方法 [1-3]。

### 1.5.1 里兹法

里兹法是用一个线性独立、完备的函数系

$$\varphi_i(x)(i = 1, \cdots, n)$$

中的若干个函数的线性组合

$$y = \sum_{i=1}^{n} c_i \varphi_i(x) \tag{1.5.1}$$

作为泛函的试探解，其中 $c_i$ 是待定系数，试探解应在整个区域上有定义，且满足边界条件。

将试探解代入泛函中：

$$v[y] = \int_{x_1}^{x_2} F(x, y, y') \mathrm{d}x \approx \int_{x_1}^{x_2} F\left[ x, \sum_{i=1}^{n} c_i \varphi_i(x), \sum_{i=1}^{n} c_i \varphi_i'(x) \right] \mathrm{d}x$$

泛函 $v$ 成为这些系数 $c_i(i = 1, \cdots, n)$ 的函数：

$$v[y] = v[c_1, \cdots, c_n]$$

选择 $c_i$ 使 $v$ 取极值，$v$ 必须满足

$$\frac{\partial v}{\partial c_i} = 0 \tag{1.5.2}$$

由式 (1.5.2) 得到含 $n$ 个未知数的 $n$ 阶性代数方程组，解方程得 $c_i$，代入线性组合式得近似解。

### 1.5.2　伽辽金法

伽辽金法是解虚功方程型变分问题的一种近似方法，它的目标也是求一组系数 $c_i$ 使

$$y = \sum_{i=1}^{n} c_i \varphi_i(x)$$

满足虚功方程

$$a(y, y) - (f, y) = 0$$

由此虚功方程变为

$$a\left( \sum_{i=1}^{n} c_i \varphi_i, \sum_{j=1}^{n} c_j \varphi_j \right) = \left( f, \sum_{j=1}^{n} c_j \varphi_j \right) \tag{1.5.3}$$

考虑到 $j$ 分别取 $1, 2, \cdots, n$ 的每一项时式 (1.5.3) 可分写为

$$a\left( \sum_{i=1}^{n} c_i \varphi_i, \varphi_j \right) = (f, \varphi_j), \quad j = 1, 2, \cdots, n$$

也可写成

$$\sum_{i=1}^{n} a(\varphi_i, \varphi_j) c_i = (f, \varphi_j), \quad j = 1, 2, \cdots, n$$

它和里兹法导出的代数方程组完全相同，因此习惯上称为里兹–伽辽金 ($R$-$\Gamma$) 方法。写成方程形式为

$$\begin{bmatrix} a(\varphi_1, \varphi_1) & a(\varphi_2, \varphi_1) & \cdots & a(\varphi_n, \varphi_1) \\ a(\varphi_1, \varphi_2) & a(\varphi_2, \varphi_2) & \cdots & a(\varphi_n, \varphi_2) \\ \vdots & \vdots & & \vdots \\ a(\varphi_1, \varphi_n) & a(\varphi_2, \varphi_n) & \cdots & a(\varphi_n, \varphi_n) \end{bmatrix} \begin{bmatrix} c_1 \\ c_2 \\ \vdots \\ c_n \end{bmatrix} = \begin{bmatrix} (f, \varphi_1) \\ (f, \varphi_2) \\ \vdots \\ (f, \varphi_n) \end{bmatrix} \qquad (1.5.4)$$

解方程组 (1.5.4)，可以确定待定系数 $c_i$。

# 第 2 章　有限元方法

第 1 章介绍了边值问题可转换为变分问题求解，即泛函的极值问题，泛函的一般形式是函数的积分。$R\text{-}\Gamma$ 方法求泛函，选取基函数 $\varphi_i(x)$ 比较困难，而有限单元法继承和发展了 $R\text{-}\Gamma$ 方法，用剖分和插值的办法构造基函数，引入自然坐标和高斯积分，可以使积分计算大为简化，下面介绍自然坐标和高斯积分在单元积分计算中的应用 [1,2]。

## 2.1　二维自然坐标

### 2.1.1　自然坐标的定义

设第 $e$ 单元所在平面的 3 个节点按逆时针方向编号，分别为 $i$，$j$，$m$，坐标为 $(x_i,y_i),(x_j,y_j),(x_m,y_m)$ 对应的节点函数值分别为 $u_i,u_j,u_m$，这三点组成三角形单元 $\triangle ijm$，其面积用 $\triangle$ 表示，三角形中的点 $p(x,y)$ 与 $i$，$j$，$m$ 三点的连线，将 $\triangle ijm$ 分割成三个小三角形 $\triangle pjm,\triangle pmi,\triangle pij$(图 2.1.1)，其面积分别为 $\triangle_i,\triangle_j,\triangle_m$，$p$ 点在单元的位置可表示为

$$L_i(x,y) = \frac{\triangle_i}{\triangle}, \quad L_j(x,y) = \frac{\triangle_j}{\triangle}, \quad L_m(x,y) = \frac{\triangle_m}{\triangle} \tag{2.1.1}$$

式 (2.1.1) 称为二维自然坐标，其特点如下：

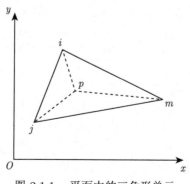

图 2.1.1　平面中的三角形单元

(1) 由面积坐标的定义式 (2.1.1)，易推得

$$\begin{cases} i点: L_i = 1, & L_j = 0, & L_m = 0 \\ j点: L_i = 0, & L_j = 1, & L_m = 0 \\ m点: L_i = 0, & L_j = 0, & L_m = 1 \end{cases} \quad (2.1.2)$$

(2) $L_i(x,y) + L_j(x,y) + L_m(x,y) = 1$，即三个坐标之和恒为 1。

(3) $L_i(x,y), L_j(x,y), L_m(x,y)$ 均为线性函数，即

$$\begin{cases} L_i(x,y) = (a_i x + b_i y + c_i)/(2\Delta) \\ L_j(x,y) = (a_j x + b_j y + c_j)/(2\Delta) \\ L_m(x,y) = (a_m x + b_m y + c_m)/(2\Delta) \end{cases} \quad (2.1.3)$$

其中

$$\begin{cases} a_i = y_j - y_m, & b_i = x_m - x_j, & c_i = x_j y_m - x_m y_j \\ a_j = y_m - y_i, & b_j = x_i - x_m, & c_j = x_m y_i - x_i y_m \\ a_m = y_i - y_j, & b_m = x_j - x_i, & c_m = x_i y_j - x_j y_i \\ \Delta = \dfrac{1}{2}(a_i b_j - a_j b_i) \end{cases} \quad (2.1.4)$$

## 2.1.2 插值函数

假设单元内 $u(x,y)$ 是线性变化的，可表示为

$$u = ax + by + c \quad (2.1.5)$$

其中，$a$，$b$，$c$ 为系数，将三个顶点坐标 $(x_i, y_i)$，$(x_j, y_j)$，$(x_m, y_m)$ 和函数值 $u_i$，$u_j$，$u_m$ 分别代入式 (2.1.5)，解出 $a$，$b$，$c$：

$$\begin{cases} u_i = ax_i + by_i + c \\ u_j = ax_j + by_j + c \\ u_m = ax_m + by_m + c \end{cases} \Rightarrow \begin{aligned} a &= (a_i u_i + a_j u_j + a_m u_m)/(2\Delta) \\ b &= (b_i u_i + b_j u_j + b_m u_m)/(2\Delta) \\ c &= (c_i u_i + c_j u_j + c_m u_m)/(2\Delta) \end{aligned} \quad (2.1.6)$$

其中，$a_i, a_j, a_m$，$b_i, b_j, b_m$ 和 $c_i, c_j, c_m$ 与式 (2.1.4) 中的相同，将 $a$，$b$，$c$ 代入式 (2.1.5)，整理后得单元 $e$ 内函数 $u$ 的线性插值表达式为

$$u(x,y) = N_i(x,y)u_i + N_j(x,y)u_j + N_m(x,y)u_m \quad (2.1.7)$$

其中

$$\begin{cases} N_i(x,y) = (a_i x + b_i y + c_i)/(2\Delta) \\ N_j(x,y) = (a_j x + b_j y + c_j)/(2\Delta) \\ N_m(x,y) = (a_m x + b_m y + c_m)/(2\Delta) \end{cases} \quad (2.1.8)$$

称为形函数。与式 (2.1.3) 对比，形函数等于面坐标。

$$N_i = L_i, \quad N_j = L_j, \quad N_m = L_m \tag{2.1.9}$$

故

$$u(x,y) = L_i(x,y)u_i + L_j(x,y)u_j + L_m(x,y)u_m \tag{2.1.10}$$

即为所求的插值函数。

### 2.1.3  单元积分

计算如下形式的面积坐标的单元积分：

$$I = \int_{\Delta} L_i^a L_j^b L_m^c \mathrm{d}x\mathrm{d}y \tag{2.1.11}$$

其中，$a$, $b$, $c$ 是非负整数。式 (2.1.11) 有 5 个变量 $L_i, L_j, L_m, x$ 和 $y$，为便于积分，将它化为变量 $L_i, L_j$ 的积分。

因为 $L_i, L_j, L_m$ 是 $x, y$ 的线性函数，所以 $x, y$ 也可以表示成 $L_i, L_j, L_m$ 的线性函数：

$$\begin{aligned} x &= L_i\alpha_i + L_j\alpha_j + L_m\alpha_m \\ y &= L_i\beta_i + L_j\beta_j + L_m\beta_m \end{aligned} \tag{2.1.12}$$

其中，$\alpha_i, \alpha_j, \alpha_m, \beta_i, \beta_j, \beta_m$ 是待定系数。根据 $x = x_i, y = y_i$ 时，$L_i = 1, L_j = L_m = 0$，得 $\alpha_i = x_i, \beta_i = y_i$。同理 $\alpha_j = x_j, \beta_j = y_j, \alpha_m = x_m, \beta_m = y_m$。又由于 $L_i + L_j + L_m = 1$，所以式 (2.1.12) 变成

$$\begin{aligned} x &= L_i x_i + L_j x_j + (1 - L_i - L_m)x_m \\ &= (x_i - x_m)L_i + (x_j - x_m)L_j + x_m \\ y &= L_i y_i + L_j y_j + (1 - L_i - L_m)y_m \\ &= (y_i - y_m)L_i + (y_j - y_m)L_j + y_m \end{aligned}$$

求偏导，得

$$\frac{\partial x}{\partial L_i} = x_i - x_m, \quad \frac{\partial y}{\partial L_i} = y_i - y_m$$

$$\frac{\partial x}{\partial L_j} = x_j - x_m, \quad \frac{\partial y}{\partial L_j} = y_j - y_m$$

根据雅可比 (Jacobi) 变换，有

$$\mathrm{d}x\mathrm{d}y = \begin{vmatrix} \dfrac{\partial x}{\partial L_i} & \dfrac{\partial y}{\partial L_i} \\[2mm] \dfrac{\partial x}{\partial L_j} & \dfrac{\partial y}{\partial L_j} \end{vmatrix} \mathrm{d}L_i\mathrm{d}L_j = \begin{vmatrix} x_i - x_m & y_i - y_m \\ x_j - x_m & y_j - y_m \end{vmatrix} \mathrm{d}L_i\mathrm{d}L_j$$

$$= 2\Delta\mathrm{d}L_i\mathrm{d}L_j$$

其中，$\Delta$ 是三角形的面积。

对式 (2.1.11) 中的积分限作变换，将 $x, y$ 平面上的任意三角形变换成 $L_i, L_j$ 平面上的等腰直角三角形 (图 2.1.2)。

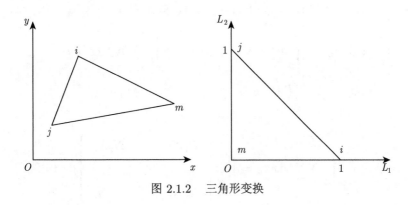

图 2.1.2 三角形变换

于是式 (2.1.11) 变为

$$
\begin{aligned}
I &= \int_{\Delta} L_i^a L_j^b L_m^c \mathrm{d}x\mathrm{d}y = 2\Delta \int_0^1 \int_0^{1-L_i} L_i^a L_j^b (1 - L_i - L_j)^c \mathrm{d}L_i L_j \\
&= 2\Delta \int_0^1 L_i^a \left[ \int_0^{1-L_i} L_j^b (1 - L_i - L_j)^c \mathrm{d}L_j \right] \mathrm{d}L_i \\
&= 2\Delta \frac{b!c!}{(b+c+1)!} \int_0^1 L_i^a (1 - L_i)^{b+c+1} \mathrm{d}L_i \\
&= 2\Delta \frac{a!b!c!}{(a+b+c+2)!}
\end{aligned}
\tag{2.1.13}
$$

例 1 已知二次函数

$$u = a_1 x^2 + a_2 xy + a_3 y^2 + a_4 x + a_5 y + a_6 \tag{2.1.14}$$

在三角形单元的顶点 $i, j, m$ 及三边中点 $p, q, r$ 上的函数值分别为 $u_i, \cdots, u_r$，求单元积分：

$$I = \iint_\Delta u^2 \mathrm{d}x\mathrm{d}y \tag{2.1.15}$$

如果将 $i, \cdots, r$ 点的坐标和函数值代入式 (2.1.14)，解出 6 个系数，再代入式 (2.1.15) 进行积分，非常麻烦。利用形函数和面积坐标，可简化求积过程。将 $u$ 表示为二次插值函数：

$$u = N_i u_i + N_j u_j + N_m u_m + N_p u_p + N_q u_q + N_r u_r$$
$$= u^\mathrm{T} N = N^\mathrm{T} u$$

其中 $N^\mathrm{T} = (N_i, \cdots, N_r)$，$u^\mathrm{T} = (u_i, \cdots, u_r)$。单元积分

$$\iint_\Delta u^2\mathrm{d}x\mathrm{d}y = \iint_\Delta u^\mathrm{T} N N^\mathrm{T} u\mathrm{d}x\mathrm{d}y = u^\mathrm{T}\iint_\Delta N N^\mathrm{T}\mathrm{d}x\mathrm{d}y u$$
$$= u^\mathrm{T} k u \tag{2.1.16}$$

其中，

$$k = \iint_\Delta N N^\mathrm{T}\mathrm{d}x\mathrm{d}y = \iint_\Delta \begin{bmatrix} N_i N_i & \cdots & N_i N_r \\ \vdots & & \vdots \\ N_r N_i & \cdots & N_r N_r \end{bmatrix}\mathrm{d}x\mathrm{d}y$$

对矩阵中的每个单元积分，如

$$\iint_\Delta N_i N_i\mathrm{d}x\mathrm{d}y = \iint_\Delta [(2L_i - 1)L_i]^2\,\mathrm{d}x\mathrm{d}y$$
$$= \iint_\Delta (4L_i^4 - 4L_i^3 + L_i^2)\mathrm{d}x\mathrm{d}y$$

**例 2**　一次函数 $u = ax + by + c$ 在三角形的顶点 $i, j, m$ 的函数值 $u_i, u_j, u_m$ 及三顶点的坐标 $(x_i, y_i)$，$(x_j, y_j)$，$(x_m, y_m)$ 为已知，求单元积分

$$I = \iint_\Delta \left(\frac{\partial u}{\partial x}\right)^2\mathrm{d}x\mathrm{d}y \tag{2.1.17}$$

将 $u$ 表示为线性插值函数

$$u = N_i u_i + N_j u_j + N_m u_m$$

其中，

$$N_i = (a_i x + b_i y + c_i)/(2\Delta)$$
$$N_j = (a_j x + b_j y + c_j)/(2\Delta)$$
$$N_m = (a_m x + b_m y + c_m)/(2\Delta)$$

$$a_i = y_j - y_m, \quad b_i = x_m - x_j, \quad c_i = x_j y_m - x_m y_j$$
$$a_j = y_m - y_i, \quad b_j = x_i - x_m, \quad c_j = x_m y_i - x_i y_m$$
$$a_m = y_i - y_j, \quad b_m = x_j - x_i, \quad c_m = x_i y_j - x_j y_i$$
$$\Delta = \frac{1}{2}(a_i b_j - a_j b_i)$$

求偏导数

$$\frac{\partial u}{\partial x} = \frac{\partial N_i}{\partial x} u_i + \frac{\partial N_j}{\partial x} u_j + \frac{\partial N_m}{\partial x} u_m = \left(\frac{\partial N}{\partial x}\right)^{\mathrm{T}} u = u^{\mathrm{T}} \left(\frac{\partial N}{\partial x}\right)$$

其中，

$$\left(\frac{\partial N}{\partial x}\right)^{\mathrm{T}} = \left(\frac{\partial N_i}{\partial x}, \frac{\partial N_j}{\partial x}, \frac{\partial N_m}{\partial x}\right) = \frac{1}{2\Delta}(a_i, a_j, a_m)$$

$$u^{\mathrm{T}} = (u_i, u_j, u_m)$$

代入式 (2.1.17)，得

$$I = \iiint_\Delta \left(\frac{\partial u}{\partial x}\right)^2 \mathrm{d}x\mathrm{d}y = u^{\mathrm{T}} \iint_\Delta \left(\frac{\partial N}{\partial x}\right)\left(\frac{\partial N}{\partial x}\right)^{\mathrm{T}} \mathrm{d}x\mathrm{d}y u = u^{\mathrm{T}} k u$$

其中

$$k = \iint_\Delta \left(\frac{\partial N}{\partial x}\right)\left(\frac{\partial N}{\partial x}\right)^{\mathrm{T}} \mathrm{d}x\mathrm{d}y = \frac{1}{4\Delta} \begin{bmatrix} a_i a_i & a_i a_j & a_i a_m \\ a_j a_i & a_j a_j & a_j a_m \\ a_m a_i & a_m a_j & a_m a_m \end{bmatrix} = (k_{st})$$

$$k_{st} = \frac{1}{4\Delta} a_s a_t, \quad s, t = i, j, m \tag{2.1.18}$$

同理，可推得

$$I = \iint_\Delta \left[\left(\frac{\partial u}{\partial x}\right)^2 + \left(\frac{\partial u}{\partial y}\right)^2\right] \mathrm{d}x\mathrm{d}y = u^{\mathrm{T}} k u \tag{2.1.19}$$

其中

$$k = (k_{st}), \quad k_{st} = \frac{1}{4\Delta}(a_s a_t + b_s b_t), \quad s, t = i, j, m \tag{2.1.20}$$

## 2.2　高斯数值积分

在单元积分中，经常遇到下列积分类型：

$$\int_{-1}^{1} \int_{-1}^{1} F(\xi, \eta) \mathrm{d}\xi \mathrm{d}\eta$$

计算这类积分最常用的方法是高斯积分法，高斯积分法又称最高代数精度求积公式 [1,4]。

高斯数值积分的概念：函数 $f(\xi)$ 在区间 $[-1, 1]$ 的数值积分的一般形式为

$$\int_{-1}^{1} f(\xi) \mathrm{d}\xi \approx \sum_{k=1}^{n} A_k f(\xi_k) \tag{2.2.1}$$

其中，$\xi_k$ 是区间 $[-1, 1]$ 中的积分点；$A_k$ 是加权系数。如果给定 $\xi_k$ 时，选择适当的 $A_k(k = 1, 2, \cdots, n)$，可使式 (2.2.1) 对任意的 $n-1$ 次多项式是精确的。

在给定 $\xi_1, \xi_2, \cdots, \xi_n$ 后，式 (2.2.1) 中有 $n$ 个待定系数 $A_k$，令该式分别对 1，$\xi, \cdots, \xi^{n-1}$ 是精确的，从而得到关于 $A_k$ 的 $n$ 个线性方程组，从方程组中可解出 $A_k$ 来。数学上已证明，勒让德 (Legendre) 多项式

$$L_n(\zeta) = \frac{1}{2^n n!} \frac{\mathrm{d}^n}{\mathrm{d}x^n} (x^2 - 1)^n = 0 \tag{2.2.2}$$

的根 $\xi_1, \xi_2, \cdots, \xi_n$ 作为积分点，而且求积分系数按式 (2.2.3) 计算：

$$A_k = \frac{2}{(1 - \xi_k^2)[L_n'(\xi)]^2} \tag{2.2.3}$$

由此得到高斯积分公式：

$$\int_{-1}^{1} f(\xi) \mathrm{d}\xi \approx \sum_{k=1}^{n} A_k f(\xi_k) \tag{2.2.4}$$

表 2.2.1 为高斯求积公式表。

二维高斯积分公式：

$$\int_{-1}^{1} \int_{-1}^{1} F(\xi, \eta) \mathrm{d}\xi \mathrm{d}\eta = \sum_{i=1}^{n} \sum_{j=1}^{n} A_i A_j f(\xi_i, \eta_j) \tag{2.2.5}$$

三维高斯积分公式：

$$\int_{-1}^{1} \int_{-1}^{1} \int_{-1}^{1} F(\xi, \eta, \zeta) \mathrm{d}\xi \mathrm{d}\eta \mathrm{d}\zeta = \sum_{i=1}^{n} \sum_{j=1}^{n} \sum_{k=1}^{n} A_i A_j A_k f(\xi_i, \eta_j, \zeta_k) \tag{2.2.6}$$

表 2.2.1 高斯积分 $\displaystyle\int_{-1}^{1} f(\xi)\mathrm{d}\xi \approx \sum_{k=1}^{n} A_k f(\xi_k)$ 中的 $\xi_k$ 和 $A_k$

| $n$ | $\xi_k$ | $A_k$ |
|---|---|---|
| 2 | ±0.5773503 | 1.0000000 |
| 3 | 0 | 0.8888889 |
|   | ±0.7745967 | 0.5555556 |
| 4 | ±0.33998104 | 0.6521451 |
|   | ±0.8611363 | 0.3478548 |
| 5 | 0 | 0.5688889 |
|   | ±0.5384693 | 0.4786286 |
|   | ±0.9061798 | 0.2369269 |
| 6 | ±0.2386192 | 0.4679139 |
|   | ±0.6612094 | 0.3607616 |
|   | ±0.9324695 | 0.1713245 |

# 第 3 章　二维拉普拉斯方程的有限单元法

## 3.1　位场向上延拓的有限单元法

位场延拓在重磁资料解释中具有重要作用，实际上位场延拓问题是最简单的边值问题，用有限单元法解这类问题比较简单，为了对有限单元法有全面了解，在这个简单问题上，详细介绍位场延拓原理和有限元方法中的有关技术 [1]。在介绍有限元方法之前先明确以下三个概念：

(1) 位场延拓的定义。根据地表实测的场值计算上部空间的场值，称为向上延拓。在无源空间中，引力场、磁场都是位场，满足拉普拉斯方程，因此以上问题的延拓统称为位场延拓。

(2) 位场延拓的作用。如果地下空间同时存在大场源和小场源，则上部空间的场值较地表的场值更能压制小场源的影响，因而，向上延拓有利于压制干扰突出背景异常，向下延拓有利于突出局部异常。

(3) 位场延拓的原理。通过解边值问题可以实现延拓；用格林公式可以实现延拓；利用惠更斯原理也可以实现延拓。对于复杂界面的延拓需用有限单元法或边界单元法来实现。

### 3.1.1　边值问题

1) 方程与能量

一般位函数 $u$ 满足拉普拉斯方程

$$\nabla^2 u = 0 \tag{3.1.1}$$

引力场问题中引力场的垂直分量 $g$ 是引力位 $u$ 在垂直方向 $-y$ 的负梯度：

$$g = -\frac{\partial u}{\partial(-y)} \tag{3.1.2}$$

磁场问题中磁场的垂直分量 $Z$ 是磁位 $u$ 在垂直方向 $-y$ 的负梯度：

$$Z = -\frac{\partial u}{\partial(-y)} \tag{3.1.3}$$

磁场的水平分量 $H$ 是磁位 $u$ 在水平方向 $x$ 的负梯度:

$$H = -\frac{\partial u}{\partial x} \tag{3.1.4}$$

磁场 $T$ 是磁位 $u$ 在地磁场方向 $t$ 的负梯度:

$$T = -\frac{\partial u}{\partial t} \tag{3.1.5}$$

2) 边界条件

上半空间的边界有一个无穷大边界 $\varGamma_\infty$,与地表边界 $\varGamma_s$ 组成封闭的边界。但 $\varGamma_\infty$ 上的 $u$ 是未知的,可用以下几种方法处理:

(1) 将 $\varGamma_\infty$ 取得足够远,近似地认为 $u|_{\varGamma_\infty} = 0$,这样会使节点数增加,计算工作量增大。

(2) 将 $\varGamma_\infty$ 近似看作水平线,用向上延拓公式,由 $\varGamma_s$ 上的 $u$ 计算出 $\varGamma_\infty$ 上的 $u$,这样可以减少计算量。

以上两种方法,得到第一类边界条件

$$\begin{cases} \nabla^2 u = 0 & u \in \varOmega \\ u|_{\varGamma_\infty} = f(x, y) \end{cases} \tag{3.1.6}$$

其中,$f(x, y)$ 是已知函数。

(3) 近似认为地表的 $u$ 是地下某点处的集中场源 s 产生的,$\varGamma_\infty$ 上 $u$ 的分布规律为

$$u|_{\varGamma_\infty} = \frac{c}{r}$$

其偏导数

$$\frac{\partial u}{\partial n}\bigg|_{\varGamma_\infty} = \frac{\partial u}{\partial r}\frac{\partial r}{\partial n} = -\frac{c}{r^2}\cos(r, n)$$

消去常数后得

$$\left[\frac{\partial u}{\partial n} + \frac{u}{r}\cos(r, n)\right]\bigg|_{\varGamma_\infty} = 0 \tag{3.1.7}$$

这就是第三类边界条件。

另一种情况,如果在 $\varGamma_\infty$ 上 $u$ 的分布规律为

$$u|_{\varGamma_\infty} = \frac{c}{r^2}$$

则第三类边界条件为

$$\left[\frac{\partial u}{\partial n} + \frac{u}{r^2}\cos(r,n)\right]\Bigg|_{\Gamma_\infty} = 0 \tag{3.1.8}$$

以上的边值问题归结为

$$\begin{cases} \nabla^2 u = 0 & u \in \Omega \\ u(x,y)|_{\Gamma_s} = f(x,y) \\ \left[\dfrac{\partial u}{\partial n} + g(x,y)u\right]\Bigg|_{\Gamma_\infty} = 0 \end{cases} \tag{3.1.9}$$

### 3.1.2　变分问题

第一类边界条件的边值问题

$$\begin{cases} \nabla^2 u = 0 & u \in \Omega \\ u|_{\Gamma} = f(x,y) \end{cases} \tag{3.1.10}$$

对应的变分问题为

$$\begin{cases} F(u) = \displaystyle\int_\Omega \frac{1}{2}(\nabla u)^2 \mathrm{d}\Omega \to \min \\ u|_{\Gamma} = f(x,y) \end{cases} \tag{3.1.11}$$

第三类边值条件的边值问题

$$\begin{cases} \nabla^2 u = 0 & u \in \Omega \\ \left[\dfrac{\partial u}{\partial n} + g(x,y)u\right]\Bigg|_{\Gamma} = f(x,y) \end{cases} \tag{3.1.12}$$

其中，$g(x,y) = 0$ 为第二类边界条件；$f(x,y) = 0$ 为第三类边界条件。对应的变分问题

$$F(u) = \int_\Omega \frac{1}{2}(\nabla u)^2 \mathrm{d}\Omega + \oint_\Gamma \left[\frac{1}{2}g(x,y)u^2 - f(x,y)u\right]\mathrm{d}\Gamma \to \min \tag{3.1.13}$$

由于在泛函式取极值过程中，边界条件已考虑在内，不需解方程组时再考虑，这种第二类、第三类边界条件成为自然边界条件。

混合边界条件的边值问题

$$\begin{cases} \nabla^2 u = 0 & u \in \Omega \\ u(x,y)|_{\Gamma_s} = f(x,y) \\ \left[\dfrac{\partial u}{\partial n} + g(x,y)u\right]\Bigg|_{\Gamma_\infty} = 0 \end{cases} \tag{3.1.14}$$

对应的变分问题为

$$
\begin{cases}
F(u) = \displaystyle\int_{\Omega} \frac{1}{2}(\nabla u)^2 \mathrm{d}\Omega + \int_{\Gamma_\infty} \frac{1}{2}g(x,y)u^2 \mathrm{d}\Gamma \\
\delta F(u) = 0 \\
u|_{\Gamma_s} = f(x,y)
\end{cases}
\tag{3.1.15}
$$

### 3.1.3 位场延拓有限单元法程序设计

1) 区域划分

用三角形元对整个区域进行剖分 (图 3.1.1)，剖分后对节点和单元进行编号，将节点的 $x, y$ 坐标和单元的节点号列表，如表 3.1.1 与表 3.1.2 所示。原则上，节点编号是任意的，但为了节省内存，要使同一单元上的节点号之差最小。单元上的节点号次序，即 $i, j, m$ 的次序，按逆时针方向排列。

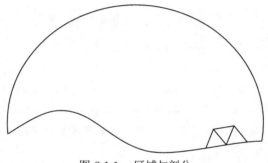

图 3.1.1　区域与剖分

第一类边界条件节点上的场值是已知的，其余节点上的场值是待求的，所以把第一类边界条件的节点号和节点上的场值 $u$ 列于表 3.1.3，放在 U1(ND1) 一维数组中。

表 3.1.1　节点的坐标

| 节点号 | 1 | 2 | …… | ND |
|---|---|---|---|---|
| $x$ | $x_1$ | $x_2$ | | $x_{\mathrm{ND}}$ |
| $y$ | $y_1$ | $y_2$ | | $y_{\mathrm{ND}}$ |

表 3.1.2　单元的节点号

| 单元号 | 1 | 2 | …… | NE |
|---|---|---|---|---|
| $i$ | $i_1$ | $i_2$ | | $i_{\mathrm{NE}}$ |
| $j$ | $j_1$ | $j_2$ | | $j_{\mathrm{NE}}$ |
| $k$ | $k_1$ | $k_2$ | | $k_{\mathrm{NE}}$ |

**表 3.1.3    已知边界节点的场值**

| 序号 | 1 | 2 | $\cdots\cdots$ | ND1 |
|------|---|---|----------------|-----|
| 场值 | $u_1$ | $u_2$ | | $u_{\mathrm{ND1}}$ |

2) 线性插值

假设单元内场值 $u$ 是线性变化的:

$$u = ax + by + c \tag{3.1.16}$$

$u$ 可表示为

$$u(x,y) = N_i(x,y)u_i + N_j(x,y)u_j + N_k(x,y)u_k \tag{3.1.17}$$

其中

$$N_i(x,y) = (a_ix + b_iy + c_i)/(2\Delta)$$

$$N_j(x,y) = (a_jx + b_jy + c_j)/(2\Delta)$$

$$N_m(x,y) = (a_mx + b_my + c_m)/(2\Delta)$$

$$\begin{cases} a_i = y_j - y_m, & b_i = x_m - x_j, & c_i = x_jy_m - x_my_j \\ a_j = y_m - y_i, & b_j = x_i - x_m, & c_j = x_my_i - x_iy_m \\ a_m = y_i - y_j, & b_m = x_j - x_i, & c_m = x_iy_j - x_jy_i \\ \Delta = \dfrac{1}{2}(a_ib_j - a_jb_i) \end{cases} \tag{3.1.18}$$

3) 单元分析

整个求解区域的积分 $F[u]$ 可分解为单元积分 $F_e[u]$ 之和:

$$F[u] = \sum_e F_e[u] \tag{3.1.19}$$

其中

$$F_e[u] = \iint_e \left\{ \frac{1}{2}\sigma_e \left[ \left(\frac{\partial u}{\partial x}\right)^2 + \left(\frac{\partial u}{\partial y}\right)^2 \right] \right\} \mathrm{d}x\mathrm{d}y \tag{3.1.20}$$

考虑到

$$\nabla u = \begin{bmatrix} \dfrac{\partial u}{\partial x} \\ \dfrac{\partial u}{\partial y} \end{bmatrix} = \frac{1}{2\nabla} \begin{bmatrix} b_i & b_j & b_m \\ c_i & c_j & c_m \end{bmatrix} \begin{bmatrix} u_i \\ u_j \\ u_m \end{bmatrix} = [B^e][u^e] \tag{3.1.21}$$

将泛函表达式写成矩阵形式:

$$F_e[u] = \iint_e \frac{1}{2}\sigma_e[\nabla u]^{\mathrm{T}}[\nabla u]\mathrm{d}x\mathrm{d}y$$

$$= \iint_e \frac{1}{2}\sigma_e([B^e][u^e])^{\mathrm{T}}([B^e][u^e])\mathrm{d}x\mathrm{d}y$$

$$= \frac{1}{2}\{u^e\}^{\mathrm{T}}[k^e]\{u^e\} \tag{3.1.22}$$

$$[k^e] = \iint_e \sigma_e[B^e]^{\mathrm{T}}[B^e]\mathrm{d}x\mathrm{d}z = \begin{bmatrix} k_{ii}^e & k_{ij}^e & k_{im}^e \\ k_{ji}^e & k_{jj}^e & k_{jm}^e \\ k_{mi}^e & k_{mj}^e & k_{mm}^e \end{bmatrix} \tag{3.1.23}$$

其中

$$k_{st}^e = \frac{1}{4\Delta}b_s b_t + c_s c_t, \quad s,t = i,j,m \tag{3.1.24}$$

计算单元系数矩阵 $[k_e]$ 的子程序相关内容如下。

(1) 功能。

三角单元、线性插值时计算单元系数矩阵 $[k_e]$。

(2) 使用说明。

子程序名称 SUBROUTINE UKE1(X,Y,KE)

亚元说明:

X——3 个元的一维实数组, 输入参数, 存放单元节点的 $x$ 坐标, 存放次序 $x_i, x_j, x_m$。

Y——3 个元的一维实数组, 输入参数, 存放单元节点的 $y$ 坐标, 存放次序 $y_i, y_j, y_m$。

KE——$3 \times 3$ 的二维实数组, 输出参数, 存放单元系数矩阵。

(3) 程序。

```
SUBROUTINE UKE1(X,Y,KE)
DIMENSION X(3),Y(3),A(3),B(3)
REAL KE(3,3)
A(1)=Y(2)-Y(3)
A(2)=Y(3)-Y(1)
A(3)=Y(1)-Y(2)
B(1)=X(3)-X(2)
B(2)=X(1)-X(3)
B(3)=X(2)-X(1)
S=2.*(A(1)*B(2)-A(2)*B(1))
```

```
      DO 10 I=1,3
      DO 10 J=1,I
10    KE(I,J)=(A(I)*A(J)+B(I)*B(J))/S
      RETURN
      END
```

4) 总体合成

将各单元泛函累加

$$F[u] = \sum_{e=1}^{N} F_e[u] = \frac{1}{2}\{u\}^{\mathrm{T}}[K]\{u\} \tag{3.1.25}$$

其中

$$[K] = \sum_{e=1}^{\mathrm{ND}} k_e$$

是总体系数矩阵。

求半带宽子程序相关内容如下。

(1) 功能。

计算总体系数矩阵的半带宽。

(2) 使用说明。

子程序语句: SUBROUTINE MBW(NE,I3,IW)。

亚元说明:

NE——整形变量, 输入参数, 单元总数。

I3——3×NE 的二维整数组, 输入参数, 存放单元节点编号。

IW——整型变量, 输出参数, 半带宽。

(3) 子程序。

```
      SUBROUTINE MBW(NE,I3,IW)
      DIMENSION I3(3,NE)
      IW=0
      DO 10 I=1,NE
      M=MAX(IABS(I3(1,I)-I3(2,I)),IABS(I3(2,I)-I3(3,I)),
&         IABS(I3(3,I)-I3(1,I)))
      IF(M+1.GT.IW)IW=M+1
10    CONTINUE
      RETURN
      END
```

求定带宽存储总体系数矩阵的程序相关内容如下。

(1) 功能。

三角单元、线性插值时用定带宽存储的方法集成总体矩阵。

(2) 使用说明。

子程序语句：SUBROUTINE UK1(ND,NE,IW,I3,XY,SK)。

亚元说明：

ND——整形变量，输入参数，节点总数。

NE——整形变量，输入参数，单元总数。

IW——整型变量，输出参数，半带宽。

I3——3×NE 的二维整数组，输入参数，存放单元节点编号。

XY——2×ND 的二维实数组，输入参数，存放节点的 $x, y$ 坐标，存放次序：$x_1, y_1, \cdots, x_{ND}, y_{ND}$。

SK——ND×IW 的二维实数组，输出参数，存放定带宽存储的总体系数矩阵。

(3) 子程序。

```
      SUBROUTINE UK1(ND,NE,IW,I3,XY,SK)
      DIMENSION I3(3,NE),XY(2,ND),SK(ND,IW)
      DIMENSION X(3),Y(3)
      REAL KE(3,3)
      DO 10 I=1,ND
      DO 10 J=1,IW
10    SK(I,J)=0.
      DO 20 L=1,NE
      DO 30 J=1,3
      I=I3(J,L)
      X(J)=XY(1,I)
30    Y(J)=XY(2,I)
      CALL UKE1(X,Y,KE)
      DO 40 J=1,3
      NJ=I3(J,L)
      DO 40 K=1,J
      NK=I3(K,L)
      IF(NJ.LT.NK)GOTO 50
      NK=NK-NJ+IW
      SK(NJ,NK)=SK(NJ,NK)+KE(J,K)
      GOTO 40
50    NJ=NJ-NK+IW
      SK(NK,NJ)=SK(NK,NJ)+KE(J,K)
      NJ=NJ+NK-IW
```

```
40    CONTINUE
20    CONTINUE
      RETURN
      END
```

5) 求变分

对式 (3.1.25) 求变分：

$$\delta F(u) \approx \mathrm{d}\left(\frac{1}{2}u^{\mathrm{T}}Ku\right)$$

$$= \frac{1}{2}(\mathrm{d}u^{\mathrm{T}}Ku + u^{\mathrm{T}}K\mathrm{d}u) = 0 \tag{3.1.26}$$

其中，$\mathrm{d}u^{\mathrm{T}} = (\mathrm{d}u_1, \mathrm{d}u_2, \cdots, \mathrm{d}u_{\mathrm{ND}})$，除第一类边界条件节点的 $\mathrm{d}u_i = 0$ 外，其余节点上的 $\mathrm{d}u_i \neq 0$，因为 $K$ 是对称矩阵，有

$$\mathrm{d}u^{\mathrm{T}}Ku = u^{\mathrm{T}}K\mathrm{d}u$$

所以

$$\delta F(u) = \mathrm{d}u^{\mathrm{T}}Ku = 0$$

因为 $\mathrm{d}u_i \neq 0$，所以

$$[K]\{u\} = 0 \tag{3.1.27}$$

解方程就可求得节点上的场值。

6) 解方程

在解线性代数方程组 (3.1.27) 前，要将第一类边界条件代入。

代入第一类边界条件的子程序相关内容如下。

(1) 功能。

在定带宽储存的总体系数矩阵和右侧列向量上加上第一类边界条件。

(2) 使用说明。

子程序语句：SUBROUTINE UB1(ND1,NB1,U1,ND,IW,SK,U)。

ND1——整型变量，输入参数，第一类边界条件的节点数。

NB1——ND1 个单元的一维整数组，输入参数，存放第一类边界条件的节点号。

U1——ND1 个单元的一维实数组，输入参数，存放第一类边界条件节点的场值。

ND——整型变量，输入参数，节点总数。

IW——整型变量，输入参数，半带宽。

SK——ND×IW 的二维实数组，输入、输出参数，定带宽存放总体系数矩阵，输出时，第一类边界条件代入。

U——ND 个单元的一维实数组，输出参数，输出加入第一类边界条件后式 (3.1.27) 的右端列向量。

(3) 子程序。

```
      SUBROUTINE UB1(ND1,NB1,U1,ND,IW,SK,U)
      DIMENSION NB1(ND1),U1(ND1),SK(ND,IW),U(ND)
      DO 10 I=1,ND
10    U(I)=0.
      DO 20 I=1,ND1
      J=NB1(I)
      SK(J,IW)=SK(J,IW)*1.E10
20    U(J)=SK(J,IW)*U1(I)
      RETURN
      END
```

代入第一类边界条件后，调用定带宽存储的对称带状线性方程组的子程序，解方程组。

解线性方程组子程序相关内容如下。

(1) 功能。

对称带状线性方程组的系数矩阵的下三角部分被定带宽地存储在矩形数组 $A$ 中，利用 $A$ 来解方程组 [5]。

(2) 使用说明。

子程序语句：SUBROUTINE LDLT(A,N,IW,P,IE)。

参变量说明：

A——N×IW 的二维实数组，输入参数，存放对称带状方程组的系数矩阵的下三角部分。

N——整型变量，输入参数，方程组的阶数。

IW——整型变量，输入参数，对称带状方程组的半带宽。

P——N 个元素的一维实数组，输入、输出参数，开始存放方程组的右端列向量，工作结束时，存放解向量。

IE——整型变量，输出参数，标志：IE=0 时表示程序正常结束；IE=1 时，表示系数矩阵奇异。

(3) 子程序。

```
      SUBROUTINE LDLT(A,N,IW,P,IE)
      DIMENSION A(N,IW),P(N)
```

```
        DO 15 I=1,N
        IF(I.LE.IW) GOTO 20
        IT=I-IW+1
        GOTO 30
20      IT=1
30      K=I-1
        IF(I.EQ.1)GOTO 40
        DO 25 L=IT,K
        IL=L+IW-I
        B=A(I,IL)
        A(I,IL)=B/A(L,IW)
        P(I)=P(I)-A(I,IL)*P(L)
        MI=L+1
        DO 25 J=MI,I
        IJ=J+IW-I
        JL=L+IW-J
25      A(I,IJ)=A(I,IJ)-A(J,JL)*B
40      IF(A(I,IW).EQ.0.)GOTO 100
15      CONTINUE
        DO 45 J=1,N
        IF(J.LE.IW)GOTO 60
        IT=N-J+IW
        GOTO 70
60      IT=N
70      I=N-J+1
        P(I)=P(I)/A(I,IW)
        IF(J.EQ.1)GOTO 45
        K=I+1
        DO 65 MJ=K,IT
        IJ=I-MJ+IW
65      P(I)=P(I)-P(MJ)*A(MJ,IJ)
45      CONTINUE
        IE=0
        GOTO 110
100     IE=1
110     RETURN
        END
```

　　解方程后，最后可得到节点的 $u$。至此，有限单元法的求解过程结束。现给出第一类边界条件、三角元剖分、线性插值的位场延拓的有限单元法程序框图，如

图 3.1.2 所示。

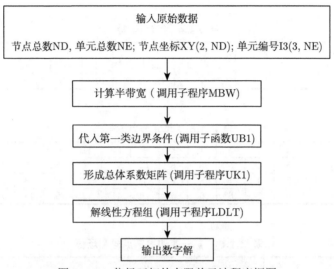

图 3.1.2　位场延拓的有限单元法程序框图

7) 计算实例

对于图 3.1.3 所示的区域，用三角单元进行剖分，剖分后的节点分布及单元编号如图所示。区域边界上的节点的场值是已知的。现计算区域内部节点 (编号为 5，8，11) 的场值。

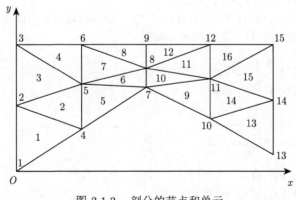

图 3.1.3　剖分的节点和单元

首先输入如下参数：

①节点总数 ND=15；②单元总数 NE=16；③节点坐标 (数组 XY(2,ND)) 见表 3.1.4；④单元节点编号 (数组 I3(3,NE)) 见表 3.1.5；⑤第一类边界节点数

ND1=12；⑥第一类边界节点号 (数组 NB1(ND1)) 和场值 (数组 U1(ND1)) 见表 3.1.6。

**表 3.1.4　节点坐标**

| 编号 | 1 | 2 | 3 | 4 | 5 | 6 | 7 | 8 | 9 | 10 | 11 | 12 | 13 | 14 | 15 |
|---|---|---|---|---|---|---|---|---|---|---|---|---|---|---|---|
| $x$ | 0 | 0 | 0 | 1 | 1 | 1 | 2 | 2 | 2 | 3 | 3 | 3 | 4 | 4 | 4 |
| $y$ | 0 | 1 | 2 | 0.5 | 1.2 | 2 | 1 | 1.5 | 2 | 0.7 | 1.3 | 2 | 0.5 | 1.2 | 2 |

**表 3.1.5　单元节点编号**

| 编号 | 1 | 2 | 3 | 4 | 5 | 6 | 7 | 8 | 9 | 10 | 11 | 12 | 13 | 14 | 15 | 16 |
|---|---|---|---|---|---|---|---|---|---|---|---|---|---|---|---|---|
| $i$ | 1 | 5 | 5 | 5 | 5 | 5 | 5 | 8 | 11 | 8 | 8 | 8 | 10 | 11 | 11 | 11 |
| $j$ | 4 | 2 | 3 | 6 | 4 | 7 | 8 | 9 | 7 | 7 | 11 | 12 | 13 | 10 | 14 | 15 |
| $k$ | 3 | 4 | 2 | 3 | 7 | 8 | 6 | 6 | 10 | 11 | 12 | 9 | 14 | 14 | 15 | 12 |

**表 3.1.6　第一类边界节点号和场值**

| 序号 | 1 | 2 | 3 | 4 | 5 | 6 | 7 | 8 | 9 | 10 | 11 | 12 |
|---|---|---|---|---|---|---|---|---|---|---|---|---|
| 第一类边界节点号 | 1 | 2 | 3 | 4 | 6 | 7 | 9 | 10 | 12 | 13 | 14 | 15 |
| 场值 | 1.00 | 0.50 | 0.33 | 0.46 | 0.3 | 0.25 | 0.23 | 0.14 | 0.17 | 0.08 | 0.11 | 0.12 |

按图 3.1.2，编制计算主程序如下：

```
PROGRAM main
character *20filename1
PARAMETER(ND=15,NE=16,ND1=12)
DIMENSION I3(3,16),XY(2,15),U1(12),NB1(12),SK(15,15),U(15)
OPEN(11,FILE='NE.txt',STATUS='old')
DO 1 J=1,NE
1    READ(11,*)(I3(I,J),I=1,3)
READ(11,*)(U1(i),i=1,ND1)
DO 2 J=1,ND
2    READ(11,*)(XY(I,J),I=1,2)
READ(11,*)(NB1(I),I=1,ND1)
CLOSE(11)
CALL MBW(NE,I3,IW)
CALL UK1(ND,NE,IW,I3,XY,SK)
CALL UB1(ND1,NB1,U1,ND,IW,SK,U)
CALL LDLT(SK,ND,IW,U,IE)
WRITE(*,*)'请输入保存计算后的数据文件名: '
READ(*,*)FILENAME1
OPEN(6,FILE=FILENAME1,STATUS='UNKNOWN')
```

```
      WRITE(6,510)U
      CLOSE(6)
510   FORMAT(/3E15.6)
      END
```

将表 3.1.4~表 3.1.6 数据输入，运行程序后的计算结果如下：$u_5 = 0.376$，$u_8 = 0.244$，$u_{11} = 0.162$。

## 3.2 二维均匀电场电阻率法的有限元算法

### 3.2.1 边值问题

二维地下构造是沿垂直构造走向作一剖面，选取足够大的矩形区域为研究区域 $\Omega$(图 3.2.1)，$AD$ 是水平地面，$AB$，$BC$，$CD$ 代表无穷远边界，区域中的初始电场是水平均匀场，其强度为 $E_0$，异常电场在无穷远边界上为零。电位的边值问题如式 (3.2.1) 所示。

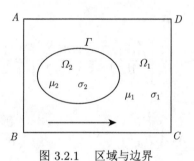

图 3.2.1　区域与边界

$$
\begin{cases}
\nabla^2 u_1 = 0, \quad \nabla^2 u_2 = 0, \quad u_1 \in \Omega_1, u_2 \in \Omega_2 \\[2mm]
\left. \dfrac{\partial u}{\partial n} \right|_{AD+BC} = 0 \\[2mm]
\left. \dfrac{\partial u}{\partial n} \right|_{CD} = -E_0 \\[2mm]
\left. \dfrac{\partial u}{\partial n} \right|_{AB} = E_0 \\[2mm]
u_1|_{\Gamma_1} = u_2|_{\Gamma_1} \\[2mm]
\left. \sigma_1 \dfrac{\partial u_1}{\partial n} \right|_{\Gamma_1} = \left. \sigma_2 \dfrac{\partial u_2}{\partial n} \right|_{\Gamma_1}
\end{cases}
\tag{3.2.1}
$$

### 3.2.2　变分问题

根据极小位能原理，以上方程对应的泛函 [6,7]

$$I[u] = \int_\Omega \frac{1}{2}\sigma \left[ \left(\frac{\partial u}{\partial x}\right)^2 + \left(\frac{\partial u}{\partial y}\right)^2 \right] \mathrm{d}\Omega$$

$$= \int_{\Omega_1} \frac{1}{2}\sigma_1 \left[ \left(\frac{\partial u_1}{\partial x}\right)^2 + \left(\frac{\partial u_1}{\partial y}\right)^2 \right] \mathrm{d}\Omega + \int_{\Omega_2} \frac{1}{2}\sigma_2 \left[ \left(\frac{\partial u_2}{\partial x}\right)^2 + \left(\frac{\partial u_2}{\partial y}\right)^2 \right] \mathrm{d}\Omega \tag{3.2.2}$$

由多元函数的变分求和法可知，若泛函

$$I[u(x,y)] = \iint_\Omega F(x,y,u,u_x,u_y)\mathrm{d}\Omega \tag{3.2.3}$$

$$\delta I[u] = \iint_\Omega \left[ \frac{\partial F}{\partial u} - \frac{\partial}{\partial x}\left(\frac{\partial F}{\partial u_x}\right) - \frac{\partial}{\partial y}\left(\frac{\partial F}{\partial u_y}\right) \right] \delta u \mathrm{d}\Omega$$

则有

$$F(x,y,u,u_x,u_y) = \frac{1}{2}\sigma \left[ \left(\frac{\partial u}{\partial x}\right)^2 + \left(\frac{\partial u}{\partial y}\right)^2 \right] = \frac{1}{2}\sigma[u_x^2 + u_y^2] \tag{3.2.4}$$

故

$$\frac{\partial F}{\partial u} = 0, \quad \frac{\partial}{\partial x}\left(\frac{\partial F}{\partial u_x}\right) = \sigma u_{xx}, \quad \frac{\partial}{\partial y}\left(\frac{\partial F}{\partial u_y}\right) = \sigma u_{yy}$$

利用

$$\delta I[u] = \frac{\partial}{\partial \alpha}I[u(x,y) + \alpha\delta u(x,y)]\big|_{\alpha=0}$$

所以

$$\delta I[u] = \int_{\Omega_1} \sigma_1 \nabla u_1 \cdot \nabla\delta u_1 \mathrm{d}\Omega + \int_{\Omega_2} \sigma_2 \nabla u_2 \cdot \nabla\delta u_2 \mathrm{d}\Omega$$

利用场论中的关系式

$$\nabla \cdot (A\varphi) = \nabla \cdot A\varphi + A \cdot \nabla\varphi \tag{3.2.5}$$

$$\int_\Omega \nabla \cdot (A\varphi)\mathrm{d}\Omega = \int_\Gamma A_n\varphi\mathrm{d}\Gamma \tag{3.2.6}$$

可推得

$$\int_\Omega A \cdot \nabla\varphi\mathrm{d}\Omega = \int_\Gamma A_n\varphi\mathrm{d}\Gamma - \int_\Omega \nabla \cdot A\varphi\mathrm{d}\Omega \tag{3.2.7}$$

取 $A = \nabla u_1, \varphi = \delta u_1$，变分表达式可写为

$$\delta I[u] = \int_{\Omega_1} \nabla \cdot (\sigma_1 \nabla u_1 \delta u_1) \mathrm{d}\Omega - \int_{\Omega_1} \nabla \cdot (\sigma_1 \nabla u_1) \delta u_1 \mathrm{d}\Omega$$

$$+ \int_{\Omega_2} \nabla \cdot (\sigma_2 \nabla u_2 \delta u_2) \mathrm{d}\Omega - \int_{\Omega_2} \nabla \cdot (\sigma_2 \nabla u_2) \delta u_2 \mathrm{d}\Omega$$

$$\delta I[u] = \int_{ABCD+\Gamma_1} (\sigma_1 \nabla u_1 \delta u_1)_{n_1} \mathrm{d}\Gamma + \int_{\Gamma_1} (\sigma_2 \nabla u_2 \delta u_2)_{n_2} \mathrm{d}\Gamma$$

$$= \int_{ABCD+\Gamma_1} \sigma_1 \frac{\partial u_1}{\partial n_1} \delta u_1 \mathrm{d}\Gamma + \int_{\Gamma_1} \sigma_2 \frac{\partial u_2}{\partial n_2} \delta u_2 \mathrm{d}\Gamma \tag{3.2.8}$$

其中，第二、四项积分为零，第一、三项积分可变成边界积分，如式 (3.2.8) 所示。

根据接触面边界条件知

$$\delta u_1 = \delta u_2 \tag{3.2.9}$$

$$\int_{\Gamma_1} \sigma_1 \frac{\partial u_1}{\partial n_1} \delta u_1 \mathrm{d}\Gamma + \int_{\Gamma_1} \sigma_2 \frac{\partial u_2}{\partial n_2} \delta u_2 \mathrm{d}\Gamma = 0 \tag{3.2.10}$$

于是

$$\delta I[u] = \int_{ABCD} \sigma \frac{\partial u}{\partial n} \delta u \mathrm{d}\Gamma \tag{3.2.11}$$

可见，由于内边界条件是自然条件，因此在变分中不出现，变分只与外部边界有关。将式 (3.2.11) 写成

$$\delta I[u] = \int_{AB+CD} \sigma \frac{\partial u}{\partial n} \delta u \mathrm{d}\Gamma = \delta \int_{AB+CD} \sigma \frac{\partial u}{\partial n} u \mathrm{d}\Gamma \tag{3.2.12}$$

移项得

$$\delta \left[ I(u) - \int_{AB+CD} \sigma \frac{\partial u}{\partial n} u \mathrm{d}\Gamma \right] = \delta \left[ \int_{\Omega} \frac{1}{2} \sigma (\nabla u)^2 \mathrm{d}\Omega - \int_{AB+CD} \sigma \frac{\partial u}{\partial n} u \mathrm{d}\Gamma \right] = 0 \tag{3.2.13}$$

因此，电位的边值问题与下列变分问题等价：

$$F[u] = \int_{\Omega} \frac{1}{2} \sigma (\nabla u)^2 \mathrm{d}\Omega - \int_{AB+CD} \sigma \frac{\partial u}{\partial n} u \mathrm{d}\Gamma \tag{3.2.14}$$

$$\delta F[u] = 0 \tag{3.2.15}$$

### 3.2.3　有限单元法程序设计

1) 区域划分

用规则的矩形网格对区域进行剖分，并进行节点与单元编号。其中节点和单元编号如图 3.2.2 所示。

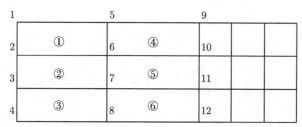

图 3.2.2　节点和单元的排列次序 (双线性插值)

数组 XY 和单元节点编号数组 I4 可自动形成，其子程序相关内容如下。

(1) 功能。

自动形成规则网格的节点 $xy$ 坐标数组 XY 和单元节点编号数组 I4。

(2) 使用说明。

子程序语句：SUBROUTINE XYI4(NX,NY,X,Y,ND,NE,XY,I4)。

参变量说明：

NX——整变量，输入参数，水平间隔数。

NY——整变量，输入参数，垂直间隔数。

X——NX+1 个元的一维实数组，输入参数，存放水平间隔点的 $x$ 坐标。

Y——NY+1 个元的一维实数组，输入参数，存放垂直间隔点的 $y$ 坐标。

ND——整变量，输出参数，ND=(NX+1)(NY+1) 是节点总数。

NE——整变量，输出参数，NE=NX×NY 是单元总数。

XY——2×ND 的二维实数组，输出参数，存放节点的 $xy$ 坐标。

I4——4×NE 的二维实数组，输出参数，存放单元的节点编号。

(3) 子程序。

```
SUBROUTINE  XYI4(NX ,NY ,X,Y ,ND,NE,XY ,I4)
DIMENSION  X(NX),Y(NY),XY(2, *), I4(4, *)
ND=(NX+1 )*( NY+1)
NE=NX*NY
DO 10 IX=1,NX+1
DO 10 IY=1,NY+1
N=(IX-1)*(NY+1)+IY
```

```
          XY(1,N)=X(IX)
10        XY(2,N)= Y(IY)
          DO 20 IX=1,NX
          DO 20 IY=1,NY
          N=(IX-1)* NY+IY
          N1=(IX-1)*(NY+1)+IY
          I4(1,N)= N1
          I4(2,N)=N1+1
          I4(3, N)=N1+NY+2
20        I4(4,N)=N1+NY+1
          RETURN
          END
```

2) 双线性插值

图 3.2.3 为双线性插值的母、子单元。两个单元间的坐标变换关系为

$$x = x_0 + \frac{a}{2}\xi, y = y_0 + \frac{b}{2}\eta$$

其中, $x_0, y_0$ 是子单元中点的横、纵坐标; $a, b$ 是子单元的两个边长。微分关系为

$$\mathrm{d}x = \frac{a}{2}\mathrm{d}\xi, \quad \mathrm{d}y = \frac{b}{2}\mathrm{d}\eta, \quad \mathrm{d}x\mathrm{d}y = \frac{ab}{4}\mathrm{d}\xi\mathrm{d}\eta \tag{3.2.16}$$

构造如式 (3.2.17) 所示形函数:

$$\begin{cases} N_1 = \dfrac{1}{4}(1-\xi)(1+\eta), & N_2 = \dfrac{1}{4}(1-\xi)(1-\eta) \\[2mm] N_3 = \dfrac{1}{4}(1+\xi)(1-\eta), & N_4 = \dfrac{1}{4}(1+\xi)(1+\eta) \\[2mm] N_i = \dfrac{1}{4}\left(1+\xi_i\xi\right)\left(1+\eta_i\eta\right) \end{cases} \tag{3.2.17}$$

其中, $\xi_i$, $\eta_i$ 是点 $i(i = 1, 2, 3, 4)$ 的坐标, 形函数满足

$$N_i(j) = \begin{cases} 1, & i = j \\ 0, & i \neq j \end{cases}$$

其中, $j$ 代表点号。

单元中 $u$ 的插值函数为

$$u = \sum_{i=1}^{4} N_i u_i \tag{3.2.18}$$

其中，$u_i(i=1,2,3,4)$ 是单元四个顶点的待定值。这显然是关于 $xy$ 的线性函数。

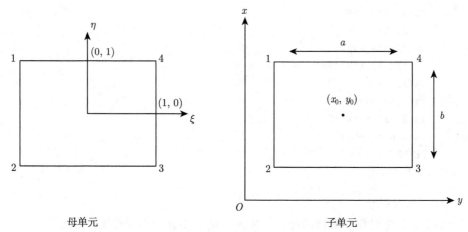

图 3.2.3　双线性插值的母、子单元

3) 单元分析

将式 (3.2.14) 中的积分，分解为单元 $e$ 上的积分，计算单元积分 $F_e(u)$，其中

$$\int_e \frac{1}{2}\sigma(\nabla u)^2 \mathrm{d}\Omega = \int_e \frac{1}{2}\sigma\left[\left(\frac{\partial u}{\partial x}\right)^2 + \left(\frac{\partial u}{\partial y}\right)^2\right]\mathrm{d}x\mathrm{d}y$$

考虑到

$$\frac{\partial u}{\partial x} = \sum_{i=1}^{4}\frac{\partial N_i}{\partial x}u_i = \left(\frac{\partial N}{\partial x}\right)^{\mathrm{T}}u_e = u_e^{\mathrm{T}}\left(\frac{\partial N}{\partial x}\right)$$

$$u_e = \begin{bmatrix} u_1 \\ u_2 \\ u_3 \\ u_4 \end{bmatrix}, \quad \frac{\partial N}{\partial x} = \begin{bmatrix} \dfrac{\partial N_1}{\partial x} \\[2mm] \dfrac{\partial N_2}{\partial x} \\[2mm] \dfrac{\partial N_3}{\partial x} \\[2mm] \dfrac{\partial N_4}{\partial x} \end{bmatrix}$$

所以

$$\left(\frac{\partial u}{\partial x}\right)^2 = u_e^{\mathrm{T}}\left(\frac{\partial N}{\partial x}\right)\left(\frac{\partial N}{\partial x}\right)^{\mathrm{T}}u_e, \quad \left(\frac{\partial u}{\partial y}\right)^2 = u_e^{\mathrm{T}}\left(\frac{\partial N}{\partial y}\right)\left(\frac{\partial N}{\partial y}\right)^{\mathrm{T}}u_e$$

积分得

$$\int_e \frac{1}{2}\sigma(\nabla u)^2 \mathrm{d}\varOmega = \int_e \frac{1}{2}\sigma\left[\left(\frac{\partial u}{\partial x}\right)^2 + \left(\frac{\partial u}{\partial y}\right)^2\right]\mathrm{d}x\mathrm{d}y$$

$$= \frac{1}{2}u_e^{\mathrm{T}}(k_{ij})u_e = \frac{1}{2}u_e^{\mathrm{T}}K_e u_e$$

其中，$K_e = (k_{ij}), k_{ij} = k_{ji}$。

$$
\begin{aligned}
k_{ij} &= \int_e \sigma\left[\left(\frac{\partial N_i}{\partial x}\right)\left(\frac{\partial N_j}{\partial x}\right) + \left(\frac{\partial N_i}{\partial y}\right)\left(\frac{\partial N_j}{\partial y}\right)\right]\mathrm{d}x\mathrm{d}y \\
&= \int_e \left[\left(\frac{\mathrm{d}N_i}{\mathrm{d}\xi}\frac{\mathrm{d}\xi}{\mathrm{d}x}\right)\left(\frac{\mathrm{d}N_j}{\mathrm{d}\xi}\frac{\mathrm{d}\xi}{\mathrm{d}x}\right) + \left(\frac{\mathrm{d}N_i}{\mathrm{d}\eta}\frac{\mathrm{d}\eta}{\mathrm{d}y}\right)\left(\frac{\mathrm{d}N_j}{\mathrm{d}\eta}\frac{\mathrm{d}\eta}{\mathrm{d}y}\right)\right]\frac{ab}{4}\mathrm{d}\xi\mathrm{d}\eta
\end{aligned}
\tag{3.2.19}
$$

经计算可得

$$k_{11} = 2\alpha + 2\beta, \quad k_{32} = k_{41}$$

$$k_{21} = \alpha - 2\beta, \quad k_{42} = k_{31}$$

$$k_{31} = -\alpha - \beta, \quad k_{33} = k_{11}$$

$$k_{41} = -2\alpha + \beta, \quad k_{43} = k_{21}$$

$$k_{22} = k_{11}, \quad k_{44} = k_{11}$$

$$\alpha = \frac{\sigma}{6}\frac{b}{a}, \quad \beta = \frac{\sigma}{6}\frac{a}{b}$$

现在考虑边界积分部分，若单元的一个边落在 $AB$ 上，如图 3.2.4 所示，则边界积分

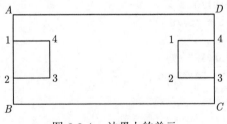

图 3.2.4　边界上的单元

$$\int_{\overline{12}} \sigma \frac{\partial u}{\partial n} u \mathrm{d}\varGamma = \sigma \frac{\partial u}{\partial n}\int_{\overline{12}} u \mathrm{d}\varGamma = u_e^{\mathrm{T}} P_e \tag{3.2.20}$$

其中，$P_e = \dfrac{1}{2}\sigma\dfrac{\partial u}{\partial n}b(1,1,0,0)^{\mathrm{T}} = \dfrac{1}{2}\sigma E_0 b(1,1,0,0)^{\mathrm{T}}$。同理 CD 边界上的积分

$$\int_{\overline{34}} \sigma\frac{\partial u}{\partial n}u\mathrm{d}\varGamma = \sigma\frac{\partial u}{\partial n}\int_{\overline{34}} u\mathrm{d}\varGamma = u_e^{\mathrm{T}}P_e$$

其中，$P_e = \dfrac{1}{2}\sigma\dfrac{\partial u}{\partial n}b(0,0,-1,-1)^{\mathrm{T}} = \dfrac{1}{2}\sigma E_0 b(0,0,-1,-1)^{\mathrm{T}}$。

单元积分可写为

$$F_e(u) = \frac{1}{2}u_e^{\mathrm{T}}K_e u_e - u_e^{\mathrm{T}}P_e$$

下面给出计算 $K_e$ 的子程序的相关内容。

(1) 功能。

计算单元内的 $K_e$ 矩阵 (双线性插值)。

(2) 使用说明。

子程序语句：SUBROUTINE K44(A,B,SGM,KE)。

参变量说明：

A——实变量，输入参数，单元的水平宽度。

B——实变量，输入参数，单元的垂直高度。

SGM——实变量，输入参数，单元的电导率。

KE——4×4 的二维实数组，输出参数，存放单元系数矩阵。

(3) 子程序。

```
SUBROUTINE K44(A,B,SGM,KE)
REAL KE(4.4)
BA= B/A
AB= A/B
KE(1,1)=SGM*(BA+AB)/3.
KE(2,1)=SGM*(BA-2.* AB)/6.
KE(2,2)=KE(1,1)
KE(3,1)=SGM*(-BA-AB)/6.
KE(3,2)= SGM*(-2.* BA+AB)/6.
KE(3,3)= KE(1 , 1)
KE(4,1)=KE(3,2)
KE(4,2)=KE(3,1)
KE(4,3)=KE(2,1)
KE(4,4)=KE(1,1,1)
RETURN
END
```

4) 总体集成

将全部单元相加得

$$F(u) = \sum_e F_e(u) = \frac{1}{2} u^{\mathrm{T}} K u - u^{\mathrm{T}} P \tag{3.2.21}$$

下面给出线性插值、变带宽储存总体系数矩阵 $K$ 的子程序的相关内容。

(1) 功能。

在矩形网格、双线性插值条件下,将总体系数矩阵 $K$ 以变带宽方式集成在一维数组 GA 中。

(2) 使用说明。

子程序语句:SUBROUTINE E2K1(NX,NY,ND,NE,XY,I4,ID,GA,NRO,RO)。

参变量说明:

NX,NY,ND,NE,XY,I4——输入参数,同前。

ID——ND 个元的一维整形数组,输入参数,在矩形网格、双线性插值的条件下,形成 ID 数组的子程序。

GA——一维实数组,输出参数,存放总体系数矩阵。

NRO——NX×NY 个元的二维整数组,输入参数,存放单元电阻率的代码。

RO——一维数组,输入参数,存放与电阻率代码对应的电阻率值。

(3) 子程序。

```
      SUBROUTINE E2K1(NX,NY,ND,NE,XY,I4,ID,GA,NRO,RO)
      DIMENSION XY(2,ND),I4(4,NE),ID(ND),GA(*),NRO(NX,NY),RO(*)
      REAL KE(4,4)
      DO 10 I=1,ID(ND)
10    GA(I)=0.
      DO 20 IX=1,NX
      DO 20 IY=1,NY
      L=(IX-1)*NY+IY
      A=XY(1,I4(4,L))-XY(1,I4(1,L))
      B=XY(2,I4(1,L))-XY(2,I4(2,L))
      SGM=1./RO(NRO(IX,IY))
      CALL K44(A,B,SGM,KE)
      DO 40 J=1,4
      NJ=I4(J,L)
      DO 40 K=1,4
      NK=I4(K,L)
      IF(NJ.GT.NK)THEN
        M=ID(NK)-NK+NJ
      ENDIF
```

```
            GA(M)=GA(M)+KE(J,K)
40       CONTINUE
20       CONTINUE
         RETURN
         END
```

下面给出生成数组 ID 的子程序相关内容，ID 数组的作用同前。

(1) 功能。

在矩形网格、双线性插值的条件下，生成 ID 数组。

(2) 使用说明。

子程序语句：SUBROUTINE ID1(NX,NY,ID)。

参变量说明：

NX,NY——输入参数，同前。

ID——ND 个元的一维整数组，输出参数，同前。

(3) 子程序。

```
         SUBROUTINE ID1(NX,NY,ID)
         DIMENSION ID(*)
         ID(1)=1
         DO 10 I=2,NY+1
10       ID(I)=ID(I-1)+2
         DO 20 I=2,NX+1
         N=(I-1)*(NY+1)+1
         ID(N)=ID(N-1)+NY+2
         DO 20 J=2,NY+1
         N=(I-1)*(NY+1)+J
20       ID(N)=ID(N-1)+NY+3
         RETURN
         END
```

下面给出集成列向量 P 的子程序相关内容。

(1) 功能。

在矩形网格、双线性插值的条件下，集成列向量 P。

(2) 使用说明。

子程序语句：SUBROUTINE P1(EO,NX,NY,ND,NE,XY,I4,NRO,RO,P)。

参变量说明：

EO——实变量，输入参数，存放初始水平电场值。

NX,NY,ND,NE,XY,I4,NRO,RO——输入参数，同前。

P——ND 个元的一维数组，输出参数，存放列向量 P。

(3) 子程序。

```
       SUBROUTINE P1(EO,NX,NY,ND,NE,XY,I4,NRO,RO,P)
       DIMENSION  XY(2,ND),I4(4,NE),NRO(NX,NY),RO(*),P(ND)
       DO 10 I=1,ND
10     P(I)=0.
       DO 20 IY=1,NY
       SGM=1./RO(NRO(1,IY))
       NJ=I4(1,IY)
       NK=I4(2,IY)
       B=XY(2,NJ)-XY(2,NK)
       PE=0.5*SGM*EO*B
       P(NJ)=P(NJ)+PE
       P(NK)=P(NK)+PE
       SGM=1./RO(NRO(NX,IY))
       L=(NX-1)*NY+IY
       NJ=I4(3,L)
       NK=I4(4,L)
       B=XY(2,NJ)-XY(2,NK)
       PE=0.5*SGM*EO*B
       P(NJ)=P(NJ)+PE
       P(NK)=P(NK)+PE
20     CONTINUE
       RETURN
       END
```

5) 求变分

对式 (3.2.21) 求变分，并令其为零：

$$\delta F(u) = \delta u^{\mathrm{T}} K u - \delta u^{\mathrm{T}} P = \delta u^{\mathrm{T}}(Ku - P) = 0$$

因为 $\delta u \neq 0$，所以

$$Ku - P = 0 \text{或} Ku = P \tag{3.2.22}$$

式 (3.2.22) 是含有 ND 个单元、ND 个方程的线性代数方程组。

6) 解线性代数方程组

解对称变带宽线性方程组的子程序相关内容如下。

(1) 功能。

解对称变带宽线性方程组的子程序，方程组的系数矩阵存放在一维数组 $A$ 中，线性方程组第 $i$ 行对角元在 $A$ 中的位置 $j$，事先已由 ID 数组确定。

(2) 使用说明。

子程序语句：SUBROUTINE BANDV(N,NP,A,ID,B,IR)。

参变量说明：

N——整变量，输入参数，线性方程组阶数。

NP——整变量，输入参数，$A$ 数组的长度。

A——NP 个元的一维实数组，输入参数，存放总体系数矩阵。

ID——N 个元的一维数组，输入参数，存放线性方程组系数矩阵的第 $i$ 行对角元在 $A$ 数组中的位置 $j$：$ID(i) = j$。

B——N 个元的一维实数组，输入、输出参数，开始存放方程组的右侧列向量，工作结束时，存放解向量。

IR——整变量，输出参数，标志：IR=0 时表示程序正常结束；IR$\neq$0 时，表示系数矩阵奇异。

(3) 子程序。

```
        SUBROUTINE BANDV(N,NP,A,ID,B,IR)
        DIMENSION A(NP),ID(N),B(N)
        DO 1 I=1,N
        I0=ID(I)-I
        IF(I.EQ.1) GOTO4
        MI=ID(I-1)-I0+I
        DO 2 J=MI,I
        J0=ID(J)-J
        MJ=1
        IF(J.GT.1) MJ=ID(J-1)-J0+I
        MIJ=MI
        IF(MJ.GT.MI) MIJ=MJ
        IJ=I0+J
        JM1=J-1
        DO 3 K=MIJ,JM1
        IF(MIJ.GT.MJ1) GOTO3
        IK=I0+K
        KK=ID(K)
        JK=J0+K
        A(IJ)=A(IJ)-A(IK)*A(KK)*A(JK)
3       CONTINUE
        IF(J.EQ.I) GOTO4
        JJ=ID(J)
        A(IJ)=A(IJ)/A(JJ)
2       B(I)=B(I)-A(IJ)*A(JJ)*B(J)
```

```
4        II=I0+I
         IF(A(II).EQ.0.0) GOTO 6
1        B(I)=B(I)/A(II)
         DO 5 L=2,N
         I=N-L+2
         I0=ID(I)-I
         MI=ID(I-1)-I0+1
         IM1=I-1
         DO 5 J=MI.IM1
         IF(MI.GT.IM1) GOTO 5
         IJ=I0+J
7        B(J)=B(J)-A(IJ)*B(I)
5        CONTINUE
         IR=0
         RETURN
6        IR=1
         RETURN
         END
```

7) 计算框图

均匀电场、矩形网格、双线性插值的计算电位有限单元法程序框图,如图 3.2.5 所示。

图 3.2.5 计算电位的有限单元法程序框图

# 第 4 章　二维亥姆霍兹方程的有限单元法

亥姆霍兹方程是地球物理中的常见方程,如稳定电流场中的点源二维问题,为了求解方便,往往沿对称轴方向进行傅里叶变换,进而将拉普拉斯方程转化为亥姆霍兹方程[8]。另外,频率域电磁场问题均满足亥姆霍兹方程[9,10]。

## 4.1　点源二维电场的计算方法

点源是指点电源供电,产生的电场是三维的。二维是指有一定走向的二维构造其电性特征是二维分布。总体来讲,点源二维构造的电场实质上是三维的。对于这样的问题可以用傅里叶变换的方法,将三维电场变换成带参数的二维问题来处理,使计算更简便。

### 4.1.1　边值问题

在地面 $A$ 点置电流强度为 $I$ 的点电源,地下构造呈二维分布,如图 4.1.1 所示。

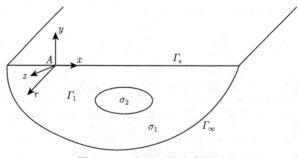

图 4.1.1　点源二维地电断面

模型的边值问题为

$$\frac{\partial}{\partial x}\left(\sigma\frac{\partial u}{\partial x}\right) + \frac{\partial}{\partial y}\left(\sigma\frac{\partial u}{\partial y}\right) + \sigma\frac{\partial^2 u}{\partial z^2} = -2I\delta(x_A)\delta(y_A)\delta(z_A) \tag{4.1.1}$$

$$\frac{\partial u}{\partial n}\Big|_{\Gamma_\mathrm{s}} = 0 \tag{4.1.2}$$

$$u\,|_{\Gamma_\infty} = \frac{c}{r'} \tag{4.1.3}$$

$$u_1\,|_{\Gamma_1} = u_2\,|_{\Gamma_1} \tag{4.1.4}$$

$$\sigma_1 \left.\frac{\partial u_1}{\partial n_1}\right|_{\Gamma_1} = \sigma_2 \left.\frac{\partial u_2}{\partial n_2}\right|_{\Gamma_1} \tag{4.1.5}$$

对 $u$ 在 $z$ 方向上进行傅里叶变换：

$$U(x,y,k) = \int_0^\infty u(x,y,z)\cos(kz)\mathrm{d}z \tag{4.1.6}$$

由傅里叶变换的微分性质 $F\left[f''(x)\right] = (ik)^2 F[f(x)]$ 可知变换后的二维含参边值问题：

$$\frac{\partial}{\partial x}\left(\sigma\frac{\partial U}{\partial x}\right) + \frac{\partial}{\partial y}\left(\sigma\frac{\partial U}{\partial y}\right) - k^2\sigma U = -\frac{1}{2}I\delta(x_A)\delta(y_A) \tag{4.1.7}$$

$$\frac{\partial U}{\partial n}\,|_{\Gamma_s} = 0 \tag{4.1.8}$$

$$U\,|_{\Gamma_\infty} = F\left[\frac{c}{r'}\right] = \int_0^\infty \frac{c}{\sqrt{r^2+z^2}}\cos(kz)\mathrm{d}z = cK_0(kz) \tag{4.1.9}$$

$$\left[\frac{\partial U}{\partial n} + k\frac{K_1(kz)}{K_0(kz)}\cos(r,n)U\right]\Bigg|_{\Gamma_\infty} = 0(\text{第三类边界条件}) \tag{4.1.10}$$

$$U_1\,|_{\Gamma_1} = U_2\,|_{\Gamma_1} \tag{4.1.11}$$

$$\sigma_1 \left.\frac{\partial U_1}{\partial n_1}\right|_{\Gamma_1} = \sigma_2 \left.\frac{\partial U_2}{\partial n_2}\right|_{\Gamma_1} \tag{4.1.12}$$

### 4.1.2　变分问题

首先应用极小位能原理或虚功原理构造一个泛函：

$$I(U) = \int_\Omega \left[\frac{\sigma}{2}(\nabla U)^2 + \frac{1}{2}k^2\sigma U^2 - I\delta(A)U\right]\mathrm{d}\Omega \tag{4.1.13}$$

用变分原理验证构造的变分问题与边值问题是等价的，这样就可以建立变分方程。

求变分：

$$\delta I(U) = \int_\Omega \left[\sigma\nabla U\cdot\nabla\delta U + k^2\sigma U\delta U - I\delta(A)\delta U\right]\mathrm{d}\Omega$$

$$= \int_{\Omega} \nabla \cdot (\sigma \nabla U \delta U) \mathrm{d}\Omega + \int_{\Omega} [-\nabla \cdot (\sigma \nabla U) + k^2 \sigma U - I \delta(A)] \delta U \mathrm{d}\Omega$$

由式 (4.1.7) 知

$$\delta I(U) = \int_{\Omega} \nabla \cdot (\sigma \nabla U \delta U) \mathrm{d}\Omega = \int_{\Gamma_\mathrm{s} + \Gamma_\infty} \sigma \frac{\partial U}{\partial n} \delta U \mathrm{d}\Gamma$$

将式 (4.1.10) 代入:

$$\delta I(U) = \int_{\Gamma_\infty} \sigma \frac{\partial U}{\partial n} \delta U \mathrm{d}\Gamma = -\int_{\Gamma_\infty} \sigma \frac{k K_1(kr)}{K_0(kr)} \cos(r, n) U \delta U \mathrm{d}\Gamma$$

$$= -\delta \left[ \frac{1}{2} \int_{\Gamma_\infty} \sigma \frac{k K_1(kr)}{K_0(kr)} \cos(r, n) U^2 \mathrm{d}\Gamma \right]$$

则

$$\delta \left[ I(U) + \int_{\Gamma_\infty} \sigma \frac{k K_1(kr)}{K_0(kr)} \cos(r, n) U^2 \mathrm{d}\Gamma \right]$$

$$= \delta \left\{ \iint_{\Omega} \left[ \frac{\sigma}{2} (\nabla U)^2 + \frac{1}{2} k^2 \sigma U^2 - I \delta(A) U \right] \mathrm{d}\Omega + \int_{\Gamma_\infty} \sigma \frac{k K_1(kr)}{K_0(kr)} \cos(r, n) U^2 \mathrm{d}\Gamma \right\}$$

$$= 0$$

所以二维边值问题与式 (4.1.15) 和式 (4.1.14) 所示变分问题等价:

$$F(U) = \int_{\Omega} \left[ \frac{\sigma}{2} (\nabla U)^2 + \frac{1}{2} k^2 \sigma U^2 - I \delta(A) U \right] \mathrm{d}\Omega + \int_{\Gamma_\infty} \sigma \frac{k K_1(kr)}{K_0(kr)} \cos(r, n) U^2 \mathrm{d}\Gamma$$

$$\tag{4.1.14}$$

$$\delta F(U) = 0 \tag{4.1.15}$$

### 4.1.3　点源二维电场有限单元法程序设计

用有限单元法求解点源二维电场的变分方程所用的区域剖分、插值等方法, 与求解二维均匀电场变分方程所用的方法相同。

### 4.1.4　傅里叶反变换方法与程序设计

利用有限单元法求出了不同的波数 $k$ 对应的节点电位像函数 $U(x, y, k)$ 后还需对 $U(x, y, k)$ 按式 (4.1.6) 作反傅里叶变换, 才能算出各节点的电位值。

在实际计算中, 只能选取有限的波数值 $k$, 采用数字积分计算式 (4.1.6) 的近似值。计算 $U(x, y, k)$ 的波数越多, 则由 $U(x, y, k)$ 计算各节点电位值 $u(x, y, z)$

的精度越高。另一方面，对于每一个波数值都需要重新形成系数矩阵并重新解方程，计算量与所用波数的个数成正比，所以，傅里叶反变换问题可归结为选择适当的数值积分方法和合理的波数分布。因此，在保证精度的前提下，要选用尽可能少的波数进行计算[9,10]。

以往大多数学者对均匀半空间点源电场电位 $U(x,y,k)$ 及其傅里叶变换函数 $U_0(x,y,k) = gK_0(kr_A)$ 的性态分布做系统研究,提出用负指数函数逼近 $U_0(x,y,k)$,用这种方法计算傅里叶反变换，选用的波数个数可由式 (4.1.16) 估算

$$n = \frac{\ln k_n - \ln k_1}{\ln c} + 1 \qquad (4.1.16)$$

其中，$k_1 = 0.1/r_{\max}$；$k_n = 3/r_{\min}$；$c = k_{i+1}/k_i$，为公比 (一般可选为 2.5)。由此可见，当 $r$ 的变化范围为 0.5～40m 时，则要选用 9 个波数。1988 年，徐世浙提出用分步最优化方法选择波数，用该方法选择的波数具有波数个数少，计算精度高的特点[11]。例如，对于同样的 $r$ 变化范围 0.5～40m，只选用 4 个波数就够了，而且可以保证较高的计算精度[10]。

1) 计算傅里叶变换的数字化方法

从以上的讨论中可知，地表上某点的电位可用傅里叶变换求得：

$$u(x,y,o) = \frac{2}{\pi} \int_0^\infty U(x,y,k)\mathrm{d}k \qquad (4.1.17)$$

其中，$k$ 为波数。在均匀半空间情况下：

$$U(x,y,k) = U_0(x,y,k) = \frac{I\rho_1}{2\pi} K_0(kr)$$

其中，$r$ 为剖面上某点到电源点的距离；$K_0(kr)$ 为第二类修正贝塞尔函数。于是均匀半空间剖面上某点的电位可表示为

$$u_0(x,y,o) = \frac{I\rho_1}{2\pi r} = \frac{2}{\pi} \int_0^\infty \frac{I\rho_1}{2\pi} K_0(kr)\mathrm{d}k \qquad (4.1.18)$$

对式 (4.1.18) 进行数值积分，写成近似式

$$\frac{1}{r} = \sum_{j=1}^n K_0(k_j r)g_j \qquad (4.1.19)$$

其中，$k_j(j = 1,\cdots,n)$ 为离散波数；$g_j$ 为积分系数，目的是利用最优化方法选择出一组 $k_1,k_2,\cdots,k_n$ 与 $g_1,g_2,\cdots,g_n$ 值最好地满足式 (4.1.19)。这种方法可以推广到一般情形中，这样式 (4.1.17) 可写为

$$u(x, y, o) = \sum_{j=1}^{n} U(x, y, k_j) g_j \tag{4.1.20}$$

并把均匀半空间情况下的 $k_1, k_2, \cdots, k_n$ 与 $g_1, g_2, \cdots, g_n$ 经过适当修正应用于式 (4.1.20) 中。

2) 最优化方法

为了在一定的范围内，不同的 $r$ 都有相近的相对误差，将式 (4.1.19) 写成

$$l = \sum_{j=1}^{n} r K_0(k_j r) g_j = v \tag{4.1.21}$$

对于不同的 $r$ 可以得到一组方程：

$$\sum_{j=1}^{n} a_{ij} g_j = v_i, \quad i = 1, 2, \cdots, m, \quad j = 1, \cdots, n \tag{4.1.22}$$

写成矩阵形式：

$$AG = V \tag{4.1.23}$$

其中

$$
\begin{aligned}
&A = (a_{ij})_{m*n}, \quad G = (g_j)_n, \quad V = (v_i)_m \\
&a_{ij} = r_i K_0(k_j r_i), \quad i = 1, 2, \cdots, m, \quad j = 1, \cdots, n
\end{aligned} \tag{4.1.24}
$$

选取 $k_j$ 和 $g_j$，使目标函数

$$\varphi = \|I - V\|^2 = \|I - AG\|^2 \tag{4.1.25}$$

取极小值，其中，$I$ 是单位列向量。$k_j$ 和 $g_j$ 的选择可分以下两步。

第一步，给定一组 $k_j$，于是 $a_{ij}$ 为已知 (见式 (4.1.24))，由 $\varphi$ 的极小值决定一组 $g_j$。为了讨论方便，这里首先给出一个定理。

**定理 4.1.1**   $G^*$ 是式 (4.1.25) 的极小值的充要条件是 $G^*$ 满足方程组

$$A^{\mathrm{T}} AG = A^{\mathrm{T}} I \tag{4.1.26}$$

(定理证明略)。

由定理 4.1.1，解方程组

$$A^{\mathrm{T}} AG = A^{\mathrm{T}} I \text{或} BG = C \tag{4.1.27}$$

其中，$B = A^{\mathrm{T}}A$；$C = A^{\mathrm{T}}I$。可求出在给定 $k_j$ 的条件下，使目标函数 $\varphi$ 取极小的 $g_j(j = 1, \cdots, n)$ 值。

第二步，研究在求得一组 $g_j(j = 1, \cdots, n)$ 值后，如何获得一组 $k_j(j = 1, \cdots, n)$ 使目标函数 $\varphi$ 取极小值，为此，将 $V$ 在一组初始的 $k_j(j = 1, \cdots, n)$ 时展成泰勒级数，并取 $\delta k_j$ 的一次项

$$v = v_0 + \frac{\partial v}{\partial k}\delta k \tag{4.1.28}$$

其中，$v_0 = (v_{0i})_m$；$\dfrac{\partial v}{\partial k} = \left(\dfrac{\partial v_i}{\partial k_j}\right)_{m \times n}$；$\delta k = (\delta k_j)_n$。$v_{0i}$ 是一组初始 $k_j^{(0)}(j = 1, \cdots, n)$ 时的 $v_i$，$\delta k_j$ 是 $k_j$ 的微小增量。将式 (4.1.28) 代入目标函数 $\varphi$ 中

$$\varphi = \left\| I - V_0 - \frac{\partial v}{\partial k}\delta k \right\|^2$$

此时的 $\varphi$ 是 $\delta k$ 的函数，由 $\varphi$ 的极小值可决定 $\delta k$，由以上定理可知

$$B\delta k = C \tag{4.1.29}$$

其中

$$B = \left(\frac{\partial v}{\partial k}\right)^{\mathrm{T}}\left(\frac{\partial v}{\partial k}\right), \quad C = \left(\frac{\partial v}{\partial k}\right)^{\mathrm{T}}(I - V_0)$$

从式 (4.1.29) 中解出 $\delta k$，于是得到一组新的 $k^{(1)}$：

$$k^{(1)} = k^{(0)} + \delta k$$

再以 $k^{(1)}$ 作为新的初值，将 $V$ 在 $k^{(1)}$ 附近展开，重复上述过程又可得到 $k$ 的二次估值 $k^{(2)}$，由此往复直至得到最佳的 $k$ 值。

偏导数 $\dfrac{\partial v_i}{\partial k_j}$ 的求法：由于 $v_i$ 的形式是未知的，故 $\dfrac{\partial v_i}{\partial k_j}$ 不能用解析式表示，但从第一步的讨论可知，给出一组 $k_1, k_2, \cdots, k_n$，就可求出一组 $g_1, g_2, \cdots, g_n$，从而可由式 (4.1.28) 计算 $v_i$。若给出另一组则可计算新的 $v_i'$，于是得

$$\frac{\partial v_i}{\partial k_j} = \frac{v_i' - v_i}{\Delta k_j} \tag{4.1.30}$$

一般取 $\Delta k_j = 0.01k$。

3) 具体计算步骤

(1) 给定初始波数 $k_j^{(0)}$，一组距离 $r_i(i = 1, 2, \cdots, m)$，最大迭代次数 npp。

(2) $0 \to m$(迭代次数赋零)。

(3) 求 $a_{ij} = r_i k_0(k_j r_i)$，$B = A^\mathrm{T} A$，$C = A^\mathrm{T} I$。

(4) 解方程 $BG = C$，求出 $g_j(j = 1, \cdots, n)$。求 $AG = V$，$\varphi^2 = (I - v)^\mathrm{T}(I - v)$。

(5) 若 $\sqrt{\dfrac{\varphi}{m}} < \varepsilon$，则转至 (8)；否则若 $m >$npp ，则转至 (8)；否则转至 (6)。

(6) 求 $\dfrac{\partial v_i}{\partial k_j} = \dfrac{v_i' - v_i}{\Delta k_j}$，$B = \left(\dfrac{\partial v}{\partial k}\right)^\mathrm{T} \left(\dfrac{\partial v}{\partial k}\right), C = \left(\dfrac{\partial v}{\partial k}\right)^\mathrm{T}(I - V_0)$。

(7) 解方程 $B\delta k = C$，求出 $\delta k$，$k^{(m+1)} = k^{(m)} + \delta k, m + 1 \to m$，转 (3)。

(8) 打印结果，停机。

4) 计算傅里叶反变换主程序

(1) 功能。

主程序 IFT：计算傅里叶反变换。

(2) 使用说明。

主程序：IFT.FOR。

参变量说明：

M——整形变量，输入参数，$r_i$ 的取值个数。

N——整形变量，输入参数，$k_i$ 的取值个数。

N1——整形变量，输入参数，$g_i$ 的取值个数。

LL——整形变量，LL=$(2 + n)^*(n + 1)/2$。

LL1——整形变量，LL1=$(n + 1)^* n/2$。

A——实数组，存放 $A$ 矩阵。

AT——实数组，存放 $A^\mathrm{T}$ 矩阵。

B——实数组，存放 $B = A^\mathrm{T} A$ 矩阵。

DV——实数组，存放 $\left(\dfrac{\partial v}{\partial k}\right)$ 矩阵。

DVT——实数组，存放 $\left(\dfrac{\partial v}{\partial k}\right)^\mathrm{T}$ 矩阵。

BB——实数组，存放 $B = \left(\dfrac{\partial v}{\partial k}\right)^\mathrm{T} \left(\dfrac{\partial v}{\partial k}\right)$ 矩阵。

V——一维实数组，存放 $v_i$ 值。

C——实数组，输出参数，存放最优化后的 $g_i$。

CC——实数组，输出参数，存放最优化后的 $k_i$。

BK——一维实数组，输入参数，存放初始 $k_i$ 值。

BKK——一维实数组，存放 $\Delta k_i$ 值。

R——一维实数组，输入参数，存放 $r_i$ 值。

NPP——整形变量，输入参数，最大迭代次数。

(3) 主程序。

```
C       PROGRAM IFT
C       THIS PROGRAM IS TO CALCULATE THE INVERSE FOURIER
C       TRANSFORMATION
        PARAMETER (M=25,N=4,N1=5,LL=15,LL1=10)
        DOUBLE PRECISION A(M,N1),AT(N1,M),B(N1,N1)
        DOUBLE PRECISION DV(M,N),DVT(N,M),BB(N,N)
        DOUBLE PRECISION AL(LL),ALL(LL1),V1(M),VV(M)
        DOUBLE PRECISION C(N1,1),V(M),CC(N,1)
        DIMENSION R(M),BK(N),BKK(N)
        OPEN(2,FILE='IFTIN.TXT',STATUS='OLD')
        READ(2,*)(R(I),I=1,M)
        READ(2,*)(BK(K),K=1,N)
        READ(2,*)NPP
        CLOSE(2)
        MM=1
C       LL=(2+N)*(N+1)/2
C       LL1=(N+1)*N/2
3       DO 6 I=1,M
        DO 5 J=1,N
5       A(I,J)=R(I)*AK0(BK(J)*R(I))
6       A(I,N1)=R(I)
        DO 10 I=1,N1
        DO 10 J=1,N1
10      B(I,J)=0.
        DO 20 I=1,M
        DO 20 J=1,N1
20      AT(J,I)=A(I,J)
        I=0
        DO 50 L=1,N1
        I=I+1
        J=0
        DO 50 L1=1,N1
        J=J+1
        DO 50 K=1,M
50      B(I,J)=B(I,J)+AT(L,K)*A(K,L1)
```

```
      DO 60 I=1,N1
60    C(I,1)=0.
      I1=0
      DO 70 L=1,N1
      I1=I1+1
      DO 70 L1=1,M
70    C(I1,1)=C(I1,1)+AT(L,L1)
      L2=0
      DO 80 J=1,N1
      DO 80 I=J,N1
      L2=L2+1
80    AL(L2)=B(I,J)
      CALL SUB(1,N1,LL,AL,C)
      L1=0
      DO 85 I=1,M
85    V(I)=0.
      DO 90 I=1,M
      L1=L1+1
      DO 90 J=1,N1
90    V(L1)=V(L1)+A(I,J)*C(J,1)
      DO 91 I=1,M
91    VV(I)=1.-V(I)
      FA=0.
      DO 92 I=1,M
92    FA=FA+VV(I)**2
      EP=SQRT(FA/M)
C      WRITE(*,210)C
210   FORMAT(1X,'G=',6F10.6)
C      WRITE(*,220)BK
220   FORMAT(1X,'K=',6F10.6)
C      WRITE(*,300)EP
300   FORMAT(1X,'EP=',F7.4)
      IF(EP.LT.0.005)GOTO 900
      IF(MM.GT.NPP)GOTO 900
      DO 102 I=1,M
      DO 102 J=1,N
      BKK(J)=0.1*BK(J)
      BK(J)=BK(J)+BKK(J)
      DO 97 J1=1,N
97    A(I,J1)=R(I)*AK0(BK(J1)*R(I))
```

```
         A(I,N1)=R(I)
         V1(I)=0.
         DO 101 J2=1,N1
101      V1(I)=V1(I)+A(I,J2)*C(J2,1)
         DV(I,J)=(V1(I)-V(I))/BKK(J)
         BK(J)=BK(J)-BKK(J)
102      CONTINUE
         DO 110 I=1,N
         DO 110 J=1,N
110      BB(I,J)=0.
         DO 120 I=1,M
         DO 120 J=1,N
120      DVT(J,I)=DV(I,J)
         DO 130 L=1,N
         DO 130 L1=1,N
         DO 130 K=1,M
130      BB(L,L1)=BB(L,L1)+DVT(L,K)*DV(K,L1)
         DO 140 I=1,N
140      CC(I,1)=0.
         DO 150 L=1,N
         DO 150 L1=1,M
150      CC(L,1)=CC(L,1)+DVT(L,L1)*VV(L1)
         L3=0
         DO 160 J=1,N
         DO 160 I=J,N
         L3=L3+1
160      ALL(L3)=BB(I,J)
         CALL SUB(1,N,LL1,ALL,CC)
         DO 170 K=1,N
170      BK(K)=BK(K)+CC(K,1)
         MM=MM+1
         GOTO 3
900      OPEN(3,FILE='IFTOUT.TXT',STATUS='UNKNOWN')
         WRITE(3,905)R
         WRITE(3,901)C
         WRITE(3,902)BK
         WRITE(3,903)EP
         WRITE(3,904)MM
         CLOSE(3)
901      FORMAT(1X,'G=',6F10.6)
```

```
902      FORMAT(1X,'K=',6F10.6)
903      FORMAT(1X,'EP=',F7.4)
904      FORMAT(1X,'MM=',I5)
905      FORMAT(1X,'R=',10F7.1)
         STOP
         END
```

5) 计算 $K_0(rk)$ 子程序

(1) 功能。

快速近似计算 $K_0(rk)$ 值。

(2) 使用说明。

函数段语句：FUNCTION AK0(X)

参变量说明：

X——实型变量，输入参数，$x = rk$。

(3) 子函数。

```
         FUNCTION AK0(X)
         DOUBLE PRECISION T,B1,Y,AK,F
         IF(X.GT.2.0)GOTO 337
         T=DBLE(X)/3.75
         T=T*T
         B1=1.0D0+T*(3.5156229+T*(3.0899424+T*(1.2067492+T*(0.2659732
       * +T*(0.0360768+T*0.0045813)))))
         T=0.5D0*DBLE(X)
         Y=T*T
         AK=-DLOG(T)*B1-0.57721566+Y*(0.4227842+Y*(0.23069756+Y*(0.0348859
       * +Y*(0.00262698+Y*(0.0001075+Y*0.0000074)))))
         GOTO 338
337      IF(X.GT.55.)THEN
         AK=0.0
         GOTO 338
         END IF
         T=2.0D0/DBLE(X)
         F=DEXP(DBLE(-X))/DSQRT(DBLE(X))
         AK=F*(1.25331414+T*(-0.07832358+T*(0.02189568+T*(-0.01062446
       * +T*(0.00587872+T*(-0.0025154+T*0.00053208))))))
338      AK0=AK
         RETURN
         END
```

6) 解方程子程序

(1) 功能。

列主元高斯消去法解方程。

(2) 使用说明。

子程序语句：SUBROUTINE SUB(M,N,L,A,B)。

参变量说明：

M——整型量，输入参数，M=1。

N——整型量，输入参数，方程的阶数。

L——整型量，输入参数，L=(N+1)*N/2

A——实型数组，输入参数，存放系数矩阵。

B——实型数组，输入时存放方程的右端列向量；输出时存放结果列向量。

(3) 子程序。

```
      SUBROUTINE SUB(M,N,L,A,B)
      DOUBLE PRECISION A(L),B(N,M)
      DO 5 I=2,N
5     A(I)=A(I)/A(1)
      I=1
      DO 10 J=2,N
      I=I+N-J+2
      I1=-N+J
      I2=-N
      DO 15 K=2,J
      I1=I1+N-K+2
      I2=I2+N-K+3
15    A(I)=A(I)-A(I1)**2*A(I2)
      IF(J.EQ.N)GOTO 20
      I3=N-J
      DO 10 L1=1,I3
      J1=I+L1
      J2=-N+J
      J3=-N
      DO 25 L2=2,J
      J2=J2+N-L2+2
      J3=J3+N-L2+3
      L3=J2+L1
25    A(J1)=A(J1)-A(J2)*A(L3)*A(J3)
10    A(J1)=A(J1)/A(I)
20    DO 30 J=1,M
```

```
            DO 30 I=2,N
            I1=I-N
            DO 30 K=2,I
            I1=I1+N-K+2
30          B(I,J)=B(I,J)-A(I1)*B(K-1,J)
            I=-N
            DO 35 J=2,N
            I=I+N-J+3
            DO 35 K=J,N
            K1=I+K-J+1
35          A(K1)=A(K1)*A(I)
            DO 40 J=1,M
            B(N,J)=B(N,J)/A(L)
            DO 40 K=2,N
            K1=N-K+2
            K2=K1-1
            K3=L-(1+K)*K/2+1
            K4=K3
            DO 45 K5=K1,N
            K4=K4+1
45          B(K2,J)=B(K2,J)-A(K4)*B(K5,J)
40          B(K2,J)=B(K2,J)/A(K3)
            RETURN
            END
```

7) 计算实例

输入数据文件 (IFTIN.TXT):

.2,.4,.6,.8,1,2,3,4,5,6,7,8,9,10,11,12,14,16,18,20,22,24,26,28,30,
0.000020　0.007928　0.478437　3.399286
100000

输出数据文件 (IFTOUT.TXT):

```
R=    0.2    0.4    0.6    0.8    1.0    2.0    3.0    4.0    5.0    6.0
R=    7.0    8.0    9.0    10.0   11.0   12.0   14.0   16.0   18.0   20.0
R=    22.0   24.0   26.0   28.0   30.0
G=  0.032196  0.194478  0.927949  5.278337 -0.089414
K=  0.000847  0.169686  0.883235  4.774049
EP= 0.0050
MM=12492
```

## 4.2 大地电磁场的计算方法

### 4.2.1 边值问题

1) 麦克斯韦方程

$$\nabla \times E = \mathrm{i}\omega\mu H \tag{4.2.1}$$

$$\nabla \times H = (\sigma - \mathrm{i}\omega\mu)E \tag{4.2.2}$$

其中，$\omega$ 为角频率 (时谐因子为 $\mathrm{e}^{-\mathrm{i}\omega t}$)；$\mu$ 为介质的磁导率；$\sigma$ 为电导率。

假定地下电性结构是二维的，坐标选取如图 4.2.1 所示。当平面电磁波以任意角度入射地面时，地下介质中的电磁波总以平面波形式几乎垂直向地下传播，将式 (4.2.1) 和式 (4.2.2) 按分量式展开，并考虑到 $\partial/\partial z = 0$，得两个独立的方程组。

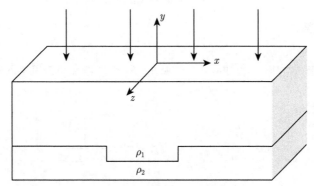

图 4.2.1 二维典型结构和坐标系

$E$ 型波 (电磁波延走向传播，电场只有 $z$ 分量):

$$\frac{\partial H_y}{\partial x} - \frac{\partial H_x}{\partial y} = (\sigma - \mathrm{i}\omega\mu)E_z \tag{4.2.3}$$

$$\frac{\partial E_z}{\partial y} = \mathrm{i}\omega\mu H_x \tag{4.2.4}$$

$$-\frac{\partial E_z}{\partial x} = \mathrm{i}\omega\mu H_y \tag{4.2.5}$$

$H$ 型波 (电磁波延走向传播，磁场只有 $z$ 分量):

$$\frac{\partial E_y}{\partial x} - \frac{\partial E_x}{\partial y} = \mathrm{i}\omega\mu H_z \tag{4.2.6}$$

$$\frac{\partial H_z}{\partial y} = (\sigma - \mathrm{i}\omega\varepsilon)E_x \tag{4.2.7}$$

$$-\frac{\partial H_z}{\partial x} = (\sigma - \mathrm{i}\omega\varepsilon)E_y \tag{4.2.8}$$

经进一步整理，得 $E_z$ 和 $H_z$ 应满足的方程

$$\frac{\partial}{\partial x}\left(\frac{1}{\mathrm{i}\omega\mu}\frac{\partial E_z}{\partial x}\right) + \frac{\partial}{\partial y}\left(\frac{1}{\mathrm{i}\omega\mu}\frac{\partial E_z}{\partial y}\right) + (\sigma - \mathrm{i}\omega\varepsilon)E_z = 0 \tag{4.2.9}$$

$$\frac{\partial}{\partial x}\left(\frac{1}{\sigma - \mathrm{i}\omega\varepsilon}\frac{\partial H_z}{\partial x}\right) + \frac{\partial}{\partial y}\left(\frac{1}{\sigma - \mathrm{i}\omega\varepsilon}\frac{\partial H_z}{\partial y}\right) + \mathrm{i}\omega\mu H_z = 0 \tag{4.2.10}$$

可统一表示为

$$\nabla \cdot (\tau\nabla u) + \lambda u = 0 \tag{4.2.11}$$

对于 $E$ 型波：

$$\nabla = \frac{\partial}{\partial x}e_x + \frac{\partial}{\partial y}e_y, \quad u = E_z, \quad \tau = \frac{1}{\mathrm{i}\omega\mu}, \quad \lambda = \sigma - \mathrm{i}\omega\varepsilon$$

对于 $H$ 型波：

$$\nabla = \frac{\partial}{\partial x}e_x + \frac{\partial}{\partial y}e_y, \quad u = H_z, \quad \tau = \frac{1}{\sigma - \mathrm{i}\omega\varepsilon}, \quad \lambda = \mathrm{i}\omega\mu$$

2) 边界条件

(1) 外边界条件。

$E$ 型波：取图 4.2.2 所示的研究区域。

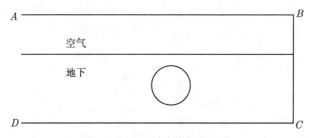

图 4.2.2　$E$ 型波的研究区域

上边界 $AB$ 离地面足够远，使异常在 $AB$ 上为 0，以该处的 $u$ 为 1 单位。

$$u\,|_{AB} = 1 \tag{4.2.12}$$

下边界 $CD$ 以下为均质岩石, 局部不均匀体异常在 $CD$ 上为 0, 电磁波在 $CD$ 以下, 得到传播方程为

$$u = u_0 e^{ky} \tag{4.2.13}$$

其中

$$k = \sqrt{-\mathrm{i}\omega\mu\sigma}, \quad \frac{\partial u}{\partial y} = ku, \quad \frac{\partial}{\partial y} = -\frac{\partial}{\partial n}$$

所以 $CD$ 处的边界条件为

$$\frac{\partial u}{\partial n} + ku = 0 \tag{4.2.14}$$

取左右边 $AD$, $BC$ 离局部不均匀体足够远, 电磁场在 $AD$, $BC$ 上左右对称, 其上的边界条件为

$$\frac{\partial u}{\partial n} = 0 \tag{4.2.15}$$

$H$ 型波: 取图 4.2.3 所示的研究区域。

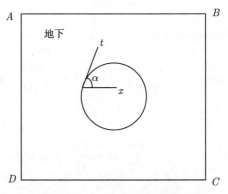

图 4.2.3　$H$ 型波的研究区域

上边界 $AB$ 直接取在地面上, 并以该处的 $u$ 为 1 单位。

$$u|_{AB} = 1 \tag{4.2.16}$$

这是由于在空气中, 有

$$\sigma = 0, \quad \frac{\partial H_z}{\partial y} = -\mathrm{i}\omega\varepsilon E_x \approx 0, \quad \frac{\partial H_z}{\partial x} = \mathrm{i}\omega\varepsilon E_y \approx 0 \tag{4.2.17}$$

所以, 不管地下介质电性如何分布, 空气中的 $H_z$ 近似为常数, 故取 $u = 1$。

下边界 $CD$ 的边界条件与 $E$ 型波相同。

左右两边界 $AD$ 和 $BC$ 的边界条件与 $E$ 型波相同。

(2) 内边界条件。

$E$ 型波在两种介质分界面上电场的切向分量连续:

$$u_1 = u_2 \tag{4.2.18}$$

磁场的切向分量连续:

$$H_t = H_x \cos\alpha + H_y \sin\alpha = \frac{1}{\mathrm{i}\omega\mu}\left(\frac{\partial E_z}{\partial y}\cos\alpha - \frac{\partial E_z}{\partial x}\sin\alpha\right) = \frac{-1}{\mathrm{i}\omega\mu}\frac{\partial E_z}{\partial n} \tag{4.2.19}$$

即

$$\tau_1 \frac{\partial u_1}{\partial n} = \tau_2 \frac{\partial u_2}{\partial n} \tag{4.2.20}$$

$H$ 型波在分界面上磁场切向分量连续:

$$u_1 = u_2$$

在分界面上电场切向分量连续:

$$E_t = E_x \cos\alpha + E_y \sin\alpha = \frac{1}{\sigma - \mathrm{i}\omega\varepsilon}\left(\frac{\partial H_z}{\partial y}\cos\alpha - \frac{\partial H_z}{\partial x}\sin\alpha\right) = \frac{-1}{\sigma - \mathrm{i}\omega\varepsilon}\frac{\partial H_z}{\partial n}$$
$$\tag{4.2.21}$$

即

$$\tau_1 \frac{\partial u_1}{\partial n} = \tau_2 \frac{\partial u_2}{\partial n} \tag{4.2.22}$$

最终边值问题归纳为

$$\begin{cases} \nabla\cdot(\tau\nabla u) + \lambda u = 0 & u \in \Omega \\ u|_{AB} = 1 \\ \left.\dfrac{\partial u}{\partial n}\right|_{AD,BC} = 0 \\ \left.\left(\dfrac{\partial u}{\partial n} + ku\right)\right|_{CD} = 0 \\ u_1|_{\Gamma_1} = u_2 \\ \left.\tau_1 \dfrac{\partial u_1}{\partial n}\right|_{\Gamma_1} = \left.\tau_2 \dfrac{\partial u_2}{\partial n}\right|_{\Gamma_1} \end{cases} \tag{4.2.23}$$

## 4.2.2 变分问题

对图 4.2.3 所示模型构造泛函:

$$I(u) = \int_{\Omega} \left[ \frac{1}{2}\tau(\nabla u)^2 - \frac{1}{2}\lambda u^2 \right] \mathrm{d}\Omega = \int_{\Omega_1} \left[ \frac{1}{2}\tau_1(\nabla u_1)^2 - \frac{1}{2}\lambda_1 u_1^2 \right] \mathrm{d}\Omega$$
$$+ \int_{\Omega_2} \left[ \frac{1}{2}\tau_2(\nabla u_2)^2 - \frac{1}{2}\lambda_2 u_2^2 \right] \mathrm{d}\Omega \tag{4.2.24}$$

其变分为

$$\delta I(u) = \int_{\Omega_1} \tau_1 \nabla u_1 \cdot \nabla \delta u_1 \mathrm{d}\Omega - \int_{\Omega_1} \lambda_1 u_1 \delta u_1 \mathrm{d}\Omega$$
$$+ \int_{\Omega_2} \tau_2 \nabla u_2 \cdot \nabla \delta u_2 \mathrm{d}\Omega - \int_{\Omega_2} \lambda_2 u_2 \delta u_2 \mathrm{d}\Omega$$
$$= \int_{\Omega_1} \nabla \cdot (\tau_1 \nabla u_1 \delta u_1) \mathrm{d}\Omega - \int_{\Omega_1} [\nabla \cdot (\tau_1 \nabla u_1) + \lambda_1 u_1] \delta u_1 \mathrm{d}\Omega$$
$$+ \int_{\Omega_2} \nabla \cdot (\tau_2 \nabla u_2 \delta u_2) \mathrm{d}\Omega - \int_{\Omega_2} [\nabla \cdot (\tau_2 \nabla u_2) + \lambda_2 u_2] \delta u_2 \mathrm{d}\Omega$$

变分中第二、四项的被积函数为零, 故

$$\delta I(u) = \int_{\Omega_1} \nabla \cdot (\tau_1 \nabla u_1 \delta u_1) \mathrm{d}\Omega + \int_{\Omega_1} \nabla \cdot (\tau_2 \nabla u_2 \delta u_2) \mathrm{d}\Omega$$
$$= \int_{\Gamma+\Gamma_1} \tau_1 \frac{\partial u_1}{\partial n_1} \delta u_1 \mathrm{d}\Gamma + \int_{\Gamma_1} \tau_2 \frac{\partial u_2}{\partial n_2} \delta u_2 \mathrm{d}\Gamma$$

由于 $n_1, n_2$ 方向相反, 且内边界条件在泛函取极值过程中自然满足, 将外边界条件代入后得

$$\delta I(u) = \int_{\Gamma} \tau \frac{\partial u}{\partial n} \delta u \mathrm{d}\Gamma = - \int_{CD} \tau k u \delta u \mathrm{d}\Gamma = -\delta \int_{CD} \frac{1}{2}\tau k u^2 \mathrm{d}\Gamma$$

移项后

$$\int_{\Gamma_1} \tau_1 \frac{\partial u_1}{\partial n_1} \delta u_1 \mathrm{d}\Gamma + \int_{\Gamma_1} \tau_2 \frac{\partial u_2}{\partial n_2} \delta u_2 \mathrm{d}\Gamma = 0, \quad \tau_1 \frac{\partial u_1}{\partial n} = \tau_2 \frac{\partial u_2}{\partial n}$$

$$\delta \left[ I(u) + \int_{CD} \frac{1}{2}\tau k u^2 \mathrm{d}\Gamma \right] = 0$$

所以，二维大地电磁场的边值问题与下列的变分问题等价：

$$F(u) = \int_{\Omega} \left[ \frac{1}{2}\tau(\nabla u)^2 - \frac{1}{2}\lambda u^2 \right] \mathrm{d}\Omega + \int_{CD} \frac{1}{2}\tau k u^2 \mathrm{d}\Gamma \tag{4.2.25}$$

$$u|_{AB} = 1 \tag{4.2.26}$$

$$\delta F(u) = 0 \tag{4.2.27}$$

### 4.2.3　有限单元法程序设计

用矩形单元对区域进行剖分 (图 3.2.1)，并给每个单元的电阻率赋值，矩形单元的宽度为 $a$，高度为 $b$，单元的四个节点编号如图 3.2.2 所示。在单元内进行双线性插值，将式 (4.2.25) 中区域积分分解为各单元积分之和：

$$\begin{aligned} F(u) &= \int_{\Omega} \left[ \frac{1}{2}\tau(\nabla u)^2 - \frac{1}{2}\lambda u^2 \right] \mathrm{d}\Omega + \int_{CD} \frac{1}{2}\tau k u^2 \mathrm{d}\Gamma \\ &= \sum_{\Omega} \int_e \frac{1}{2}\tau(\nabla u)^2 \mathrm{d}\Omega - \sum_{\Omega} \int_e \frac{1}{2}\lambda u^2 \mathrm{d}\Omega + \sum_{CD} \int_e \frac{1}{2}\tau k u^2 \mathrm{d}\Gamma \end{aligned} \tag{4.2.28}$$

式 (4.2.28) 右侧最后一项积分只对 $CD$ 边界上的单元进行。

当单元中的 $\tau$ 和 $\lambda$ 是常数时，单元积分

$$\int_e \frac{1}{2}\tau(\nabla u)^2 \mathrm{d}\Omega = \frac{1}{2}u_e^{\mathrm{T}}(k_{ij})u_e = \frac{1}{2}u_e^{\mathrm{T}} K_{1e} u_e \tag{4.2.29}$$

其中，$K_{1e} = (k_{ij})$，$k_{ij}$ 的计算公式见式 (3.2.19)，$\alpha = \dfrac{\tau b}{6a}$，$\beta = \dfrac{\tau a}{6b}$。

单元积分

$$\int_e \frac{1}{2}\lambda u^2 \mathrm{d}\Omega = \frac{1}{2}u_e^{\mathrm{T}}(k_{ij})u_e = \frac{1}{2}u_e^{\mathrm{T}} K_{2e} u_e \tag{4.2.30}$$

其中

$$K_{2e} = \begin{bmatrix} 4 & & & \\ 2 & 4 & & \\ 1 & 2 & 4 & \\ 2 & 1 & 2 & 4 \end{bmatrix}$$

且有，$\alpha = \dfrac{ab}{36}k^2\sigma$。

式 (4.2.28) 右侧最后一项线积分只对边界单元进行。当单元的 $\overline{12}$ 边落在无穷远边界上时，线积分

$$\int_{\overline{12}} \frac{1}{2}\tau k u^2 \mathrm{d}\Gamma = \frac{1}{2}u_e^\mathrm{T}(k_{ij})u_e = \frac{1}{2}u_e^\mathrm{T}K_{3e}u_e \qquad (4.2.31)$$

其中

$$K_{3e} = \beta \begin{bmatrix} 2 & & & \\ 1 & 2 & & \\ 0 & 0 & 0 & \\ 0 & 0 & 0 & 0 \end{bmatrix}$$

且有 $\beta = \dfrac{\tau k b}{6}$。

$K_{1e}$，$K_{2e}$ 和 $K_{3e}$ 都是 $4 \times 4$ 的矩阵，将它们扩展成全体节点的矩阵 $\overline{K_{1e}}$，$\overline{K_{2e}}$，$\overline{K_{3e}}$，然后将各单元的矩阵相加，式 (4.2.28) 变成

$$\begin{aligned}
F(u) &= \int_\Omega \left[\frac{1}{2}\tau(\nabla u)^2 - \frac{1}{2}\lambda u^2\right]\mathrm{d}\Omega + \int_{CD}\frac{1}{2}\tau k u^2 \mathrm{d}\Gamma \\
&= \sum_\Omega \int_e \frac{1}{2}\tau(\nabla u)^2 \mathrm{d}\Omega - \sum_\Omega \int_e \frac{1}{2}\lambda u^2 \mathrm{d}\Omega + \sum_{CD}\int_e \frac{1}{2}\tau k u^2 \mathrm{d}\Gamma \\
&= \frac{1}{2}u^\mathrm{T}\left(\sum_\Omega \overline{K_{1e}} - \sum_\Omega \overline{K_{2e}} + \sum_{CD}\overline{K_{3e}}\right)u \\
&= \frac{1}{2}u^\mathrm{T}Ku
\end{aligned} \qquad (4.2.32)$$

其中，$K = \sum\limits_\Omega \overline{K_{1e}} - \sum\limits_\Omega \overline{K_{2e}} + \sum\limits_{CD}\overline{K_{3e}}$ 为总体系数矩阵。

对式 (4.2.32) 求变分，得

$$\delta F(u) = \delta u^\mathrm{T}Ku = 0$$

由 $\delta u$ 的任意性，得

$$Ku = 0 \qquad (4.2.33)$$

解线性代数方程组前，将 $AB$ 线上的边界值代入。解线性代数方程组后，得各节点的 $u$，它代表各节点的 $H_z$(对 $H$ 型波) 或 $E_z$(对 $E$ 型波)。至此，有限单元法求解 $u$ 的过程全部结束 [12]。

# 第二部分　边界单元法

# 第 5 章　边界元法数学基础

## 5.1　狄拉克函数

物理学中会用到质点、点电荷等概念。质点为质量集中的点，其体积趋于零，故它的密度趋于无穷大，密度的体积分 (即总质量) 是常数。取该常数为 1，于是得 1 个单位质点。电学中的点电荷也有相似的特征，即体积趋于零，它的电荷密度 $g$(电量/体积) 趋于无穷大，但它的电荷密度的体积分是一个常数，也取为 1，于是得到一个单位点电荷。为了描述这一类抽象概念，在数学上引入了狄拉克函数 (即 $\delta$ 函数)，$\delta$ 函数定义如下：

设 $\rho = \rho(x, y, z)$ 与 $\rho_0 = \rho_0(x_0, y_0, z_0)$ 是区域 $\Omega$ 内的任意两点，$\rho_0$ 是一个固定点。如果

$$\delta(\rho - \rho_0) = \begin{cases} \infty, & \rho = \rho_0 \\ 0, & \rho \neq \rho_0 \end{cases} \tag{5.1.1}$$

$$\int_\Omega \delta(\rho - \rho_0)\mathrm{d}\Omega = \begin{cases} 1, & M_0 \in \Omega \\ 0, & M_0 \notin \Omega \end{cases} \tag{5.1.2}$$

则称 $\delta(\rho - \rho_0)$ 为 $\delta$ 函数。

可以把 $\delta(\rho - \rho_0) = \delta(x - x_0)\delta(y - y_0)\delta(z - z_0)$ 视为质点或点电荷的位置坐标，那么 $\delta$ 函数 $\delta(\rho - \rho_0)$ 反映了上述物理现象。对于二维、三维 $\delta$ 函数可以写成下列形式。

二维：

$$\delta(\rho - \rho_0) = \delta(x - x_0)\delta(y - y_0)$$

三维：

$$\delta(\rho - \rho_0) = \delta(x - x_0)\delta(y - y_0)\delta(z - z_0)$$

由式 (5.1.1) 和式 (5.1.2) 可推出 $\delta$ 函数的几个重要性质。

**性质 1**　当 $p$ 在 $\Omega$ 域的边界 $\Gamma$ 上，且 $P$ 处的边界光滑时，则

$$\int_\Omega \delta(p)\mathrm{d}\Omega = \frac{1}{2} \tag{5.1.3}$$

　　**证明：**对于二维情况，域 $\Omega$ 为一平面，如图 5.1.1 所示，设 $p$ 位于域 $\Omega$ 的边界上，以 $p$ 为圆心，在 $\Omega$ 内作一半径无限小的半圆 $\varepsilon$(因 $p$ 外边界光滑，故 $\Omega$ 内 $\varepsilon$ 是半圆)。

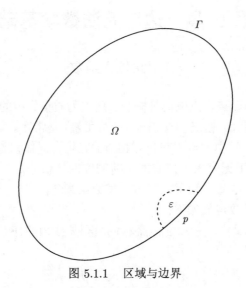

图 5.1.1　区域与边界

　　由式 (5.1.1)，$\delta(p)$ 在 $\varepsilon$ 以外都为 0，故

$$\int_{\Omega} \delta(p)\mathrm{d}\Omega = \int_{\varepsilon} \delta(p)\mathrm{d}\Omega$$

依据式 (5.1.2)，因为 $\varepsilon$ 为半圆，所以

$$\int_{\varepsilon} \delta(p)\mathrm{d}\Omega = \frac{1}{2}$$

　　**性质 2**　设函数 $u$ 在 $p$ 点处连续，当 $p$ 在域 $\Omega$ 内时，则

$$\int_{\Omega} u\delta(p)\mathrm{d}\Omega = u(p) \tag{5.1.4}$$

式 (5.1.4) 中 $u(p)$ 为 $p$ 处的函数值。

　　**证明：**以 $p$ 为圆心，在 $\Omega$ 内作一半径无限小的区域 $\varepsilon$ 包围 $p$ 点 (图 5.1.1)，则由式 (5.1.1) 可知，当 $p$ 点位于边界 $\Gamma$ 上：

$$\int_{\Omega} u\delta(p)\mathrm{d}\Omega = \int_{\varepsilon} u\delta(p)\mathrm{d}\Omega$$

因为 $\varepsilon$ 为无限小，且 $u$ 为连续函数，故可用 $p$ 点的函数值 $u(p)$ 代替 $\varepsilon$ 域中的函数值，并移至积分号外。根据 $\delta$ 函数的定义式 (5.1.2)，有

$$\int_\varepsilon u\delta(p)\mathrm{d}\Omega = u(p)\int_\varepsilon \delta(p)\mathrm{d}\Omega = u(p)$$

**性质 3** 设函数 $u$ 在 $p$ 点处连续，当 $p$ 在 $\Omega$ 的边 $\Gamma$ 上，且 $p$ 处边界光滑，则

$$\int_\Omega u\delta(p)\mathrm{d}\Omega = \frac{1}{2}u(p) \tag{5.1.5}$$

将性质 1、性质 2 结合起来，很容易证得性质 3。

## 5.2 格林公式

如果 $u$ 和 $\phi$ 在区域 $(\Omega + \Gamma)$ 上连续且一阶连续可微，在区域 $\Omega$ 内二阶连续可微，则下述格林第二公式成立：

$$\int_\Omega (u\nabla^2\phi - \phi\nabla^2 u)\mathrm{d}\Omega = \oint_\Gamma \left(u\frac{\partial\phi}{\partial n} - \phi\frac{\partial u}{\partial n}\right)\mathrm{d}\Gamma \tag{5.2.1}$$

式中，$\Gamma$ 为区域 $\Omega$ 的边界 (对于三维区域，$\Gamma$ 为边界面；对于二维区域，$\Gamma$ 为边界线)；$n$ 为边界的外法向。

**证明：** 由哈密顿算子的运算规则有

$$\nabla \cdot (u\nabla\phi) = u\nabla^2\phi + \nabla u \cdot \nabla\phi \tag{5.2.2}$$

由区域积分与边界积分的关系有

$$\int_\Omega \nabla \cdot (u\nabla\phi)\mathrm{d}\Omega = \oint_\Gamma u\frac{\partial\phi}{\partial n}\mathrm{d}\Gamma \tag{5.2.3}$$

而

$$\nabla \cdot (\phi\nabla u) = \phi\nabla^2 u + \nabla\phi \cdot \nabla u \tag{5.2.4}$$

$$\int_\Omega \nabla \cdot (\phi\nabla u)\mathrm{d}\Omega = \oint_\Gamma \phi\frac{\partial u}{\partial n}\mathrm{d}\Gamma \tag{5.2.5}$$

两式相减，得

$$\int_\Omega (u\nabla^2\phi - \phi\nabla^2 u)\mathrm{d}\Omega = \oint_\Gamma \left(u\frac{\partial\phi}{\partial n} - \phi\frac{\partial u}{\partial n}\right)\mathrm{d}\Gamma$$

## 5.3 基　本　解

已知微分算子 $L$ 对函数 $u$ 进行某种微分运算，构成一个微分方程：

$$L(u) = 0 \tag{5.3.1}$$

若某函数 $\phi$ 经过 $L$ 的微分运算，得到一个 $-\delta(p)$ 函数，即

$$L(\phi) = -\delta(p) \tag{5.3.2}$$

则称 $\phi$ 为 $L(u) = 0$ 微分方程的基本解 [11,13]。

微分方程的基本解不是唯一的。例如，如果 $u_i$ 是式 (5.3.1) 的任意解，而 $u^*$ 是式 (5.3.1) 的基本解，则

$$L(u_i + u^*) = L(u_i) + L(u^*) = 0 + [-\delta(p)] = -\delta(p)$$

即 $(u_i + u^*)$ 也是式 (5.3.1) 的基本解。

下面给出常用的几种微分方程的基本解，在处理地球物理勘探问题时非常有用。

1) 三维拉普拉斯方程的基本解

三维拉普拉斯方程为

$$\nabla^2 u = 0 \tag{5.3.3}$$

其中，$\nabla^2$ 是三维哈密顿算子，它的基本解为

$$\phi = \frac{1}{4\pi r} \tag{5.3.4}$$

其中，$r$ 是三维区域 $\Omega$ 中某点 $p$ 至 $\Omega$ 中任意点的距离 (图 5.3.1)。

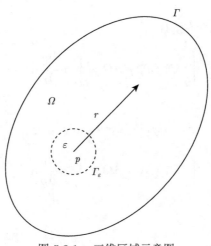

图 5.3.1　三维区域示意图

**证明：**

当 $r \neq 0$ 时，将 $\phi$ 直接代入球坐标中的 $\nabla^2\phi$ 表达式：

$$\nabla^2\phi = \frac{1}{r^2}\frac{\partial}{\partial r}\left(r^2\frac{\partial\phi}{\partial r}\right) = \frac{1}{r^2}\frac{\partial}{\partial r}\left(r^2\frac{-1}{4\pi r^2}\right) = 0$$

得

$$\nabla^2\frac{1}{4\pi r} = 0$$

当 $r = 0$ 时，$\frac{1}{r}$ 奇异，上述方程不成立。作一个半径无限小的球面 $\Gamma_\varepsilon$ 包围 $p$ 点，$\nabla^2\phi$ 的积分为

$$\int_\Omega \nabla^2\phi \mathrm{d}\Omega = \int_\Omega \nabla^2\left(\frac{1}{4\pi r}\right)\mathrm{d}\Omega = \frac{1}{4\Omega}\int_\varepsilon \nabla\cdot\left(\nabla\frac{1}{4}\right)\mathrm{d}\Omega$$

根据区域积分与边界积分的关系有

$$\frac{1}{4\pi}\int_\varepsilon \nabla\cdot\left(\nabla\frac{1}{r}\right)\mathrm{d}\Omega = \frac{1}{4\pi}\oint_{\Gamma_\varepsilon}\frac{\mathrm{d}}{\mathrm{d}r}\left(\frac{1}{r}\right)\cdot\frac{\partial r}{\partial n}\mathrm{d}\Gamma$$

$$= -\frac{1}{4\pi}\oint_{\Gamma_\varepsilon}\frac{\mathrm{d}\Gamma}{r^2} = -\frac{1}{4\pi}\frac{4\pi r^2}{r^2} = -1$$

其中，在 $\varepsilon$ 域中 $\partial r = \partial n$，所以有 $\frac{\partial r}{\partial n} = 1$。由此可知

$$\nabla^2\left(\frac{1}{4\pi r}\right) = -\delta(p) \tag{5.3.5}$$

即 $\phi = \dfrac{1}{4\pi r}$ 是三维拉普拉斯方程 $\nabla^2 u = 0$ 的基本解。

2) 二维拉普拉斯方程的基本解

二维拉普拉斯方程的基本解为

$$\phi = \frac{1}{2\pi}\ln\frac{1}{r} \tag{5.3.6}$$

**证明：** 当 $r \neq 0$ 时，将 $\phi$ 直接代入极坐标中的 $\nabla^2\phi$ 表达式：

$$\nabla^2\phi = \frac{1}{r}\frac{\partial}{\partial r}\left(r\frac{\partial\phi}{\partial r}\right)$$

得

$$\nabla^2 \left( \frac{1}{2\pi} \ln \frac{1}{r} \right) = \frac{1}{r} \frac{\partial}{\partial r} \left( r \frac{1}{2\pi} \frac{-r}{r^2} \right) = 0$$

当 $r = 0$ 时，$\ln \frac{1}{r}$ 奇异。上述方程不成立，作一个半径无限小的圆 $\Gamma_\varepsilon$ 包围 $p$ 点，$\nabla^2 \phi$ 的积分为

$$\int_\Omega \nabla^2 \phi \mathrm{d}\Omega = \int_\Omega \nabla^2 \left( \frac{1}{2\pi} \ln \frac{1}{r} \right) \mathrm{d}\Omega$$

$$= \frac{1}{2\pi} \int_\varepsilon \nabla \cdot \left( \nabla \ln \frac{1}{r} \right) \mathrm{d}\Omega$$

根据区域积分和边界积分的关系有

$$\frac{1}{2\pi} \int_\varepsilon \nabla \cdot \left( \nabla \ln \frac{1}{r} \right) \mathrm{d}\Omega = \frac{1}{2\pi} \oint_{\Gamma_\varepsilon} \frac{\mathrm{d}}{\mathrm{d}r} \left( \ln \frac{1}{r} \right) \frac{\partial r}{\partial n} \mathrm{d}\Gamma$$

$$= -\frac{1}{2\pi} \oint_{\Gamma_\varepsilon} \frac{r}{r^2} \mathrm{d}\Gamma = -\frac{2\pi r}{2\pi r} = -1$$

可见

$$\nabla^2 \left( \frac{1}{2\pi} \ln \frac{1}{r} \right) = -\delta(p)$$

即 $\phi = \frac{1}{2\pi} \ln \frac{1}{r}$ 是二维拉普拉斯方程 $\nabla^2 u = 0$ 的基本解。

3) 二维亥姆霍兹方程的基本解

二维亥姆霍兹方程

$$\nabla^2 u \pm k^2 u = 0 \tag{5.3.7}$$

的基本解分别为

$$\phi^+ = -\frac{1}{4} N_0(kr) \tag{5.3.8}$$

$$\varphi^- = \frac{1}{2\pi} K_0(kr) \tag{5.3.9}$$

其中，$k^2$ 为正实数；$\phi^+$ 为式 (5.3.7) 取 "+" 时的基本解；$\phi^-$ 为式 (5.3.7) 取 "−" 时的基本解；$N_0$ 是第二类零阶贝塞尔函数；$K_0$ 是第二类零阶修正贝塞尔函数。

4) 三维亥姆霍兹方程

三维亥姆霍兹方程

$$\nabla^2 u + k^2 u = 0$$

的基本解为

$$\varphi = \frac{\mathrm{e}^{-\mathrm{i}kr}}{4\pi r} \tag{5.3.10}$$

边界单元法将边界剖分为许多单元，需要对每个单元进行积分，含有大量的积分计算。采用单元上的局部坐标表示积分变量有利于积分计算，用自然坐标表示的积分式可以采用高斯数值积分进行计算。

## 5.4  第二类修正贝塞尔函数

**1. 一般表达式**

已知 $n$ 阶第二类修正贝塞尔函数的表达式 [14] 为

$$K_n(x) = \frac{1}{2}\sum_{k=0}^{n-1}(-1)^k \frac{(n-k-1)!}{k!}\left(\frac{x}{2}\right)^{2k-n} + (-1)^{n+1}\sum_{k=0}^{\infty}\frac{1}{k!(n+k)!}$$

$$\cdot \left[\ln\frac{x}{2} - \frac{1}{2}\psi(n+k+1) - \frac{1}{2}\psi(k+1)\right] \cdot \left(\frac{x}{2}\right)^{2k+n} \tag{5.4.1}$$

其中，$n = 1, 2, \cdots$，当 $n = 0$ 时，去掉第一项有限和；$\psi$ 是 $\Gamma$ 函数的对数导数，其性质如下：

(1) $\psi(x+1) = \dfrac{1}{x} + \psi(x)$;

(2) $\psi(x+n) = \psi(x) + \displaystyle\sum_{r=0}^{n-1}\frac{1}{x+r}$;

(3) $\psi(x) = -\gamma - \dfrac{1}{x} + \displaystyle\sum_{n=1}^{\infty}\left(\frac{1}{n} - \frac{1}{x+n}\right); \gamma = -\dfrac{\Gamma'(1)}{\Gamma(1)} = -\psi(1) = 0.577216$

称为欧拉常数。取 $n = 0, n = 1$ 即可得 $K_0(x)$、$K_1(x)$ 的表达式：

$$K_0(x) = \sum_{k=0}^{\infty}\frac{1}{(k!)^2}\left[\psi(k+1) - \ln\frac{x}{2}\right]\cdot\left(\frac{x}{2}\right)^{2k} \tag{5.4.2}$$

$$K_1(x) = \frac{1}{x} + \sum_{k=0}^{\infty}\frac{1}{k!(k+1)!}\left[\ln\frac{x}{2} - \frac{1}{2(k+1)} - \psi(k+1)\right]\cdot\left(\frac{x}{2}\right)^{2k+1} \tag{5.4.3}$$

**2. 渐近表达式**

当 $x \to 0$ 时

$$K_n(x) \approx \frac{(n-1)!}{2}\left(\frac{x}{2}\right)^{-n} \tag{5.4.4}$$

$$K_0(x) \approx -\ln \frac{x}{2} \tag{5.4.5}$$

$$K_1(x) \approx \frac{1}{x} \tag{5.4.6}$$

当 $x$ 较大时

$$K_n(x) = \sqrt{\frac{\pi}{2}} \cdot \frac{1}{\sqrt{x}} \cdot e^{-x} \left\{ 1 + \sum_{k=1}^{\infty} \frac{\prod\limits_{r=1}^{k} [4n^2(2r-1)^2]}{k!(8x)^k} \right\} \tag{5.4.7}$$

$$K_0(x) = \sqrt{\frac{\pi}{2}} \cdot \frac{1}{\sqrt{x}} \cdot e^{-x} \left\{ 1 + \sum_{k=1}^{\infty} \frac{(-1)^k \prod\limits_{r=1}^{k} (2r-1)^2}{k!(8x)^k} \right\} \tag{5.4.8}$$

$$K_1(x) = \sqrt{\frac{\pi}{2}} \cdot \frac{1}{\sqrt{x}} \cdot e^{-x} \left\{ 1 + \sum_{k=1}^{\infty} \frac{\prod\limits_{r=1}^{k} [4-(2r-1)^2]}{k \ (8x)^k} \right\} \tag{5.4.9}$$

3. 主要性质

$$xK_{n-1}(x) - xK_{n+1}(x) = -2nK_n(x) \tag{5.4.10}$$

$$K'_n(x) = -\frac{1}{2}[K_{n-1}(x) + K_{n+1}(x)] = -K_{n-1}(x) - \frac{n}{x}K_n(x) = \frac{n}{x}K_n(x) - K_{n+1}(x) \tag{5.4.11}$$

$$\frac{d^m}{dx}[x^n K_n(x)] = (-1)^m x^n K_{n-m}(x) \tag{5.4.12}$$

当 $m=1$ 时 $\frac{d}{dx}[x^n K_n(x)] = -x^n K_{n-1}(x)$ 或 $\int x^n K_{n-1}(x)dx = -x^n K_n(x)$。

$$\frac{d^m}{dx}[x^{-n} K_n(x)] = (-1)^m x^{-n} K_{n+m}(x) \tag{5.4.13}$$

当 $m=1$ 时 $\frac{d}{dx}[x^{-n} K_n(x)] = -x^{-n} K_{n+1}(x)$ 或 $\int x^{-n} K_{n+1}(x)dx = -x^{-n} K_n(x)$。

# 第 6 章  边界元数值方法

边界单元法是解边界积分方程的数值计算方法。边界单元法将边界剖分为许多单元，对每个单元进行积分，在积分计算中如果积分变量是用全局坐标表示的(即所有的单元都用同一坐标原点的坐标)，则积分计算十分麻烦。采用单元上的局部坐标表示积分变量，有利于积分计算 [1,11,13]。

## 6.1  单元分析

为求解边界积分，必须求解在 $\varGamma$ 及 $\varGamma'$ 边界上各单元的积分。分析在 $\varGamma$ 边界上单元两端节点编号为 $j$, $k$ 其坐标为 $(x_j,y_j)$, $(x_k,y_k)$ 的单元 (图 6.1.1)。

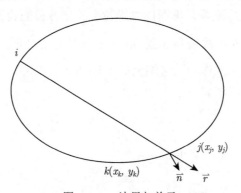

图 6.1.1  边界与单元

首先，作如下坐标变换，用形函数 $\xi_j$, $\xi_k$ 表示单元中任意点的坐标 $x$, $y$：

$$x = x_j\xi_j + x_k\xi_k \tag{6.1.1}$$

$$y = y_j\xi_j + y_k\xi_k \tag{6.1.2}$$

其中，$\xi_j$, $\xi_k$ 是 $0 \to 1$ 的数，且

$$\xi_j + \xi_k = 1 \tag{6.1.3}$$

在 $j$ 点 $\xi_j = 1, \xi_k = 0$；在 $k$ 点 $\xi_j = 0, \xi_k = 1$。

$$\xi_j = \frac{xy_k - x_k y}{x_j y_k - x_k y_j}, \quad \xi_k = 1 - \xi_j \tag{6.1.4}$$

可见，$\xi_j$，$\xi_k$ 是 $x$，$y$ 的线性函数。

　　$\Gamma_e$ 单元一般取得很小，故可假定电位 $u$ 在各单元上是线性变化的，即单元上的 $u$ 可表示为

$$u = \xi_j u_j + \xi_k u_k = [\xi_j, \xi_k] \left\{ \begin{array}{c} u_j \\ u_k \end{array} \right\} \tag{6.1.5}$$

其中，$u_j$ 为节点 $j$ 上的 $u$；$u_k$ 为节点 $k$ 上的 $u$。

## 6.2　高次元法与样条边界法

### 6.2.1　二次与高次元法

　　当用边界元法解决一般问题时，采用线性插值已经足够了，但为了把地质体的边界及单元上电位 $u$ 和电位法向导数 $\dfrac{\partial u}{\partial n}$ 更准确地反映出来，也常用二次或高次元。它们都是曲线形元素。用高次元处理没有带来什么特别的困难，只是需要由直角坐标向曲线坐标变换。下面以二维拉普拉斯方程的边界积分为例讨论。

　　考虑图 6.2.1 中的曲线边界和图 6.2.2 的线性元的处理类似，$u$ 和 $\dfrac{\partial u}{\partial n}$ 及 $x$，$y$ 均以二次函数变化形式作为无量纲坐标 $\xi$ 的函数。

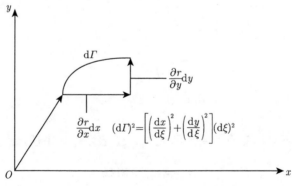

图 6.2.1　曲线边界的几何关系

　　单元上任意一点的 $u$，$\dfrac{\partial u}{\partial n}$ 及 $x$，$y$ 均以二次函数形式变化，以 $x$ 为例讨论：在单元上取三个节点 (图 6.2.2)，坐标分别为 $x_1$，$x_2$，$x_3$，单元上任取一点 $x$ 用 $\xi$ 的二次函数表示为

$$x = a + b\xi + c\xi^2 \tag{6.2.1}$$

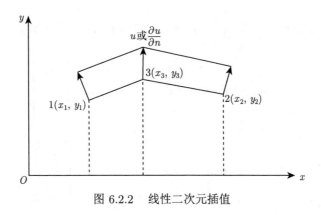

图 6.2.2　线性二次元插值

其中，$a$，$b$，$c$ 为待定系数；$\xi$ 是 $0 \to 1$ 的函数。

　　设：在 1 节点上，$x = x_1$，$\xi=0$；在 2 节点上，$x = x_2$，$\xi=1$；在 3 节点上，$x = x_3$，$\xi = \dfrac{1}{2}$，可得到以下三个方程：

$$\begin{cases} x_1 = a \\ x_2 = a + b + c \\ x_3 = a + \dfrac{b}{2} + \dfrac{c}{4} \end{cases} \tag{6.2.2}$$

解式 (6.2.2)，得

$$\begin{cases} a = x_1 \\ b = 4x_3 - x_2 - 3x_1 \\ c = 2x_2 - 4x_3 + 2x_1 \end{cases} \tag{6.2.3}$$

将式 (6.2.3) 代入式 (6.2.1)，于是

$$\begin{aligned} x &= x_1(2\xi - 1)(\xi - 1) + x_2\xi(2\xi - 1) + x_3 4\xi(1 - \xi) \\ &= \phi_1 x_1 + \phi_2 x_2 + \phi_3 x_3 \end{aligned} \tag{6.2.4}$$

其中，$\phi_1, \phi_2, \phi_3$ 为基函数，分别为

$$\begin{cases} \phi_1 = (2\xi - 1)(\xi - 1) \\ \phi_2 = \xi(2\xi - 1) \\ \phi_3 = 4\xi(1 - \xi) \end{cases} \tag{6.2.5}$$

由此可见，单元上任意点的 $x$ 坐标值可以用三个基函数表示出来。

同理，对 $y$ 坐标、$u$ 和 $\dfrac{\partial u}{\partial n}$ 也有同样形式的公式，汇总如下：

$$x = \phi_1 x_1 + \phi_2 x_2 + \phi_3 x_3 = [\phi_1, \phi_2, \phi_3] \begin{bmatrix} x_1 \\ x_2 \\ x_3 \end{bmatrix} \tag{6.2.6}$$

$$y = \phi_1 y_1 + \phi_2 y_2 + \phi_3 y_3 = [\phi_1, \phi_2, \phi_3] \begin{bmatrix} y_1 \\ y_2 \\ y_3 \end{bmatrix} \tag{6.2.7}$$

$$u = \phi_1 u_1 + \phi_2 u_2 + \phi_3 u_3 = [\phi_1, \phi_2, \phi_3] \begin{bmatrix} u_1 \\ u_2 \\ u_3 \end{bmatrix} \tag{6.2.8}$$

$$\frac{\partial u}{\partial n} = \phi_1 \left(\frac{\partial u}{\partial n}\right)_1 + \phi_2 \left(\frac{\partial u}{\partial n}\right)_2 + \phi_3 \left(\frac{\partial u}{\partial n}\right)_3 = [\phi_1, \phi_2, \phi_3] \begin{bmatrix} \left(\frac{\partial u}{\partial n}\right)_1 \\ \left(\frac{\partial u}{\partial n}\right)_2 \\ \left(\frac{\partial u}{\partial n}\right)_3 \end{bmatrix} \tag{6.2.9}$$

不难看出基函数 $\phi_1, \phi_2, \phi_3$ 满足如下规律：

在 1 节点上，$\xi=0, \phi_1=1, \phi_2=\phi_3=0$；在 2 节点上，$\xi=1, \phi_2=1, \phi_1=\phi_3=0$；在 3 节点上，$\xi=\dfrac{1}{2}$，$\phi_3=1, \phi_1=\phi_2=0$。

关于在 $\Gamma_e$ 上的积分，只看关于 $u$ 的，即

$$\int_{\Gamma_e} u \frac{\cos(r \cdot n)}{2\pi r} \mathrm{d}\Gamma = \int_{\Gamma_e} [\phi_1, \phi_2, \phi_3] \frac{\cos(r \cdot n)}{2\pi r} \mathrm{d}\Gamma \begin{bmatrix} u_1 \\ u_2 \\ u_3 \end{bmatrix}$$
$$= [f_{ij}^1, f_{ij}^2, f_{ij}^3] \begin{bmatrix} u_1 \\ u_2 \\ u_3 \end{bmatrix} \tag{6.2.10}$$

其中

$$f_{ij}^1 = \int_{\Gamma_e} \phi_1 \frac{\cos(r \cdot n)}{2\pi r} \mathrm{d}\Gamma, \quad f_{ij}^2 = \int_{\Gamma_e} \phi_2 \frac{\cos(r \cdot n)}{2\pi r} \mathrm{d}\Gamma, \quad f_{ij}^3 = \int_{\Gamma_e} \phi_3 \frac{\cos(r \cdot n)}{2\pi r} \mathrm{d}\Gamma$$

关于 $\dfrac{\partial u}{\partial n}$ 的积分也可同样得到。

因为 $\phi_i$ 是 $\xi$ 的函数, 而积分又是沿曲线单元 $\Gamma_e$ 进行的, 这中间就需要雅可比行列式。在二维情况下, 雅可比行列式为

$$|J| = \sqrt{\left(\frac{\mathrm{d}x}{\mathrm{d}\xi}\right)^2 + \left(\frac{\mathrm{d}y}{\mathrm{d}\xi}\right)^2} = \frac{\mathrm{d}\Gamma}{\mathrm{d}\xi}$$

这样坐标变换为

$$\mathrm{d}\Gamma = |J|\,\mathrm{d}\xi \tag{6.2.11}$$

把式 (6.2.11) 代入式 (6.2.10) 中, 则得

$$\int_{\Gamma_e} u\frac{\cos(r\cdot n)}{2\pi r}\mathrm{d}\Gamma = \int_{\Gamma_e} u\frac{\cos(r\cdot n)}{2\pi r}|J|\,\mathrm{d}\xi \tag{6.2.12}$$

式 (6.2.12) 可以用高斯积分法求出。上述分析对 $\dfrac{\partial u}{\partial n}$ 的积分也适用。对高次元也可做同样研究。假设 $u$, $\dfrac{\partial u}{\partial n}$ 在曲线单元上以三次函数形式变化, 可以通过在单元上取四个节点来实现, 即

$$x = \phi_1 x_1 + \phi_2 x_2 + \phi_3 x_3 + \phi_4 x_4$$

$$y = \phi_1 y_1 + \phi_2 y_2 + \phi_3 y_3 + \phi_4 y_4$$

$$u = \phi_1 u_1 + \phi_2 u_2 + \phi_3 u_3 + \phi_4 u_4$$

$$\frac{\partial u}{\partial n} = \phi_1\left(\frac{\partial u}{\partial n}\right)_1 + \phi_2\left(\frac{\partial u}{\partial n}\right)_2 + \phi_3\left(\frac{\partial u}{\partial n}\right)_3 + \phi_4\left(\frac{\partial u}{\partial n}\right)_4$$

其中

$$\begin{cases} \phi_1 = \dfrac{1}{2}(1-\xi)(3\xi-1)(3\xi-2), & \phi_2 = \dfrac{1}{2}\xi(3\xi-1)(3\xi-2) \\[2mm] \phi_3 = \dfrac{9}{2}\xi(1-\xi)(2-3\xi), & \phi_4 = \dfrac{9}{2}(1-\xi)(3\xi-1) \end{cases} \tag{6.2.13}$$

且 $\phi_i$ 满足: 在 1 节点上, $\xi=0$, $\phi_1=1, \phi_2=\phi_3=\phi_4=0$; 在 2 节点上, $\xi=1$, $\phi_2=1, \phi_1=\phi_3=\phi_4=0$; 在 3 节点上, $\xi=\dfrac{1}{3}$, $\phi_3=1, \phi_1=\phi_2=\phi_4=0$; 在 4 节点上, $\xi=\dfrac{2}{3}$, $\phi_4=1, \phi_1=\phi_2=\phi_3=0$。

### 6.2.2  样条边界元法

以二维拉普拉斯方程的解为例，考虑边界积分

$$\int_{\Gamma} \frac{\partial u}{\partial n} \frac{1}{2\pi} \ln \frac{1}{r} d\Gamma = \sum_{i=0}^{n} \int_{\Gamma} \frac{1}{2\pi} \ln \frac{1}{r} d\Gamma \qquad (6.2.14)$$

在边界 $\Gamma$ 上做一个均匀剖分，剖分成 $n$ 个节点 (图 6.2.3):

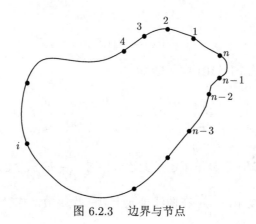

图 6.2.3    边界与节点

$$s_0 < s_1 < s_2 < \cdots < s_n$$
$$s_i = s_0 + ih$$
$$h = s_{i+1} - s_i = L/n$$

其中，$L$ 为边界 $\Gamma$ 的周长；$s_i$ 为边界结点 $i$ 的弧坐标；$i = 1, 2, 3, \cdots, n$。式 (6.2.14) 中的矢量 $u$ 和 $\dfrac{\partial u}{\partial n}$ 可以用 B 样条函数来逼近，即

$$u = \sum_{i=0}^{n} u_i \phi_i(s), \quad \frac{\partial u}{\partial n} = \sum_{i=0}^{n} \left(\frac{\partial u}{\partial n}\right)_i \phi_i(s) \qquad (6.2.15)$$

将式 (6.2.15) 代入式 (6.2.14) 可得

$$\int_{\Gamma} u \frac{\cos(r \cdot n)}{2\pi r} d\Gamma = \sum_{i=0}^{n} \left[\int_{\Gamma} \frac{\cos(r \cdot n)}{2\pi r} \phi_i(s) d\Gamma \right] u_i$$

$$\int_{\Gamma} \frac{\partial u}{\partial n} \frac{1}{2\pi} \ln \frac{1}{r} d\Gamma = \sum_{i=0}^{n} \left[\int_{\Gamma} \frac{1}{2\pi} \ln \frac{1}{r} \phi_i(s) d\Gamma \right] \left(\frac{\partial u}{\partial n}\right)_i \qquad (6.2.16)$$

式 (6.2.15) 中，$u_i$，$\left(\dfrac{\partial u}{\partial n}\right)_i$ 分别为节点上的 $u$，$\left(\dfrac{\partial u}{\partial n}\right)$ 值；$\phi_i(s)$ 为 B 样条函数构成的基函数。式 (6.2.16) 中的积分 $\displaystyle\int_\Gamma \frac{\cos(r \cdot n)}{2\pi r}\phi_i(s)\mathrm{d}s$，$\displaystyle\int_\Gamma \frac{1}{2\pi}\ln\frac{1}{r}\phi_i(s)\mathrm{d}s$ 可用数值积分法进行计算，一般采用高斯求积公式计算。由此容易得到边界积分方程的线性代数方程组，解方程便可以求出地表的电位解，该方法称为样条边界元法[14,15]。

## 6.3 三维边界单元法

以三维地形上点电源电场的边界单元法为例进行介绍。

设地下介质均匀，电阻率 $\rho=1$，供电电极 $A$ 置于地表，电流强度为 1A，则电位 $u$ 的基本方程为

$$\frac{\partial^2 u}{\partial x^2} + \frac{\partial^2 u}{\partial y^2} + \frac{\partial^2 u}{\partial z^2} = -2\delta(A) \tag{6.3.1}$$

$\delta(A)$ 是以 $A$ 为中心的狄拉克函数，以电源为球心，$r' = \infty$ 为半径。在地下作假想的半球面 $\Gamma_\infty$，与地表 $\Gamma_\mathrm{s}$ 组成闭合边界。

电位的边界条件：

$$\left.\frac{\partial u}{\partial n}\right|_{\Gamma_\mathrm{s}} = 0 \tag{6.3.2}$$

$$u|_{\Gamma_\infty} = \frac{c}{r'} \tag{6.3.3}$$

### 6.3.1 边界积分方程的建立

由格林公式

$$\int_\Omega (u\nabla^2\phi - \phi\nabla^2 u)\mathrm{d}\Omega = -\int_\Omega u\delta(p)\mathrm{d}\Omega + \int_\Omega \frac{\delta(A)}{2\pi r}\mathrm{d}\Omega \tag{6.3.4}$$

令

$$\phi = -\frac{1}{4\pi r} \tag{6.3.5}$$

则

$$\nabla^2\phi = -\delta(p) \tag{6.3.6}$$

将式 (6.3.1)、式 (6.3.5)、式 (6.3.6) 代入式 (6.3.4) 的左侧：

$$\int_\Omega (u\nabla^2\phi - \phi\nabla^2 u)\mathrm{d}\Omega = -\frac{\omega_p}{4\pi}u(p) + \frac{1}{2}u_0(p) \tag{6.3.7}$$

其中，$u_0(p) = -\dfrac{1}{2\pi r}$ 为地形平坦时 $p$ 点的正常电位；$\omega_p$ 为 $p$ 点对区域 $\Omega$ 所张的立体角 (当 $p$ 点边界光滑，$\omega_p = 2\pi$)；$u(p)$ 为 $p$ 点的电位。

格林公式的右侧积分分解为

$$\oint_{\Gamma} = \int_{\Gamma_{\mathrm{s}}} + \int_{\Gamma_{\infty}}$$

由边界条件：

$$\int_{\Gamma_{\mathrm{s}}} \left( u\frac{\partial \phi}{\partial n} - \phi\frac{\partial u}{\partial n} \right) \mathrm{d}\Gamma = -\int_{\Gamma_{\mathrm{s}}} u\frac{\cos\beta}{4\pi r^2} \mathrm{d}\Gamma \tag{6.3.8}$$

其中，$\beta$ 为 $r$ 与 $n$ 的夹角。

对于边界 $\Gamma_{\infty}$，由于 $r \approx r'$，故

$$\begin{aligned}\int_{\Gamma_{\mathrm{s}}} \left( u\frac{\partial \phi}{\partial n} - \phi\frac{\partial u}{\partial n} \right) \mathrm{d}\Gamma &= \int_{\Gamma_{\infty}} \left( u\frac{\partial \phi}{\partial r} - \phi\frac{\partial u}{\partial n} \right) \mathrm{d}\Gamma \\ &= \int_{\Gamma_{\infty}} \left( \frac{c}{r'}\frac{-1}{4\pi r^2} + \frac{1}{4\pi r}\frac{c}{r'^2} \right) \mathrm{d}\Gamma\end{aligned} \tag{6.3.9}$$

将式 (6.3.7)、式 (6.3.8)、式 (6.3.9) 代入式 (6.3.4)，得地表 $p$ 点的电位表达式：

$$\frac{\omega_p}{2\pi}u(p) = u_0(p) + \int_{\Gamma_{\mathrm{s}}} u\frac{\cos\beta}{2\pi r^2}\mathrm{d}\Gamma \tag{6.3.10}$$

### 6.3.2  边界单元法计算过程

用三角元对地面进行剖分，使点源 $A$ 位于单元 $\Gamma_A$ 内部 (图 6.3.1)，则对于节点 $i$，式 (6.3.10) 写作

$$\frac{\omega_i}{2\pi}u_i = u_{0i} + \sum_{n_e} \int_{\Gamma_A} u\frac{\cos\beta}{2\pi r^2}\mathrm{d}\Gamma \tag{6.3.11}$$

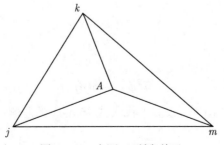

图 6.3.1    点源 $A$ 所在单元

单元积分的计算过程如下。

(1) 除含有电源的 $\Gamma_A$ 单元外的其他单元。

设三角形角点编号为 $j,k,m$；三个角点上的电位表示为 $u_j,u_k,u_m$；$u$ 在各单元是线性变化的。于是单元上的 $u$ 可表示为

$$u = \sum \xi_e u_e, \quad e = j,k,m$$

单元积分

$$\int_{\Gamma_e} u \frac{\cos\beta}{2\pi r^2} d\Gamma = \sum_{e=j,k,m} \int_{\Gamma_e} \xi_e \frac{\cos\beta}{2\pi r^2} d\Gamma u_e$$

$$= \sum_{e=j,k,m} f_{ie} u_e \tag{6.3.12}$$

其中

$$f_{ie} = \int_{\Gamma_e} \xi_e \frac{\cos\beta}{2\pi r^2} d\Gamma = \sum_{q=1}^{4} \xi_e(q) \frac{\cos\beta q}{2\pi r^2} w_q \Delta \tag{6.3.13}$$

式中，$w_q$ 为加权系数；$\Delta$ 为三角形面积；$\beta$ 为 $r$ 与三角元外法向 $n$ 的夹角。

(2) $A$ 单元的单元积分，不能按线性变化计算，将 $\Gamma_A$ 分解为 3 个小三角形。则

$$\int \Gamma_A = \int_{\triangle Ajk} + \int_{\triangle Akm} + \int_{\triangle Amj}$$

$\triangle Ajk$ 中

$$u = \frac{1}{2\pi R} + c \tag{6.3.14}$$

其中，$c$ 为地形影响的附加项；$R$ 为 $A$ 到计算点的距离。为求 $c$，由 $j$ 点的 $R = R_{Aj}, u = u_j$ 得

$$c = u_j - \frac{1}{2\pi R_{Aj}}$$

由 $k$ 点的 $R = R_{Ak}, u = u_k$ 得 $c = u_k - \dfrac{1}{2\pi R_{Ak}}$，取它们的平均值，得

$$c = \frac{1}{2}(u_j + u_k) - \frac{1}{4\pi}\left(\frac{1}{R_{Aj}} + \frac{1}{R_{Ak}}\right)$$

于是 $\triangle Ajk$ 的面积分为

$$\int_{\triangle Ajk} u \frac{\cos\beta}{2\pi r^2} d\Gamma = f_{ij} u_j + f_{ik} u_k + c_i'$$

其中,

$$f_{ij} = f_{ik} = \int_{\triangle Ajk} \frac{\cos\beta}{4\pi r^2} \mathrm{d}\Gamma$$

$$c_i' = \int_{\triangle Ajk} \left[ \frac{1}{2\pi R} - \frac{1}{4\pi} \left( \frac{1}{R_{Aj}} + \frac{1}{R_{Ak}} \right) \frac{\cos\beta}{2\pi r^2} \right] \mathrm{d}\Gamma$$

其他两个含电源的单元都照以上方法处理。将它们的 $c_i'$ 相加, 记 $C_i$ 为各单元积分之和:

$$\sum \int_{\Gamma_e} u \frac{\cos\beta}{2\pi r^2} \mathrm{d}\Gamma = \{F_{i_1}, F_{i_2}, \cdots, F_{i_e}, \cdots, F_{i_n}\} \{u_1, u_2, \cdots, u_e, \cdots, u_n\}^{\mathrm{T}} + c_i$$

$$= F_i U + C_i$$

于是节点 $i$ 处的电位, 可写为如式 (6.3.15) 所示形式:

$$\frac{\omega_i}{2\pi} U_i = U_{0i} + F_i U + C_i \tag{6.3.15}$$

其中, $F_i$ 为 $j$ 节点两侧 $f_{ij}$ 之和。对于每个节点都得到形如式 (6.3.16) 的一个方程。由 $n$ 个节点, 得方程组

$$\left( \frac{\omega}{2\pi} - F \right) U = U_0 + C \tag{6.3.16}$$

解之得地表各节点的电位 $u$。

# 第 7 章  二维拉普拉斯方程的边界单元法

## 7.1  二维均匀电场直流电阻率法中的边界单元法

### 7.1.1  用边界元法计算均匀场中水平地形条件下二维不均匀体的异常

设在均匀场 $E_0$ 中有一电阻率为 $\rho_2$ 的二维不均匀体。由于地面水平,故可由镜像法原理求空间任一点的电场,如图 7.1.1 所示。

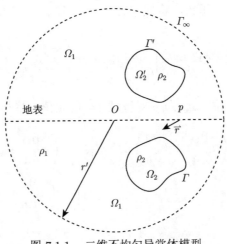

图 7.1.1  二维不均匀异常体模型

上述电场的边值问题满足:

$$\nabla^2 u = 0, \quad u \in \Omega_1 \tag{7.1.1}$$

$$\nabla^2 v = 0, \quad u \in \Omega_2 \tag{7.1.2}$$

$$u|_\Gamma = v|_\Gamma \tag{7.1.3}$$

$$\frac{1}{\rho_1}\frac{\partial u}{\partial n}\bigg|_\Gamma = \frac{1}{\rho_2}\frac{\partial v}{\partial n}\bigg|_\Gamma \tag{7.1.4}$$

$$u|_{\Gamma_\infty} = -E_0 x \tag{7.1.5}$$

1. 积分方程的建立

由格林公式及图 7.1.1 所示区域与边界可知

$$\int_{\Omega_1} (u\nabla^2\phi - \phi\nabla^2 u)\mathrm{d}\Omega = \int_{\Gamma+\Gamma'+\Gamma_\infty} \left(u\frac{\partial\phi}{\partial n} - \phi\frac{\partial u}{\partial n}\right)\mathrm{d}\Gamma \tag{7.1.6}$$

设

$$\phi = \frac{1}{2\pi}\ln\frac{1}{r} \tag{7.1.7}$$

为二维拉普拉斯方程的基本解，式 (7.1.7) 中 $r$ 为 $\Omega$ 中任意点至电场计算点 $p$ 的距离，则

$$\nabla^2\phi = -\delta(p) \tag{7.1.8}$$

$\delta(p)$ 为以 $p$ 为中心的 $\delta$ 函数，将式 (7.1.1)、式 (7.1.3) 代入式 (7.1.6) 左边：

$$\int_{\Omega_1}(u\nabla^2\varphi - \varphi\nabla^2 u)\mathrm{d}\Omega = -\int_\Omega u\delta(p)\mathrm{d}\Omega = \begin{cases} -u_p, & p\text{在}\Omega_1\text{内} \\ -\dfrac{\omega_p}{2\pi}u_p, & p\text{在}\Gamma\text{上} \end{cases} \tag{7.1.9}$$

其中，$u_p$ 为 $p$ 点的电位；$\omega_p$ 为 $p$ 对区域 $\Omega_1$ 的张角。格林公式的右边为

$$\int_{\Gamma+\Gamma'+\Gamma_\infty}\left(u\frac{\partial\phi}{\partial n} - \phi\frac{\partial u}{\partial n}\right)\mathrm{d}\Gamma = \int_{\Gamma+\Gamma'}\left(u\frac{\partial\phi}{\partial n} - \phi\frac{\partial u}{\partial n}\right)\mathrm{d}\Gamma$$
$$+ \int_{\Gamma_\infty}\left(u\frac{\partial\phi}{\partial n} - \phi\frac{\partial u}{\partial n}\right)\mathrm{d}\Gamma$$

而

$$\phi = \frac{1}{2\pi}\ln\frac{1}{r}$$

$$\frac{\partial\phi}{\partial n} = \frac{\partial\phi}{\partial r}\frac{\partial r}{\partial n} = -\frac{1}{2\pi r}\cos(r,n)$$

由于边界 $\Gamma_\infty$ 在无穷远处，可近似将 $p$ 点视作 $\Gamma_\infty$ 的圆心，因而在 $\Gamma_\infty$ 上，下列关系式成立：

$$\begin{cases} u = -E_0 x = -E_0[x_p + r\sin(r,y)] \\ \dfrac{\partial u}{\partial n} = \dfrac{\partial u}{\partial r} = -E_0\cos(n,x) = -E_0\sin(r,y) \\ \dfrac{\partial\phi}{\partial n} = \dfrac{\partial\phi}{\partial r} = -\dfrac{1}{2\pi r} \end{cases} \tag{7.1.10}$$

其中，$x_p$ 为 $p$ 点的 $x$ 坐标；$(r,y)$ 为矢径 $r$ 与坐标 $y$ 的夹角；$(n,x)$ 为法向 $n$ 与坐标 $x$ 的夹角。将式 (7.1.10) 代入可得

$$\int_{\Gamma_\infty} \left( u\frac{\partial \phi}{\partial n} - \phi\frac{\partial u}{\partial n} \right) \mathrm{d}\Gamma = \int_{\Gamma_\infty} \left\{ E_0\left[ x_p + r\sin(r,y) \right]\frac{1}{2\pi r} + \frac{1}{2\pi}\ln\frac{1}{r}E_0\sin(r,y) \right\}\mathrm{d}\Gamma$$

$$= \int_{\Gamma_\infty}\frac{1}{2\pi r}E_0 x_p \mathrm{d}\Gamma = E_0 x_p = -u_{0p}$$

其中，$u_{0p}$ 为点 $p$ 点的正常电位。

$$\int_{\Gamma+\Gamma'} \left( u\frac{\partial \phi}{\partial n} - \phi\frac{\partial u}{\partial n} \right) \mathrm{d}\Gamma = -\int_{\Gamma+\Gamma'} u\frac{\cos(r,n)}{2\pi r}\mathrm{d}\Gamma - \int_{\Gamma+\Gamma'} \frac{\partial u}{\partial n}\frac{1}{2\pi}\ln\frac{1}{r}\mathrm{d}\Gamma$$

于是当 $p$ 点在 $\Omega_1$ 内时，式 (7.1.6) 变为

$$u_p = u_{0p} + \int_{\Gamma+\Gamma'} u\frac{\cos(r,n)}{2\pi r}\mathrm{d}\Gamma + \int_{\Gamma+\Gamma'} \frac{\partial u}{\partial n}\frac{1}{2\pi}\ln\frac{1}{r}\mathrm{d}\Gamma \tag{7.1.11}$$

当 $p$ 在地面时

$$u_p = u_{0p} + 2\int_{\Gamma} u\frac{\cos(r,n)}{2\pi r}\mathrm{d}\Gamma + 2\int_{\Gamma} \frac{\partial u}{\partial n}\frac{1}{2\pi}\ln\frac{1}{r}\mathrm{d}\Gamma \tag{7.1.12}$$

由此可见，只要知道边界 $\Gamma$ 上的 $u$ 和 $\dfrac{\partial u}{\partial n}$，便可由积分式 (7.1.12) 求出地表的 $u$。

2. 边界 $\Gamma$ 上 $u$ 和 $\dfrac{\partial u}{\partial n}$ 的求取

当 $p$ 点位于边界 $\Gamma$ 上时，式 (7.1.12) 式变为

$$\frac{\omega_p}{2\pi}u_p = u_{0p} + \int_{\Gamma} u\frac{\cos(r,n)}{2\pi r}\mathrm{d}\Gamma + \int_{\Gamma'} u\frac{\cos(r,n)}{2\pi r}\mathrm{d}\Gamma$$

$$+ \int_{\Gamma} \frac{\partial u}{\partial n}\frac{1}{2\pi}\ln\frac{1}{r}\mathrm{d}\Gamma + \int_{\Gamma'} \frac{\partial u}{\partial n}\frac{1}{2\pi}\ln\frac{1}{r}\mathrm{d}\Gamma \tag{7.1.13}$$

该积分方程中包含函数 $u$ 和 $\dfrac{\partial u}{\partial n}$，求解时，方程数为 $n$ 个，而未知数有 $2n$ 个，故必须导出另一组积分方程。

在区域 $\Omega_2$，从 $\nabla^2 v = 0$ 出发，可写出如下格林公式：

$$\int_{\Omega}(v\nabla^2\phi - \phi\nabla^2 v)\mathrm{d}\Omega = -\int_{\Gamma}\left( v\frac{\partial \phi}{\partial n} - \phi\frac{\partial v}{\partial n} \right)\mathrm{d}\Gamma \tag{7.1.14}$$

式 (7.1.14) 中出现负号是定义的法向方向与前面定义 $\Omega_1$ 区域时反向所致。

当 $p$ 位于边界 $\Gamma$ 上时，$p$ 对区域 $\Omega_1$ 的张角为 $\omega_p$，则 $p$ 对区域 $\Omega_2$ 的张角为 $(2\pi - \omega_p)$。于是与 $\Omega_1$ 中同样方法，得 $\Gamma$ 上的积分方程为

$$\left(1 - \frac{\omega_p}{2\pi}\right) v_p = -\int_\Gamma v \frac{\cos(r, n)}{2\pi r} \mathrm{d}\Gamma - \int_\Gamma \frac{\partial v}{\partial n} \frac{1}{2\pi} \ln \frac{1}{r} \mathrm{d}\Gamma$$

将边界条件式 (7.1.3)、式 (7.1.4) 代入，得

$$\left(1 - \frac{\omega_p}{2\pi}\right) u_p = -\int_\Gamma u \frac{\cos(r, n)}{2\pi r} \mathrm{d}\Gamma - \int_\Gamma \frac{\rho_1}{\rho_2} \frac{\partial u}{\partial n} \frac{1}{2\pi} \ln \frac{1}{r} \mathrm{d}\Gamma \qquad (7.1.15)$$

联立式 (7.1.13)、式 (7.1.14)，即可求得边界上的 $u$ 及 $\dfrac{\partial u}{\partial n}$。

### 3. 边界单元法

用边界单元法求解式 (7.1.13)、式 (7.1.15)。用 $n$ 个节点对边界 $\Gamma$ 进行剖分，$\Gamma'$ 上的剖分与 $\Gamma$ 完全对称，将式 (7.1.13) 中的边界积分分解为诸单元 $\Gamma_e$ 的积分和，当 $p$ 点位于第 $i$ 个节点上时，则有

$$\begin{aligned}
\frac{\omega_i}{2\pi} u_i =& u_{0i} + \int_{\Gamma_e} u \frac{\cos(r, n)}{2\pi r} \mathrm{d}\Gamma + \int_{\Gamma_e'} u \frac{\cos(r, n)}{2\pi r} \mathrm{d}\Gamma \\
&+ \int_{\Gamma_e} \frac{\partial u}{\partial n} \frac{1}{2\pi} \ln \frac{1}{r} \mathrm{d}\Gamma + \int_{\Gamma_e'} \frac{\partial u}{\partial n} \frac{1}{2\pi} \ln \frac{1}{r} \mathrm{d}\Gamma
\end{aligned}$$

其中，$u_{0i}$ 为第 $i$ 节点的正常场值，$u_{0i} = -E_0 x_i$，$x_i$ 为 $i$ 节点的 $x$ 坐标。

计算各节点对区域 $\Omega$ 张角 $\dfrac{\omega}{\pi}$ 的子程序如下。

(1) 功能。

计算各节点对区域 $\Omega$ 张角 $\dfrac{\omega}{\pi}$。

(2) 使用说明。

子程序：SUBROUTINE OMG(X,OM,N1)

参变量说明：

X——二维数组，输入参数，X(1, i) 存放单元节点的 $x$ 坐标，X(2, i) 存放单元节点的 $y$ 坐标。

OM——一维数组，输出参数，存放节点对区域 $\Omega$ 张角 $\dfrac{\omega}{\pi}$。

N1——整型变量，输入参数，$\Gamma$ 边界剖分的节点数。

(3) 子程序。

```
SUBROUTINE OMG(X,OM,N1)
DIMENSION X(2,ND),OM(ND)
PI=3.1415926
DO 10 I=1,NS
I1=I-1
I2=I+1
IF(I1.EQ.0) I1=NS
IF(I2.EQ.NS+1) I2=1
XJ=X(1,I)-X(1,I-1)
YJ=X(2,I)-X(2,I-1)
XK=X(1,I+1)-X(1,I)
YK=X(2,I+1)-X(2,I)
10    OM(I)=1.-(ATAN(YK/XK)-ATAN(YJ/XJ))/PI
RETURN
END
```

### 1) 单元分析

为求解边界积分, 必须求解在 $\Gamma$ 及 $\Gamma'$ 边界上各单元的积分。分析在 $\Gamma$ 边界上单元两端节点编号为 $j, k$, 其坐标为 $(x_j, y_j)$, $(x_k, y_k)$ 的单元 (图 6.1.1)。

首先作如下坐标变换, 用形函数 $\xi_j$, $\xi_k$ 表示单元中任意点的坐标 $x, y$:

$$x = x_j \xi_j + x_k \xi_k$$

$$y = y_j \xi_j + y_k \xi_k$$

其中, $\xi_j$, $\xi_k$ 为 $[0,1]$ 的数, 且 $\xi_j + \xi_k = 1$。在 $j$ 点 $\xi_j = 1, \xi_k = 0$; 在 $k$ 点 $\xi_j = 0, \xi_k = 1$, 故

$$\xi_j = \frac{x y_k - x_k y}{x_j y_k - x_k y_j}, \quad \xi_k = 1 - \xi_j$$

可见, $\xi_j$, $\xi_k$ 为 $x, y$ 的线性函数。

由于 $\Gamma_e$ 单元一般取得很小, 故可假定电位 $u$ 在各单元上是线性变化的, 即单元上的 $u$ 可表示为

$$u = \xi_j u_j + \xi_k u_k = [\xi_j, \xi_k] \left\{ \begin{array}{c} u_j \\ u_k \end{array} \right\}$$

其中, $u_j$ 为节点 $j$ 上的 $u$, $u_k$ 为节点 $k$ 上的 $u$。于是式 (7.1.15) 中第一项在 $\Gamma$ 边界 $\Gamma_e$ 上的积分

$$\int_{\Gamma_e} u \frac{\cos(r, n)}{2\pi r} \mathrm{d}\Gamma = \int_{\Gamma_e} [\xi_j, \xi_k] \frac{\cos(r, n)}{2\pi r} \left\{ \begin{array}{c} u_j \\ u_k \end{array} \right\} \mathrm{d}\Gamma$$

$$= [f_{ij}, f_{ik}] \left\{ \begin{array}{c} u_j \\ u_k \end{array} \right\} \tag{7.1.16}$$

其中

$$\left\{ \begin{array}{l} f_{ij} = \left\{ \begin{array}{ll} \displaystyle\int_{\Gamma_e} \xi_j \dfrac{\cos(r,n)}{2\pi r} \mathrm{d}\Gamma, & \text{不在}(i),(i-1)\text{单元上} \\ 0, & \text{在}(i),(i-1)\text{单元上} \end{array} \right. \\ f_{ik} = \left\{ \begin{array}{ll} \displaystyle\int_{\Gamma_e} \xi_k \dfrac{\cos(r,n)}{2\pi r} \mathrm{d}\Gamma, & \text{不在}(i),(i-1)\text{单元上} \\ 0, & \text{在}(i),(i-1)\text{单元上} \end{array} \right. \end{array} \right. \tag{7.1.17}$$

式 (7.1.17) 积分可用 $m$ 点高斯求积公式计算:

$$f_{ij} = \int_{\Gamma_e} \xi_j \frac{\cos(r,n)}{2\pi r} \mathrm{d}\Gamma = \sum_{q=1}^{m(q)} \xi_j \frac{\cos(r_q,n)}{2\pi r_q} W_q \cdot L$$

其中, $m(q)$ 为高斯求积公式所用的点数; $r_q$ 为 $i$ 点至单元 $q$ 点的距离; $W_q$ 为高斯加权系数; $L$ 为单元长度。$q$ 点的坐标为

$$x_q = x_j \xi_j^{(q)} + x_k \xi_k^{(q)}$$

$$y_q = y_j \xi_j^{(q)} + y_k \xi_k^{(q)}$$

计算各单元高斯节点坐标子程序。

(1) 功能。

计算各单元高斯节点坐标和单元长度。

(2) 使用说明。

子程序语句: SUBROUTINE SLQ2(JN,X,W,SL,Q,ND,NE,NQ)。

参变量说明:

JN——二维数组, 输入参数, 节点编号数组。

X——二维数组, 输入参数, X(1, i) 存放单元节点的 $x$ 坐标, X(2, i) 存放单元节点的 $y$ 坐标。

W——二维数组, 输入参数, 存放高斯系数。

SL——二维数组, 输出参数, 存放单元长度以及在 $x$、$y$ 方向上的投影。

Q——三维数组, 输出参数, 存放各单元高斯节点坐标。

ND——整型变量, 输入参数, 总节点数。

NE——整型变量, 输入参数, 总单元数。

NQ——整型变量，输入参数，高斯积分节点数。

(3) 子程序。

```
SUBROUTINE SLQ2(JN,X,W,SL,Q,ND,NE,NQ)
DIMENSION JN(2,NE),X(2,ND),W(3,NQ),SL(3,NE),Q(2,NQ,NE)
DO 10 L=1,NE
J=JN(1,L)
K=JN(2,L)
SL(1,L)=X(2,K)-X(2,J)
SL(2,L)=-(X(1,K)-X(1,J))
SL(3,L)=SQRT(SL(1,L)**2+SL(2,L)**2)
DO 10 MQ=1,NQ
DO 10 N=1,2
10    Q(N,MQ,L)=X(N,J)*W(1,MQ)+X(N,K)*W(2,MQ)
RETURN
END
```

计算单元积分 $f_{ij}$、$f_{ik}$ 子程序。

(1) 功能。

计算单元积分 $f_{ij}$。

(2) 使用说明。

子程序语句：SUBROUTINE FIL(I,L,X,W,SL,Q,FI,ND,NE,NQ)。

参变量说明：

X——二维数组，输入参数，X(1, i) 存放单元节点的 $x$ 坐标，X(2, i) 存放单元节点的 $y$ 坐标。

W——二维数组，输入参数，存放高斯系数。

SL——二维数组，输入参数，存放单元长度以及在 $x$、$y$ 方向上的投影。

Q——三维数组，输入参数，存放各单元高斯节点坐标。

FI——一维数组，输出参数，存放单元积分值 $f_{ij}$、$f_{ik}$。

ND——整型变量，输入参数，总节点数。

NE——整型变量，输入参数，总单元数。

NQ——整型变量，输入参数，高斯积分节点数。

(3) 子程序。

```
SUBROUTINE FIL(I,L,X,W,SL,Q,FI,ND,NE,NQ)
DIMENSION X(2,ND),W(3,NQ),SL(3,NE),Q(2,NQ,NE),FI(2)
PI=3.1415926
FI(1)=0.
FI(2)=9.
```

```
      XI=X(1,I)
      YI=X(2,I)
      XL=SL(1,L)
      YL=SL(2,L)
      DO 10 MQ=1,NQ
      XQI=Q(1,MQ,L)-XI
      YQI=Q(2,MQ,L)-YI
      RQI=SQRT(XQI**2+YQI**2)
      S=(XQI*XL+YQI*YL)*W(3,MQ)/(PI*RQI*RQI)
      FI(1)=FI(1)+S*W(1,MQ)
10    FI(2)=FI(2)+S*W(2,MQ)
      RETURN
      END
```

同样式 (7.1.16) 中第二项是在 $\Gamma$ 的镜像 $\Gamma'$ 上进行的:

$$\int_{\Gamma_e} u\frac{\cos(r',n)}{2\pi r'}\mathrm{d}\Gamma = \int_{\Gamma_e} [\xi_j, \xi_k]\frac{\cos(r',n)}{2\pi r'}\left\{\begin{array}{c} u'_j \\ u'_k \end{array}\right\}\mathrm{d}\Gamma$$

$$= [f'_{ij}, f'_{ik}]\left\{\begin{array}{c} u'_j \\ u'_k \end{array}\right\} \tag{7.1.18}$$

其中

$$f'_{ij} = \int_{\Gamma_e} \xi_j \frac{\cos(r',n)}{2\pi r'}\mathrm{d}\Gamma$$

$$f'_{ik} = \int_{\Gamma_e} \xi_k \frac{\cos(r',n)}{2\pi r'}\mathrm{d}\Gamma$$

式中, $f'_{ij}$, $f'_{ik}$ 的计算方法与 $f_{ij}$, $f_{ik}$ 相同。

式 (7.1.16) 中第三项可写为

$$\int_{\Gamma_e} \frac{\partial u}{\partial n}\frac{1}{2\pi}\ln\frac{1}{r}\mathrm{d}\Gamma = \int_{\Gamma_e} [\xi_j, \xi_k]\frac{1}{2\pi}\ln\frac{1}{r}\mathrm{d}\Gamma\left\{\begin{array}{c} \left(\dfrac{\partial u}{\partial n}\right)_j \\[2mm] \left(\dfrac{\partial u}{\partial n}\right)_k \end{array}\right\}$$

$$= [d_{ij}, d_{ik}]\left\{\begin{array}{c} \left(\dfrac{\partial u}{\partial n}\right)_j \\[2mm] \left(\dfrac{\partial u}{\partial n}\right)_k \end{array}\right\} \tag{7.1.19}$$

其中

$$d_{ij} = \begin{cases} \displaystyle\int_{\Gamma_e} \xi_j \frac{1}{2\pi} \ln \frac{1}{r} \mathrm{d}\Gamma, & 不在(i),(i-1)单元上 \\ 奇异积分, & 在(i),(i-1)单元上 \end{cases}$$

$$d_{ik} = \begin{cases} \displaystyle\int_{\Gamma_e} \xi_k \frac{1}{2\pi} \ln \frac{1}{r} \mathrm{d}\Gamma, & 不在(i),(i-1)单元上 \\ 奇异积分, & 在(i),(i-1)单元上 \end{cases}$$

计算单元积分 $d_{ij}$，$d_{ik}$ 子程序。

(1) 功能。

计算单元积分 $d_{ij}$，$d_{ik}$。

(2) 使用说明。

子程序语句：SUBROUTINE DIL(I,L,X,W,SL,Q,DI,ND,NE,NQ)。

参变量说明：

X——二维数组，输入参数，X(1，i) 存放单元节点的 $x$ 坐标，X(2，i) 存放单元节点的 $y$ 坐标。

W——二维数组，输入参数，存放高斯系数。

SL——二维数组，输入参数，存放单元长度以及在 $x$、$y$ 方向上的投影。

Q——三维数组，输入参数，存放各单元高斯节点坐标。

DI——一维数组，输出参数，存放单元积分值 $d_{ij}$、$d_{ik}$。

ND——整型变量，输入参数，总节点数。

NE——整型变量，输入参数，总单元数。

NQ——整型变量，输入参数，高斯积分节点数。

(3) 子程序。

```
SUBROUTINE DIL(I,L,X,W,SL,Q,DI,ND,NE,NQ)
DIMENSION X(2,ND),W(3,NQ),Q(2,NQ,NE),DI(2),SL(3,NE)
PI=3.1415926
DI(1)=0.
DI(2)=0.
XI=X(1,I)
YI=X(2,I)
XYI=SL(3,L)
DO 10 MQ=1,NQ
XQI=Q(1,MQ,L)-XI
YQI=Q(2,MQ,L)-YI
RQI=Q(2,MQ,L)-YI
S=ALOG(1./RQI)*W(3,MQ)*XYI/PI
```

```
      DI(1)=DI(1)+S*W(1,MQ)
10    DI(2)=DI(2)+S*W(2,MQ)
      RETURN
      END
```

式 (7.1.16) 中第四项为

$$\int_{\Gamma_e} \frac{\partial u}{\partial n} \frac{1}{2\pi} \ln \frac{1}{r'} \mathrm{d}\Gamma = \int_{\Gamma_e} [\xi_j, \xi_k] \frac{1}{2\pi} \ln \frac{1}{r'} \mathrm{d}\Gamma \left\{ \begin{array}{c} \left(\dfrac{\partial u'}{\partial n}\right)_j \\ \left(\dfrac{\partial u'}{\partial n}\right)_k \end{array} \right\}$$

$$= [d'_{ij}, d'_{ik}] \left\{ \begin{array}{c} \left(\dfrac{\partial u'}{\partial n}\right)_j \\ \left(\dfrac{\partial u'}{\partial n}\right)_k \end{array} \right\} \tag{7.1.20}$$

其中，$d'_{ij} = \int_{\Gamma_e} \xi_j \frac{1}{2\pi} \ln \frac{1}{r'} \mathrm{d}\Gamma$；$d'_{ik} = \int_{\Gamma_e} \xi_k \frac{1}{2\pi} \ln \frac{1}{r'} \mathrm{d}\Gamma$。其计算方法与 $d_{ij}$、$d_{ik}$ 相同。

2) 总体合成

将式 (7.1.16)、式 (7.1.18)、式 (7.1.19)、式 (7.1.20) 代入式 (7.1.13) 中，得

$$\frac{\omega_i}{2\pi} u_i = u_{0i} + [f_{i1}, f_{i2}] \left\{ \begin{array}{c} u_1 \\ u_2 \end{array} \right\} + [f_{i2}, f_{i3}] \left\{ \begin{array}{c} u_2 \\ u_3 \end{array} \right\} + \cdots +$$

$$+ [f_{ij}, f_{ik}] \left\{ \begin{array}{c} u_j \\ u_k \end{array} \right\} + \cdots + [f_{i(n-1)}, f_{in}] \left\{ \begin{array}{c} u_{n-1} \\ u_n \end{array} \right\}$$

$$+ [f'_{i1}, f'_{i2}] \left\{ \begin{array}{c} u_1 \\ u_2 \end{array} \right\} + \cdots + [f'_{i2}, f'_{i3}] \left\{ \begin{array}{c} u_2 \\ u_3 \end{array} \right\} + \cdots$$

$$+ [f'_{ij}, f'_{ik}] \left\{ \begin{array}{c} u_j \\ u_k \end{array} \right\} + \cdots + [f'_{i(n-1)}, f_{in}] \left\{ \begin{array}{c} u_{n-1} \\ u_n \end{array} \right\}$$

$$+ [d_{i1}, d_{i2}] \left\{ \begin{array}{c} \left(\dfrac{\partial u}{\partial n}\right)_1 \\ \left(\dfrac{\partial u}{\partial n}\right)_2 \end{array} \right\} + [d_{i2}, d_{i3}] \left\{ \begin{array}{c} \left(\dfrac{\partial u}{\partial n}\right)_2 \\ \left(\dfrac{\partial u}{\partial n}\right)_3 \end{array} \right\} + \cdots$$

$$+ [d_{ij}, d_{ij}] \left\{ \begin{array}{c} \left(\dfrac{\partial u}{\partial n}\right)_j \\[2mm] \left(\dfrac{\partial u}{\partial n}\right)_k \end{array} \right\} + \cdots + [d_{i(n-1)}, d_{in}] \left\{ \begin{array}{c} \left(\dfrac{\partial u}{\partial n}\right)_{n-1} \\[2mm] \left(\dfrac{\partial u}{\partial n}\right)_n \end{array} \right\}$$

$$+ [d'_{i1}, d'_{i2}] \left\{ \begin{array}{c} \left(\dfrac{\partial u}{\partial n}\right)_1 \\[2mm] \left(\dfrac{\partial u}{\partial n}\right)_2 \end{array} \right\} + [d'_{i2}, d'_{i3}] \left\{ \begin{array}{c} \left(\dfrac{\partial u}{\partial n}\right)_2 \\[2mm] \left(\dfrac{\partial u}{\partial n}\right)_3 \end{array} \right\} + \cdots$$

$$+ [d_{ij}, d_{ik}] \left\{ \begin{array}{c} \left(\dfrac{\partial u}{\partial n}\right)_j \\[2mm] \left(\dfrac{\partial u}{\partial n}\right)_k \end{array} \right\} + \cdots + [d'_{i(n-1)}, d'_{in}] \left\{ \begin{array}{c} \left(\dfrac{\partial u}{\partial n}\right)_{n-1} \\[2mm] \left(\dfrac{\partial u}{\partial n}\right)_n \end{array} \right\}$$

$$= u_{0i} + \sum_{j=1}^{n} \left[ F_{ij} u_j + F'_{ij} u_j + D_{ij} \left(\frac{\partial u}{\partial n}\right)_j + D'_{ij} \left(\frac{\partial u}{\partial n}\right)_j \right] \tag{7.1.21}$$

其中，$F_{ij}$ 为 $j$ 节点两侧单元的 $f_{ij}$ 之和；$D_{ij}$ 为 $j$ 节点两侧单元的 $d_{ij}$ 之和。

对 $\Gamma$ 上每个节点都有如上一个方程，由全部 $n$ 个节点得一线性方程组

$$\frac{\omega}{2\pi} U = U_0 + (F + F')U + (D + D')\frac{\partial U}{\partial n} \tag{7.1.22}$$

其中，$\omega = \mathrm{diag}(\omega_i)$; $F = [F_{ij}]$; $U_0 = [u_{0i}]$; $F' = [F'_{ij}]$; $U = [u_i]$; $D = [D_{ij}]$; $\dfrac{\partial U}{\partial n} = \left[\dfrac{\partial u}{\partial n_i}\right]$; $D' = [D'_{ij}]$。对式 (7.1.15) 进行同样处理，得

$$\left(I - \frac{\omega}{2\pi}\right) U = -FU - \frac{\rho_2}{\rho_1} D \frac{\partial U}{\partial n} \tag{7.1.23}$$

联立式 (7.1.22)、式 (7.1.23) 得 $2n$ 个线性方程组，写成矩阵形式：

$$\begin{bmatrix} \dfrac{\omega}{2\pi} - F - F' & -(D + D') \\[3mm] \dfrac{\omega}{2\pi} - F - I & -\dfrac{\rho_2}{\rho_1} D \end{bmatrix} \begin{bmatrix} U \\[3mm] \dfrac{\partial U}{\partial n} \end{bmatrix} = \begin{bmatrix} U_0 \\[3mm] 0 \end{bmatrix} \tag{7.1.24}$$

解之得边界 $\Gamma$ 上的 $u$ 及 $\dfrac{\partial u}{\partial n}$。

计算式 (7.1.24) 主程序。

(1) 计算框图。

计算框图如图 7.1.2 所示。

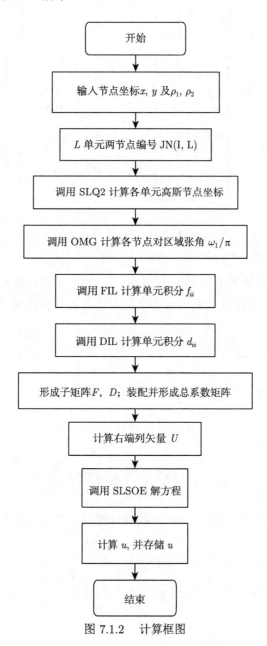

图 7.1.2　计算框图

(2) 功能。

输入计算参数，调用子程序，计算并形成系数矩阵，最终求得各节点上的电位值。

(3) 使用说明。

主程序语句：PROGRAM BEM。

参变量说明：

FB(M,M)——二维工作数组，存放总系数矩阵。

JN(2,NE)——二维数组，输入参数，节点编号数组。

X(2,ND)——二维数组，输入参数，X(1, i) 存放单元节点的 $x$ 坐标，X(2, i) 存放单元节点的 $y$ 坐标。

W(3,4)——二维数组，输入参数，存放高斯系数。

SL(3,NE)——二维数组，输入参数，存放单元长度以及在 $x$、$y$ 方向上的投影。

F(ND,ND)——二维工作数组，存放 $F$ 矩阵。

D(ND,ND)—— 二维工作数组，存放 $D$ 矩阵。

F1(ND,ND)—— 二维工作数组，存放 $F'$ 矩阵。

D1(ND,ND)——二维工作数组，存放 $D'$ 矩阵。

Q(2,4,NE) ——三维数组，输入参数，存放各单元高斯节点坐标。

UO(M)，U1(M)——一维工作数组，存放右端项矩阵。

FI(2)—— 一维数组，输出参数，存放单元积分值 $f_{ij}$、$f_{ik}$。

DI(2)——一维数组，输出参数，存放单元积分值 $d_{ij}$、$d_{ik}$。

OM(ND) ——一维数组，输出参数，存放节点对区域 $\Omega$ 张角 $\dfrac{\omega}{\pi}$。

NI——整型变量，输入参数，$\Omega$ 边界上的节点数。

ND——整型变量，输入参数，总节点数。

NE——-整型变量，输入参数，总单元数。

M——整型变量，输入参数，总系数矩阵阶数。

(4) 主程序。

```
      PROGRAM BEM
      PARAMETER (NI=10,ND=10,M=20,NE=10)
      DOUBLE PRECISION FB(M,M),UO(M), U1(M)
      DIMENSION JN(2,NE),X(2,ND),W(3,4),S1(3,NE),
&     FI(2),DI(2),F(ND,ND),D(ND,ND), F1(ND,ND)
&     D1(ND,ND),OM(ND), Q(2,4,NE)
      DATA W/.930568,.069432,.173927,
&     .669990,.330010,.326073,
&     .330010,.669990,.326073,
```

```
&        .069432,.930568,.173927/
         OPEN(4,FILE='BEM.TXT',STATUS='OLD')
         READ(*,*)P11,P22
         READ(*,*)(X(1,I),I=1,10)
         READ(*,*)(X(2,I),I=1,10)
         CLOSE(4)
         I3=0
         NQ=4
         PI=3.1415926
         CALL OMG(X,OM,NI)
         DO 20 L=1,NI-1
         JN(1,L)=L+1
20       JN(2,L)=L+2
         CALL SLQ2(JN,X,W,SL,Q,ND,NE,NQ)
140      DO 30 I=1,M
         DO 30 J=1,M
30       FB(I,J)=0
         DO 35 I=1,NI
         DO 35 J=1,NI
         F(I,J)=0
35       D(I,J)=0
         DO 40 I=1,NI
         DO 45 L=1,NI-1
         CALL FIL(I,L,X,W,SL,Q,FI,ND,NE,NQ)
         DO 45 N=1,2
45       F(I,JN(N,L))=F(I,JN(N,L))+FI(N)
         DO 50 L=1,NE
         X(2,I)=-X(2,I)
         CALL FIL(I,L,X,W,SL,Q,FI,ND,NE,NQ)
         CALL DIL(I,L,X,W,SL,Q,FI,ND,NE,NQ)
         DO 50 N=1,2
         F1(I,JN(N,L))=F1(I,JN(N,L))+FI(N)
50       D1(I,JN(N,L))=D1(I,JN(N,L))+DI(N)
40       CONTINUE
         DO 55 I=1,NI
         DO 60 J=1,NI
60       FB(I,J)=-F(I,J)-F1(I,J)
         FB(I,I)=FB(I,I)+OM(I)/2.
         DO 65 J=NI+1,M
65       FB(I,J)=-D(I,J)-D1(I,J)
```

```
55      CONTINUE
        DO 90 I=NI+1,M
        I1=I-NI
        DO 95 J=1,NI
95      FB(I,J)=-F(I1,J)
        FB(I,I)=FB(I,I)+OM(I1)/2.-1
        DO 105 J=NI+1,M
        J1=J-NI
105     FB(I,J)=- P22*D(I1,J1)/P11
90      CONTINUE
        DO 125 I=1,NI
125     UO(I)=-X(1,I)*P11
        DO 130 I=NI+1,M
130     UO(I)=0
        CALL SLSOE(FB,UO,M)
        DO 135 I=1,NS
135     U1(I)=UO(I)
        OPEN(2,FILE='IP',STATUS='NEW')
        WRITE(2,260)X
        WRITE(2,160)U1
        CLOSE(2)
260     FORMAT(5X,'X=',F8.2,3X,'Y=',F8.2)
160     FORMAT(5X,'U1=',F12.5)
        STOP
        END
```

解方程子程序。

(1) 功能。

解式 (7.1.24)(这是列主元高斯消去法解方程子程序)。

(2) 程序说明。

子程序语句：SUBROUTINE SLSOE(A,B,N)。

参变量说明：

A——二维数组，输入参数，存放系数矩阵。

B——一维数组，输入、输出参数，输入时存放右端项，输出时存放解方程结果。

N——整型变量，输入参数，方程阶数。

(3) 子程序。

```
SUBROUTINE SLSOE(A,B,N)
```

```
        DOUBLE PRECISION A(N,N),B(N),C,D
        N1=N-1
        DO 100 K=1,N1
        K1=K+1
        C=A(K,K)
        IF(DABS(C)-1.0D-15)1,1,3
1       DO 7 J=K1,N
        IF(DABS(A(J,K))-1.0D-15)7,7,5
5       DO 6 L=K,N
        C=A(K,L)
        A(K,L)=A(J,L)
6       A(J,L)=C
        C=B(K)
        B(K)=B(J)
        B(J)=C
        C=A(K,K)
        GOTO 3
7       CONTINUE
        D=0.
        GOTO 300
3       C=A(K,K)
        DO 4 J=K1,N
4       A(K,J)=A(K,J)/C
        B(K)=B(K)/C
        DO 10 I=K1,N
        C=A(I,K)
        DO 9 J=K1,N
9       A(I,J)=A(I,J)-C*A(K,J)
10      B(I)=B(I)-C*B(K)
100     CONTINUE
        IF(DABS(A(N,N))-1.0D-15)11,11,101
11      WRITE(*,12)K
12      FORMAT('***SINGULARITY IN ROW',I5)
        D=0.
        GOTO 300
101     B(N)=B(N)/A(N,N)
        DO 200 L=1,N1
        K=N-1
        K1=K+1
        DO 200 J=K1,N
```

```
200    B(K)=B(K)-A(K,J)*B(J)
       D=1.
       DO 250 I=1,N
250    D=D*A(I,I)
300    RETURN
       END
```

将式 (7.1.24) 的求解结果代入式 (7.1.12)，即可计算地面各点的 $u$：

$$u_p = u_{0p} + 2\sum_{j=1}^{n} D_{pj}u_j + 2\sum_{j=1}^{n} D_{pj}\left(\frac{\partial u}{\partial n}\right)_j \quad j = 1,2,\cdots,n \qquad (7.1.25)$$

3) 特殊情况讨论

(1) 当不均匀体为绝缘体时，即 $\rho_2 = \infty$，于是

$$\frac{\partial u}{\partial n}\bigg|_{\Gamma} = 0, \quad \frac{\partial u}{\partial n}\bigg|_{\Gamma'} = 0$$

故由式 (7.1.12)，地面 $p$ 点的电位可进一步简化为

$$u_p = u_{0p} + 2\int_{\Gamma} u\frac{\cos(r,n)}{2\pi r}\mathrm{d}\Gamma \qquad (7.1.26)$$

由式 (7.1.11) 边界 $\Gamma$ 上的电位，可简化为

$$\frac{\omega_p}{2\pi}u_p = u_{0p} + \int_{\Gamma} u\frac{\cos(r,n)}{2\pi r}\mathrm{d}\Gamma + \int_{\Gamma'} u\frac{\cos(r,n)}{2\pi r}\mathrm{d}\Gamma \qquad (7.1.27)$$

与其对应的线性方程组为

$$\left(\frac{\omega_p}{2\pi}u_p - F - F'\right)U = U_0 \qquad (7.1.28)$$

从式 (7.1.28) 解得边界 $\Gamma$ 上的 $u$ 后，代入式 (7.1.26) 即可求得地面 $p$ 点的 $u$：

$$u_p = u_{0p} + 2\sum_{j=1}^{n} F_{pj}u_j \qquad (7.1.29)$$

(2) 当不均匀体为理想导体时，即 $\rho_2 = 0$，由于理想导体为等位体，故

$$u|_{\Gamma} = k \qquad (7.1.30)$$

流过 $\Gamma$ 闭合面的总电流为零，即

$$\oint_\Gamma \frac{\partial u}{\partial n}\mathrm{d}\Gamma = 0 \tag{7.1.31}$$

由式 (7.1.12)，地面 $p$ 点的电位

$$u_p = u_{0p} + 2\int_\Gamma u\frac{\cos(r,n)}{2\pi r}\mathrm{d}\Gamma + 2\int_\Gamma \frac{\partial u}{\partial n}\frac{1}{2\pi}\ln\frac{1}{r}\mathrm{d}\Gamma$$

$$= u_{0p} + 2\int_\Gamma k\frac{\cos(r,n)}{2\pi r}\mathrm{d}\Gamma + 2\int_\Gamma \frac{\partial u}{\partial n}\frac{1}{2\pi}\ln\frac{1}{r}\mathrm{d}\Gamma$$

而

$$\int_\Gamma \frac{\cos(r,n)}{r}\mathrm{d}\Gamma = \mathrm{d}\omega$$

当 $p$ 点位于地表时，$p$ 点对 $\Gamma$ 的张角为零，故

$$\int_\Gamma \frac{\cos(r,n)}{r}\mathrm{d}\Gamma = 0$$

由于地表 $p$ 点的电位

$$u_p = u_{0p} + 2\int_\Gamma \frac{\partial u}{\partial n}\frac{1}{2\pi}\ln\frac{1}{r}\mathrm{d}\Gamma \tag{7.1.32}$$

当 $p$ 位于边界 $\Gamma$ 上时，$u_p = k$，故式 (7.1.11) 变为

$$\frac{\omega_p}{2\pi}k = u_{0p} + k\int_\Gamma \frac{\cos(r,n)}{2\pi r}\mathrm{d}\Gamma + k\int_{\Gamma'} \frac{\cos(r,n)}{2\pi r}\mathrm{d}\Gamma$$

$$+ \int_\Gamma \frac{\partial u}{\partial n}\frac{1}{2\pi}\ln\frac{1}{r}\mathrm{d}\Gamma + \int_{\Gamma'} \frac{\partial u}{\partial n}\frac{1}{2\pi}\ln\frac{1}{r}\mathrm{d}\Gamma$$

由于 $p$ 对 $\Gamma'$ 的张角为零，故 $\int_{\Gamma'} \frac{\cos(r,n)}{r}\mathrm{d}\Gamma = 0$，而 $p$ 对 $\Gamma$ 的张角为 $(2\pi - \omega_p)$，$\omega_p$ 为 $p$ 对区域 $\Omega_1$ 的张角，故

$$\int_\Gamma \frac{\cos(r,n)}{r}\mathrm{d}\Gamma = -\frac{2\pi - \omega_p}{2\pi} - \left(1 - \frac{\omega_p}{2\pi}\right)$$

负号是因为 $\Gamma$ 的法向朝内，于是式 (7.1.12) 变为

$$\frac{\omega_p}{2\pi}k = u_{0p} + \frac{\omega_p}{2\pi}k - k + \int_\Gamma \frac{\partial u}{\partial n}\frac{1}{2\pi}\ln\frac{1}{r}\mathrm{d}\Gamma + \int_{\Gamma'} \frac{\partial u}{\partial n}\frac{1}{2\pi}\ln\frac{1}{r}\mathrm{d}\Gamma$$

经整理，变为

$$k = u_{0p} + \int_{\Gamma} \frac{\partial u}{\partial n} \frac{1}{2\pi} \ln \frac{1}{r} \mathrm{d}\Gamma + \int_{\Gamma'} \frac{\partial u}{\partial n} \frac{1}{2\pi} \ln \frac{1}{r} \mathrm{d}\Gamma \tag{7.1.33}$$

与其对应的线性方程组为

$$KI = U_0 + D\frac{\partial U}{\partial n} + D'\frac{\partial U}{\partial n} \tag{7.1.34}$$

式 (7.1.34) 为含 $n$ 个方程和 $n+1$ 个未知数的代数方程组，无唯一解。为此，从式 (7.1.31) 出发

$$\int_{\Gamma} \frac{\partial u}{\partial n} \mathrm{d}\Gamma = \sum_{\Gamma} \int_{\Gamma_e} \frac{\partial u}{\partial n} \mathrm{d}\Gamma = \sum_{i=1}^{n} G_i \left( \frac{\partial u}{\partial n} \right)_i$$

得线性代数方程组

$$G_I \frac{\partial U}{\partial n} I = 0 \tag{7.1.35}$$

且有

$$G_I = [G_i], \quad i = 1, 2, \cdots, n$$

其中，$G_i$ 是与节点 $i$ 两侧单元的长度有关的系数。

解式 (7.1.34) 和式 (7.1.35) 即得边界 $\Gamma$ 上各节点的 $\frac{\partial u}{\partial n}$ 值，代入式 (7.1.32) 的离散表达式：

$$u_p = u_{0p} + 2 \sum_{i=1}^{n} D_{pj} \left( \frac{\partial u}{\partial n} \right)_j \tag{7.1.36}$$

即可求得地表各点的 $u$ 值。

### 7.1.2 均匀场中起伏地形条件下二维不均匀体的异常

如图 7.1.3 所示，在地形 $\Gamma_s$ 下存在一不均匀体 (边界为 $\Gamma_1$)，其电场的边值问题满足

$$\nabla^2 u = 0 \qquad u \in \Omega_1 \tag{7.1.37}$$

$$\nabla^2 v = 0 \qquad v \in \Omega_2 \tag{7.1.38}$$

边界条件：

$$\left. \frac{\partial u}{\partial n} \right|_{\Gamma_s} = 0 \tag{7.1.39}$$

$$u|_{\Gamma_{\mathrm{I}}} = v|_{\Gamma_{\mathrm{I}}} \tag{7.1.40}$$

$$\frac{1}{\rho_1}\frac{\partial u}{\partial n}\bigg|_{\Gamma_{\mathrm{I}}} = \frac{1}{\rho_2}\frac{\partial v}{\partial n}\bigg|_{\Gamma_{\mathrm{I}}} \tag{7.1.41}$$

$$u|_{\Gamma_\infty} = -E_0 x \tag{7.1.42}$$

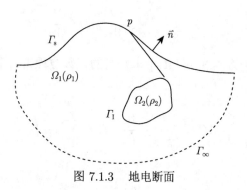

图 7.1.3　地电断面

1) 积分方程的建立

对于 $\Omega_1$ 区域，由格林公式

$$\int_{\Omega_1}(u\nabla^2\varphi - \varphi\nabla^2 u)\mathrm{d}\Omega = \int_{\Gamma_{\mathrm{s}}+\Gamma_{\mathrm{I}}+\Gamma_\infty}\left(u\frac{\partial\varphi}{\partial n} - \varphi\frac{\partial u}{\partial n}\right)\mathrm{d}\Gamma \tag{7.1.43}$$

令 $\phi = \dfrac{1}{2\pi}\ln\dfrac{1}{r}$ 为二维拉氏方程的基本解，则

$$\nabla^2\phi = -\delta(p)$$

$$\int_{\Omega_1}(u\nabla^2\phi - \phi\nabla^2 u)\mathrm{d}\Omega = -\frac{\omega_p}{2\pi}u_p$$

其中，$\omega_p$ 是 $p$ 对 $\Omega_1$ 的张角；$u_p$ 是 $p$ 点的电位。

格林公式右边：

$$\int_{\Gamma_{\mathrm{s}}+\Gamma_{\mathrm{I}}+\Gamma_\infty} = \int_{\Gamma_{\mathrm{s}}} + \int_{\Gamma_{\mathrm{I}}} + \int_{\Gamma_\infty}$$

$$\int_{\Gamma_\infty}\left(u\frac{\partial\phi}{\partial n} - \phi\frac{\partial u}{\partial n}\right)\mathrm{d}\Gamma = \int_{\Gamma_\infty}\frac{1}{2\pi r}E_0 x_p\mathrm{d}\Gamma = -\frac{1}{2}u_{0p}$$

$$\int_{\Gamma_{\mathrm{s}}}\left(u\frac{\partial\phi}{\partial n} - \phi\frac{\partial u}{\partial n}\right)\mathrm{d}\Gamma = \int_{\Gamma_{\mathrm{s}}} u\frac{\partial\phi}{\partial n}\mathrm{d}\Gamma = -\int_{\Gamma_{\mathrm{s}}} u\frac{\cos(r,n)}{2\pi r}\mathrm{d}\Gamma$$

$$\int_{\Gamma_{\mathrm{I}}} \left( u\frac{\partial \phi}{\partial n} - \phi\frac{\partial u}{\partial n} \right) \mathrm{d}\Gamma = -\int_{\Gamma_{\mathrm{I}}} u\frac{\cos(r,n)}{2\pi r}\mathrm{d}\Gamma - \int_{\Gamma_{\mathrm{I}}} \frac{\partial u}{\partial n}\frac{1}{2\pi}\ln\frac{1}{r}\mathrm{d}\Gamma$$

于是得

$$\frac{\omega_p}{2\pi}u_p = \frac{1}{2}u_{0p} + \int_{\Gamma_{\mathrm{s}}} u\frac{\cos(r,n)}{2\pi r}\mathrm{d}\Gamma + \int_{\Gamma_{\mathrm{I}}} u\frac{\cos(r,n)}{2\pi r}\mathrm{d}\Gamma + \int_{\Gamma_{\mathrm{I}}} \frac{\partial u}{\partial n}\frac{1}{2\pi}\ln\frac{1}{r}\mathrm{d}\Gamma \quad (7.1.44)$$

显然式 (7.1.44) 的未知数多于方程数, 无法解得 $u$ 及 $\dfrac{\partial u}{\partial n}$。

对于 $\Omega_2$ 区域, 格林公式为

$$\int_{\Omega_2} (v\nabla^2\phi - \phi\nabla^2 v)\mathrm{d}\Omega = -\int_{\Gamma_{\mathrm{I}}} \left( v\frac{\partial \phi}{\partial n} - \phi\frac{\partial v}{\partial n} \right)\mathrm{d}\Gamma$$

式中, 由于区域 $\Omega_2\Gamma_{\mathrm{I}}$ 上 $n$ 方向朝外, 为了与 $\Omega_1$ 区域的法向定义一致, 则必须加负号。

当 $p$ 位于边界上时, $p$ 点对 $\Omega_2$ 的张角为 $2\pi - \omega_p(\omega_p$ 为 $p$ 对 $\Omega_1$ 的张角), 于是得

$$\left(1 - \frac{\omega_p}{2\pi}\right)v_p = -\int_{\Gamma_{\mathrm{I}}} v\frac{\cos(r,n)}{2\pi r}\mathrm{d}\Gamma - \int_{\Gamma_{\mathrm{I}}} \frac{\partial v}{\partial n}\frac{1}{2\pi}\ln\frac{1}{r}\mathrm{d}\Gamma \quad (7.1.45)$$

将边界条件式 (7.1.41) 代入得

$$\left(1 - \frac{\omega_p}{2\pi}\right)u_p = -\int_{\Gamma_{\mathrm{I}}} u\frac{\cos(r,n)}{2\pi r}\mathrm{d}\Gamma - \frac{\rho_2}{\rho_1}\int_{\Gamma_{\mathrm{I}}} \frac{\partial u}{\partial n}\frac{1}{2\pi}\ln\frac{1}{r}\mathrm{d}\Gamma \quad (7.1.46)$$

解式 (7.1.44)、式 (7.1.46), 就可求得地表 $\Gamma_{\mathrm{s}}$ 上的电位。

2) 边界单元法

用直线单元对 $\Gamma_{\mathrm{s}}$ 和 $\Gamma_{\mathrm{I}}$ 剖分, 设 $\Gamma_{\mathrm{s}}$ 上有 $n_{\mathrm{s}}$ 个节点, $\Gamma_{\mathrm{I}}$ 上有 $n_{\mathrm{I}}$ 个节点, 总节点数为 $n = n_{\mathrm{s}} + n_{\mathrm{I}}$ 个。将式 (7.1.44)、式 (7.1.46) 的边界积分分解为诸单元 $\Gamma_e$ 的积分之和。当 $p$ 位于第 $i$ 个节点上时有

$$\frac{\omega_i}{2\pi}u_i = \frac{1}{2}u_{0i} + \sum_{\Gamma_{\mathrm{s}}}\int_{\Gamma_e} u\frac{\cos(r,n)}{2\pi r}\mathrm{d}\Gamma + \sum_{\Gamma_{\mathrm{I}}}\int_{\Gamma_e} u\frac{\cos(r,n)}{2\pi r}\mathrm{d}\Gamma + \sum_{\Gamma_{\mathrm{I}}}\int_{\Gamma_e} \frac{\partial u}{\partial n}\frac{1}{2\pi}\ln\frac{1}{r}\mathrm{d}\Gamma$$

$$\frac{\omega_i}{2\pi}u_i = \frac{1}{2}u_{0i} + \sum_{j=1}^{n_{\mathrm{s}}} F_{ij}u_j + \sum_{j=n_{\mathrm{s}}+1}^{n} F_{ij}u_j + \sum_{j=n_{\mathrm{s}}+1}^{n} D_{ij}\left(\frac{\partial u}{\partial n}\right)_j \quad (7.1.47)$$

对于每个节点都有如上一个方程, 写成向量形式为

$$\frac{\omega}{2\pi}U = \frac{1}{2}U_0 + FU_s + FU_I + D\left(\frac{\partial U}{\partial n}\right)_I$$

当 $p$ 点分别位于 $\Gamma_s$ 和 $\Gamma_I$ 上时, 可分别写为

$$\left(\frac{\omega_s}{2\pi} - F_{ss}\right)U_s = \frac{1}{2}U_{0s} + F_{sI}U_I + D_{sI}\left(\frac{\partial U}{\partial n}\right)_I$$

$$\left(\frac{\omega_I}{2\pi} - F_{II}\right)U_I = \frac{1}{2}U_{0I} + F_{Is}U_s + D_{II}\left(\frac{\partial U}{\partial n}\right)_I \tag{7.1.48}$$

其中

$$\begin{cases} U = (u_i) \\ U_0 = (u_{0i}) & i = 1, 2, \cdots, n_s + n_I \\ \omega = \mathrm{diag}(\omega_i) \end{cases}$$

$$F = [F_{ij}], \quad i, j = 1, 2, \cdots, n_s + n_I$$

$$D = [D_{ij}], \quad i = 1, 2, \cdots, n_s + n_I$$

$$j = n_s + 1, n_s + 2, \cdots, n_s + n_I$$

$$\left(\frac{\partial U}{\partial n}\right)_I = \left[\left(\frac{\partial U}{\partial n}\right)_j\right], \quad j = n_s + 1, n_s + 2, \cdots, n_s + n_I$$

式 (7.1.48) 共有 $n_s + n_I$ 个方程, 而未知数为 $n_s + n_I + n_I$ 个, 故无唯一解. 为此必须由式 (7.1.46) 出发, 建立另一组方程. 对第 $i$ 个节点, 有

$$\left(1 - \frac{\omega_i}{2\pi}\right)u_i = -\sum_{j=n_s+1}^{n_s+n_I} F_{ij} - \frac{\rho_2}{\rho_1}\sum_{j=n_s+1}^{n_s+n_I} D_{ij}\left(\frac{\partial u}{\partial n}\right)_j \tag{7.1.49}$$

对于 $\Gamma_I$ 上全部节点, 得 $n_I$ 个方程组

$$\left(1 - \frac{\omega_I}{2\pi}\right)U_I = -F_{II}U_I - \frac{\rho_2}{\rho_1}D_{II}\left(\frac{\partial u}{\partial n}\right)_I \tag{7.1.50}$$

其中

$$\begin{cases} U_I = (u_i) \\ \omega_I = \mathrm{diag}(\omega_i) \\ \left(\frac{\partial U}{\partial n}\right)_I = \left[\left(\frac{\partial u}{\partial n}\right)_i\right] \end{cases} \quad i = n_s + 1, n_s + 2, \cdots, n_s + n_I$$

$$
\begin{cases}
F_{\text{II}} = (F_{ij}) \\
D_{\text{II}} = (D_{ij})
\end{cases}
\quad i, j = n_{\text{s}} + 1, n_{\text{s}} + 2, \cdots, n_{\text{s}} + n_{\text{I}}
$$

联立式 (7.1.48)、式 (7.1.50) 可求得地表的电位 $u$。最终可写成矩阵表达式:

$$
\begin{bmatrix}
\left(\dfrac{\omega_{\text{s}}}{2\pi} - F_{\text{ss}}\right) & -F_{\text{sI}} & -D_{\text{sI}} \\[2mm]
-F_{\text{Is}} & \left(\dfrac{\omega_{\text{I}}}{2\pi} - F_{\text{II}}\right) & -D_{\text{II}} \\[2mm]
0 & \left(1 - \dfrac{\omega_{\text{I}}}{2\pi} + F_{\text{II}}\right) & \dfrac{\rho_2}{\rho_1} D_{\text{II}}
\end{bmatrix}
\begin{bmatrix}
U_{\text{s}} \\[2mm]
U_{\text{I}} \\[2mm]
\left(\dfrac{\partial U}{\partial n}\right)_{\text{I}}
\end{bmatrix}
=
\begin{bmatrix}
\dfrac{1}{2} U_{0\text{s}} \\[2mm]
\dfrac{1}{2} U_{0\text{I}} \\[2mm]
0
\end{bmatrix}
\quad (7.1.51)
$$

计算式 (7.1.51) 主程序。

(1) 功能。

输入计算参数,调用子程序,计算并形成系数矩阵,最终求得各节点上的电位值。

(2) 使用说明。

主程序语句:PROGRAM BEMIP。

主要参变量说明:

FB(M,M)——二维工作数组,存放总系数矩阵。

JN(2,NE)——二维数组,输入参数,节点编号数组。

X(2,ND)——二维数组,输入参数,X(1, i) 存放单元节点的 $x$ 坐标,X(2, i) 存放单元节点的 $y$ 坐标。

W(3,4)——二维数组,输入参数,存放高斯系数。

SL(3,NE)——二维数组,输入参数,存放单元长度以及在 $x$、$y$ 方向上的投影。

F(ND,ND)——二维工作数组,存放 $F$ 矩阵。

D(ND,ND)——二维工作数组,存放 $D$ 矩阵。

F1(ND,ND)——二维工作数组,存放 $F'$ 矩阵。

D1(ND,ND)——二维工作数组,存放 $D'$ 矩阵。

Q(2,4,NE)——三维数组,输入参数,存放各单元高斯节点坐标。

UO(M)——一维工作数组,存放右端项矩阵。

FI(2)—— 一维数组,输出参数,存放单元积分值 $f_{ij}$、$f_{ik}$。

DI(2)——一维数组,输出参数,存放单元积分值 $d_{ij}$、$d_{ik}$。

OM(ND)——一维数组,输出参数,存放节点对区域 $\Omega$ 张角 $\dfrac{\omega}{\pi}$。

NI——整型变量,输入参数,$\Omega$ 边界上的节点数。

ND——整型变量,输入参数,总节点数。

NE——整型变量,输入参数,总单元数。

M——整型变量，输入参数，总系数矩阵阶数。

(3) 主程序。

```
PROGRAM BEMIP
      PARAMETER (NS=25,NI=10,ND=35,M=45,NE=34,NS1=24)
      DOUBLE PRECISION FB(M,M),UO(M)
      DIMENSION JN(2,NE),X(2,ND),W(3,4),SL(3,NE),ETS(NS1),
*     FI(2),DI(2),F(ND,ND),D(ND,ND),U1(NS),U2(NS),US(NS),OM(ND),
*     ROS(NS1),Q(2,4,NE),A(10),XO(NS1)
      DATA W/.930568,.069432,.173927,
*         .669990,.330010,.326073,
*         .330010,.669990,.326073,
*         .069432,.930568,.173927/
       OPEN (4,FILE='BEM.TXT',STATUS='OLD')
      READ(4,*) (A(I),I=1,10)
      READ(4,*) (X(1,I),I=1,35)
      READ(4,*) (X(2,I),I=1,35)
      READ(4,*) P1,P2,ET1,ET2
      CLOSE(4)
      I3=0
      P11=P1
      P22=P2
      NQ=4
      PI=3.1415926
      CALL OMG(X,OM,NS,ND)
      DO 600 I=NS+1,ND
      I1=I-NS
600   OM(I)=A(I1)
      DO 20 L=1,NS-1
      JN(1,L)=L
20    JN(2,L)=L+1
      DO 25 L=NS,NE-1
      JN(1,L)=L+1
25    JN(2,L)=L+2
      JN(1,NE)=ND
      JN(2,NE)=NS+1
      CALL SLQ2(JN,X,W,SL,Q,ND,NE,NQ)
140   DO 30 I=1,M
      DO 30 J=1,M
30    FB(I,J)=0
      DO 35 I=1,ND
```

```
      DO 35 J=1,ND
      F(I,J)=0
35    D(I,J)=0
      DO 40 I=1,NS
      DO 45 L=1,NS-1
      CALL FIL(I,L,X,W,SL,Q,FI,ND,NE,NQ)
      DO 45 N=1,2
45    F(I,JN(N,L))=F(I,JN(N,L))+FI(N)
      DO 50 L=NS,NE
      CALL FIL(I,L,X,W,SL,Q,FI,ND,NE,NQ)
      CALL DIL(I,L,X,W,SL,Q,DI,ND,NE,NQ)
      DO 50 N=1,2
      F(I,JN(N,L))=F(I,JN(N,L))+FI(N)
50    D(I,JN(N,L))=D(I,JN(N,L))+DI(N)
40    CONTINUE
      DO 55 I=1,NS
      DO 60 J=1,NS
60    FB(I,J)=-F(I,J)
      FB(I,I)=FB(I,I)+OM(I)
      DO 65 J=NS+1,NS+NI
65    FB(I,J)=-F(I,J)
      DO 70 J=NS+NI+1,NS+2*NI
      J1=J-NI
70    FB(I,J)=-D(I,J1)
55    CONTINUE
      DO 75 I=NS+1,NS+NI
      DO 80 L=1,NS-1
      CALL FIL(I,L,X,W,SL,Q,FI,ND,NE,NQ)
      DO 80 N=1,2
80    F(I,JN(N,L))=F(I,JN(N,L))+FI(N)
      DO 85 L=NS,NE
      CALL FIL(I,L,X,W,SL,Q,FI,ND,NE,NQ)
      CALL DIL(I,L,X,W,SL,Q,DI,ND,NE,NQ)
      DO 85 N=1,2
      F(I,JN(N,L))=F(I,JN(N,L))+FI(N)
85    D(I,JN(N,L))=D(I,JN(N,L))+DI(N)
75    CONTINUE
      DO 90 I=NS+1,NS+NI
      DO 95 J=1,NS
95    FB(I,J)=-F(I,J)
```

```
          DO 100 J=NS+1,NS+NI
100       FB(I,J)=-F(I,J)
          FB(I,I)=FB(I,I)+OM(I)
          DO 105 J=NS+NI+1,NS+2*NI
          J1=J-NI
105       FB(I,J)=-D(I,J1)
90        CONTINUE
          DO 110 I=NS+NI+1,NS+2*NI
          DO 115 J=NS+1,NS+NI
          I1=I-NI
115       FB(I,J)=F(I1,J)
          J2=I-NI
          FB(I,J2)=FB(I,J2)+2-OM(J2)
          DO 120 J=NS+NI+1,NS+2*NI
          J1=J-NI
          I1=I-NI
120       FB(I,J)=P22*D(I1,J1)/P11
110       CONTINUE
          DO 125 I=1,NS+NI
125       U0(I)=-X(1,I)*P11
          DO 130 I=NS+NI+1,NS+2*NI
130       U0(I)=0
          CALL SLSOE(FB,U0,M)
          WRITE(*,*)U0
          IF(I3.EQ.1) GOTO 144
          I3=1
          DO 135 I=1,NS
135       U1(I)=U0(I)
          DO 136 I=1,NS-1
          R=SQRT((X(1,NS-I+1)-X(1,NS-I))**2+(X(2,NS-I+1)-X(2,NS-I))**2)
136       ROS(I)=(U1(NS-I+1)-U1(NS-I))/R
          P11=P1/(1.-ET1)
          P22=P2/(1.-ET2)
          GOTO 140
144       DO 145 I=1,NS
145       US(I)=U0(I)
          DO 150 I=1,NS
150       U2(I)=US(I)-U1(I)
          DO 155 I=1,NS-1
          X0(I)=(X(1,NS-I+1)+X(1,NS-I))/2.
```

```
155   ETS(I)=(U2(NS-I+1)-U2(NS-I))/(US(NS-I+1)-US(NS-I))
      OPEN(2,FILE='IP.TXT',STATUS='UNKNOWN')
      WRITE(2,230)P1,P2,ET1,ET2
      WRITE(2,260)X
      WRITE(2,160)(U1(25-I+1),U2(25-I+1),US(25-I+1),I=1,25)
      WRITE(2,165)(X0(I),ETS(I),ROS(I),I=1,24)
      CLOSE(2)
230   FORMAT(5X,'P1=',F7.1,3X,'P2=',F7.1,3X,'ET1=',F7.3,3X,'ET2=',F7.3)
260   FORMAT(5X,'X=',F8.2,3X,'Y=',F8.2)
160   FORMAT(5X,'U1=',F12.5,2X,'U2=',F12.5,2X,'US=',F12.5)
165   FORMAT(5X,'X=',F7.2,3X,'ETS=',F12.5,3X,'ROS=',F12.5)
      STOP
      END
```

3) 计算实例

(1) 给出用于正演计算的数字模型。

二维地电模型 (图 7.1.4)：$\rho_1 = 100$，$\rho_2 = 1$，et1=0.01，et2=0.5，坐标数据如表 7.1.1 所示。

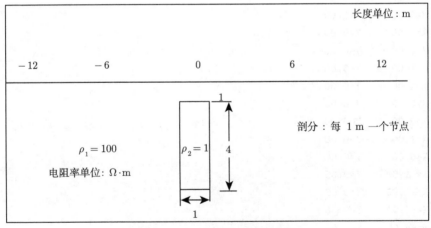

图 7.1.4    二维地电模型示意图

表 **7.1.1    模型坐标数据**

| 地表坐标 | $X$ | $-12$ | $-11$ | $\cdots$ | $-1$ | $0$ | $1$ | $\cdots$ | $11$ | $12$ | |
|---|---|---|---|---|---|---|---|---|---|---|---|
| | $Y$ | $0$ | $0$ | $\cdots$ | $0$ | $0$ | $0$ | $\cdots$ | $0$ | $0$ | |
| 地质体坐标 | $X$ | $1$ | $1$ | $1$ | $1$ | $1$ | $-1$ | $-1$ | $-1$ | $-1$ | $-1$ |
| | $Y$ | $-1$ | $-2$ | $-3$ | $-4$ | $-5$ | $-5$ | $-4$ | $-3$ | $-2$ | $-1$ |

(2) 按格式要求建立输入数据文件。

输入数据文件 bem.txt：

```
1.5,1.,1.,1.,1.5,1.5,1.,1.,1.,1.5
12.,11.,10.,9.,8.,7.,6.,5.,4.,3.,2.,1.,0.,
-1.,-2.,-3.,-4.,-5.,-6.,-7.,-8.,-9.,-10.,-11.,-12.
1.,1.,1.,1.,1.,-1.,-1.,-1.,-1.,-1.,
0.,0.,0.,0.,0.,0.,0.,0.,0.,0.,0.,0.,0.,0.,0.,0.,0.,0.,0.,0.,0.,0.,0.,0.
-1.,-2.,-3.,-4.,-5.,-5.,-4.,-3.,-2.,-1.
100.,1.,.01,.5
```

(3) 运行 BEMIP.EXE。

(4) 输出计算结果。

数据文件名：CEN.DAT。

计算结果：$\rho_1 = 100$，$\rho_2 = 1$，et1= 0.01，et2= 0.5。

地表各测点坐标值：

```
X=12.00      Y=0.00
X=11.00      Y=0.00
X=10.00      Y=0.00
X=9.00       Y=0.00
X=8.00       Y=0.00
X=7.00       Y=0.00
X=6.00       Y=0.00
X=5.00       Y=0.00
X=4.00       Y=0.00
X=3.00       Y=0.00
X=2.00       Y=0.00
X=1.00       Y=0.00
X=0.00       Y=0.00
X=-1.00      Y=0.00
X=-2.00      Y=0.00
X=-3.00      Y=0.00
X=-4.00      Y=0.00
X=-5.00      Y=0.00
X=-6.00      Y=0.00
X=-7.00      Y=0.00
X=-8.00      Y=0.00
X=-9.00      Y=0.00
X=-10.00     Y=0.00
X=-11.00     Y=0.00
X=-12.00     Y=0.00
X=1.00       Y=-1.00
```

```
X=1.00      Y=-2.00
X=1.00      Y=-3.00
X=1.00      Y=-4.00
X=1.00      Y=-5.00
X=-1.00     Y=-5.00
X=-1.00     Y=-4.00
X=-1.00     Y=-3.00
X=-1.00     Y=-2.00
X=-1.00     Y=-1.00
```

地表各测点一次电位、二次电位和总电位值：

```
U1=1173.07886    U2=12.33032     US=1185.40918
U1=1070.96973    U2=11.33606     US=1082.30579
U1= 968.53577    U2=10.34436     US= 978.88013
U1= 865.70734    U2=9.35547      US= 875.06281
U1= 762.39917    U2=8.37012      US= 770.76929
U1= 658.51038    U2=7.38928      US=665.89966
U1=553.93225     U2=6.41437      US=560.34662
U1=448.57605     U2=5.44775      US=454.02380
U1=342.46503     U2=4.49405      US=346.95908
U1=236.06680     U2=3.56250      US=239.62930
U1=131.94084     U2=2.65698      US=134.59782
U1=44.27446      U2=1.61921      US=45.89367
U1=0.00000       U2=0.00000      US=0.00000
U1=-44.27446     U2=-1.61921     US=-45.89368
U1=-131.94083    U2=-2.65698     US=-134.59781
U1=-236.06682    U2=-3.56250     US=-239.62932
U1=-342.46497    U2=-4.49408     US=-346.95905
U1=-448.57608    U2=-5.44775     US=-454.02383
U1=-553.93219    U2=-6.41443     US=-560.34662
U1=-658.51038    U2=-7.38928     US=-665.89966
U1=-762.39917    U2=-8.37012     US=-770.76929
U1=-865.70740    U2=-9.35541     US=-875.06281
U1=-968.53583    U2=-10.34436    US=-978.88019
U1= -1070.96973  U2=-11.33618    US= -1082.30591
U1= -1173.07886  U2=-12.33032    US= -1185.40918
```

地表各测点视极化率和视电阻率值：

```
X=-11.50    ETS=0.00964    ROS=102.10913
```

| | | |
|---|---|---|
| X=-10.50 | ETS=0.00959 | ROS=102.43396 |
| X=-9.50 | ETS=0.00953 | ROS=102.82843 |
| X=-8.50 | ETS=0.00945 | ROS=103.30817 |
| X=-7.50 | ETS=0.00935 | ROS=103.88879 |
| X=-6.50 | ETS=0.00924 | ROS=104.57813 |
| X=-5.50 | ETS=0.00909 | ROS=105.35620 |
| X=-4.50 | ETS=0.00891 | ROS=106.11102 |
| X=-3.50 | ETS=0.00868 | ROS=106.39822 |
| X=-2.50 | ETS=0.00862 | ROS=104.12596 |
| X=-1.50 | ETS=0.01170 | ROS=87.66638 |
| X=-0.50 | ETS=0.03528 | ROS=44.27446 |
| X=0.50 | ETS=0.03528 | ROS=44.27446 |
| X=1.50 | ETS=0.01170 | ROS=87.66637 |
| X=2.50 | ETS=0.00862 | ROS=104.12599 |
| X=3.50 | ETS=0.00868 | ROS=106.39815 |
| X=4.50 | ETS=0.00891 | ROS=106.11111 |
| X=5.50 | ETS=0.00909 | ROS=105.35611 |
| X=6.50 | ETS=0.00924 | ROS=104.57819 |
| X=7.50 | ETS=0.00935 | ROS=103.88879 |
| X=8.50 | ETS=0.00945 | ROS=103.30823 |
| X=9.50 | ETS=0.00953 | ROS=102.82843 |
| X=10.50 | ETS=0.00959 | ROS=102.43390 |
| X=11.50 | ETS=0.00964 | ROS=102.10913 |

(5) 用 Grapher 绘出正演曲线图，如图 7.1.5 与图 7.1.6 所示。其中，$\rho_s$ 为视电阻率，$\eta_s$ 为视极化率。

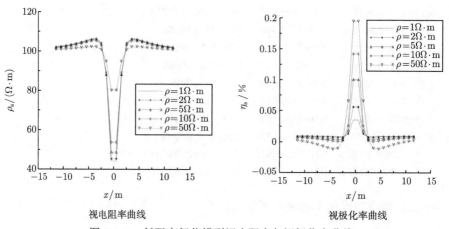

视电阻率曲线　　　　　　　　　　视极化率曲线

图 7.1.5　低阻高级化模型视电阻率与视极化率曲线

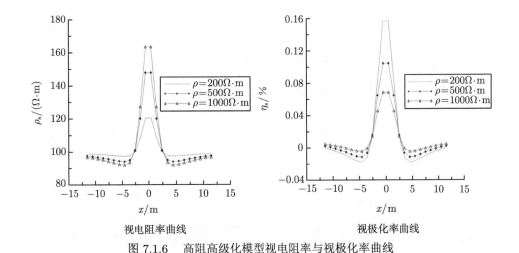

视电阻率曲线　　　　　　　　　　　　视极化率曲线

图 7.1.6　高阻高级化模型视电阻率与视极化率曲线

## 7.2　均匀场中二维模型奇异积分解析表达式的推导

在单元 $(i)$、$(i-1)$ 上，单元积分 $d_i(i=j,k)$ 出现奇异性，因此，不能直接利用数值积分方法来计算。在已公开发表的文章中，没有推导奇异积分的解析表达式，而是采用高斯积分取而代之。本书通过严格的数学推导，给出了奇异积分的解析表达式。

如图 7.2.1 所示，考虑在单元 $(i-1)$ 上：

$$\begin{cases} x = x_{i-1}\xi_{i-1} + x_i\xi_i \\ y = y_{i-1}\xi_{i-1} + y_i\xi_i \\ \xi_{i-1} = 1 - \xi_i \end{cases} \tag{7.2.1}$$

图 7.2.1　节点 $i$ 到 $(i-1)$ 单元任意点示意图

所以，$i$ 点至单元 $(i-1)$ 上某点的距离

$$r_{(i-1)} = \sqrt{(x-x_i)^2 + (y-y_i)^2} = \sqrt{(x_{i-1}-x_i)^2 + (y_{i-1}-y_j)^2} \cdot (1-\xi_i)$$

$$= L_{(i-1)}(1 - \xi_i) \tag{7.2.2}$$

$$d\Gamma = \sqrt{dx^2 + dy^2} = L_{(i-1)}d\xi_i \tag{7.2.3}$$

其中，$L_{(i-1)}$ 为 $(i-1)$ 单元的单元长度。

在单元 $(i)$ 上：

$$\begin{cases} x = x_i\xi_i + x_{i+1}\xi_{i+1} \\ y = y_i\xi_i + y_{i+1}\xi_{i+1} \\ \xi_i = 1 - \xi_{i+1} \end{cases} \tag{7.2.4}$$

$i$ 点至单元上某点的距离

$$r_{(i)} = \sqrt{(x - x_i)^2 + (y - y_i)^2} = \sqrt{(x_i - x_{i-1})^2 + (y_j - y_{i+1})^2} \cdot (1 - \xi_{i+1})$$

$$= L_{(i)} \cdot (1 - \xi_{i+1}) \tag{7.2.5}$$

$$d\Gamma = \sqrt{dx^2 + dy^2} = L_{(i)}d\xi_{i+1} \tag{7.2.6}$$

其中，$L_{(i)}$ 为 $(i)$ 单元的单元长度。

在均匀场中，单元积分 $d_{il}(l = i, k)$ 的形式为

$$d_{il} = \int_{\Gamma_l} \xi_l \frac{1}{2\pi} \ln \frac{1}{r}d\Gamma, \quad l = i, k$$

由此可知，在 $r = 0$ 处单元积分 $d_{il}$ 出现奇异，为此，采用挖掉奇点的办法计算 $d_{il}$。

根据图 7.2.2，在 $(i-1)$ 单元上：

$$d_{i(i-1)} = \lim_{\varepsilon \to 0} \int_0^{1-\varepsilon} \xi_{i-1} \frac{1}{2\pi} \ln \frac{1}{L_{(i-1)}\xi_{i-1}} \cdot L_{(i-1)}d\xi_i \tag{7.2.7}$$

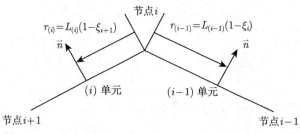

图 7.2.2　节点 $i$ 到 $(i)$ 单元与 $(i-1)$ 单元任意点示意图

令 $t = L_{(i-1)}\xi_{i-1}$，则式 (7.27) 变为

$$\lim_{\varepsilon \to 0} \frac{1}{2\pi L_{(i-1)}} \int_{\varepsilon}^{L_{(i-1)}} t \ln \frac{1}{t} \mathrm{d}t = \lim_{\varepsilon \to 0} \frac{1}{4\pi L_{(i-1)}} \left[ t^2 \ln \frac{1}{t} \bigg|_{\varepsilon}^{L_{(i-1)}} + \int_{\varepsilon}^{L_{(i-1)}} t \mathrm{d}t \right]$$

$$= \frac{L_{(i-1)}}{4\pi} \left[ \ln \frac{1}{L_{(i-1)}} + \frac{1}{2} \right] \qquad (7.2.8)$$

$$d_{i,j} = \lim_{\varepsilon \to 0} \int_{0}^{1-\varepsilon} \xi_i \frac{1}{2\pi} \ln \frac{1}{L_{(i-1)}(1-\xi_i)} L_{(i-1)} \mathrm{d}\xi_i$$

$$= \lim_{\varepsilon \to 0} \int_{0}^{1-\varepsilon} \frac{1}{2\pi L_{(i-1)}} \left[ L_{(i-1)}(1-\xi_i) \ln \frac{1}{L_{(i-1)}(1-\xi_i)} \right. \qquad (7.2.9)$$

$$\left. - L_{(i-1)} \ln \frac{1}{L_{(i-1)}(1-\xi_i)} \right] \mathrm{d} \left[ L_{(i-1)}(1-\xi_i) \right]$$

令 $t = L_{(i-1)}(1-\xi_i)$，则

$$d_{i,j} = \lim_{\varepsilon \to 0} \int_{L_{(i-1)}}^{\varepsilon} \frac{1}{2\pi L_{(i-1)}} \left[ t \ln \frac{1}{t} - L_{(i-1)} \ln \frac{1}{t} \right] \mathrm{d}t$$

$$= \frac{L_{(i-1)}}{4\pi} \left[ 3 \ln \frac{1}{L_{(i-1)}} + \frac{5}{2} \right] \qquad (7.2.10)$$

在 $(i)$ 单元上：

$$d_{i,i} = \lim_{\varepsilon \to 0} \int_{0}^{1-\varepsilon} \xi_i \frac{1}{2\pi} \ln \frac{1}{L_{(i)}(1-\xi_{i+1})} L_{(i)} \mathrm{d}\xi_{i+1} \qquad (7.2.11)$$

可见，与 $(i-1)$ 单元上的 $d_{i,i-1}$ 形式完全相同，只是把 $L_{(i-1)}$ 换成 $L_{(i)}$ 即可：

$$d_{i,i} = \frac{L_{(i)}}{4\pi} \left[ \ln \frac{1}{L_{(i)}} + \frac{1}{2} \right] \qquad (7.2.12)$$

同理

$$d_{i,i+1} = \lim_{\varepsilon \to 0} \int_{0}^{1-\varepsilon} \xi_{i+1} \frac{1}{2\pi} \ln \frac{1}{L_{(i)}(1-\xi_{i+1})} L_{(i)} \mathrm{d}\xi_{i+1} \qquad (7.2.13)$$

与 $(i-1)$ 单元上的 $d_{i,i}$ 形式相同，于是

$$d_{i,i+1} = \frac{L_{(i)}}{4\pi} \left[ 3 \ln \frac{1}{L_{(i)}} + \frac{5}{2} \right] \qquad (7.2.14)$$

# 第 8 章　二维亥姆霍兹方程的边界单元法

## 8.1　点源二维电场的边界单元法

　　点源二维电阻率法、激发极化法和二维大地电磁问题均可用二维亥姆霍兹方程来描述，与此对应的边界元法在电法勘探数值模拟的实际应用中有重要意义。本节讨论两类常见情况：点源二维地形模型的边界单元分析与点源二维地电断面的边界单元分析 [16,17]。

### 8.1.1　点源二维地形模型的边界单元分析

　　如图 8.1.1 所示，有一个二维起伏地形，设地下介质均匀，电阻率 $\rho = 1$，地表 $A$ 位置是电流强度为 1 的点电源。取坐标原点于 $A$。坐标 $z$ 平行地形走向；$x$ 垂直 $z$，为测线方向；$y$ 垂直向上。

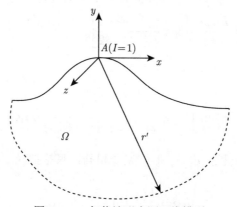

图 8.1.1　起伏地形点源二维模型

$u$ 的基本方程为

$$\frac{\partial^2 u}{\partial x^2} + \frac{\partial^2 u}{\partial y^2} + \frac{\partial^2 u}{\partial z^2} = -2\delta(x - x_A)\delta(y - y_A)\delta(z - z_A) \qquad (8.1.1)$$

边界条件为

$$\left.\frac{\partial u}{\partial n}\right|_{\Gamma_s} = 0$$

$$u|_{\Gamma_\infty} = \frac{c}{(r'^2 + z^2)^{1/2}}$$

1) 三维微分方程转换为二维微分方程

式 (8.1.1) 为三维微分方程，用傅里叶变换将它变为二维微分方程：

$$\frac{\partial}{\partial x}\left[\sigma(x,y)\frac{\partial U(x,y,k)}{\partial x}\right] + \frac{\partial}{\partial y}\left[\sigma(x,y)\frac{\partial U(x,y,k)}{\partial y}\right] - k^2\sigma(x,y)U(x,y,k)$$

$$= -I\delta(x-x_A)\delta(y-y_A)$$

其中

$$U(x,y,k) = \int_0^\infty u(x,y,z)\cos(kz)\mathrm{d}z$$

为 $u(x,y,z)$ 的余弦傅里叶变换。在讨论的区域中，$\sigma$ 为常数，于是提出常数 $\sigma$ 的公式可简化为

$$\frac{\partial^2 U}{\partial x^2} + \frac{\partial^2 U}{\partial y^2} - k^2 U = -I\rho\delta(x-x_A)\delta(y-y_A)$$

当 $I = 1$，$\rho = 1$ 时，可化简为

$$\nabla^2 U - k^2 U = -\delta(x-x_A)\delta(y-y_A) \tag{8.1.2}$$

相应的边界条件：

$$\frac{\partial U}{\partial n}\bigg|_{\Gamma_s} = \frac{\partial}{\partial n}\int_0^\infty u(x,y,z)\cos(kz)\,\mathrm{d}z|_{\Gamma_s}$$

$$= \int_0^\infty \frac{\partial u}{\partial n}\cos(kz)\,\mathrm{d}z|_{\Gamma_s} = 0 \tag{8.1.3}$$

对假想的半圆柱面 $\Gamma_\infty$ 上的电位 $u$ 进行傅里叶变换：

$$U|_{\Gamma_\infty} = \int_0^\infty u(x,y,z)\cos(kz)\,\mathrm{d}z|_{\Gamma_\infty}$$

$$= C\int_0^\infty \frac{\cos(kz)}{(r'^2+z^2)^{1/2}}\mathrm{d}z = CK_0(kr') \tag{8.1.4}$$

式中，$K_0$ 是第二类零阶修正贝塞尔函数。

2) 积分方程的建立

由格林公式

$$\int_\Omega (U\nabla^2\phi - \phi\nabla^2 U)\mathrm{d}\Omega = \int_\Gamma \left(U\frac{\partial\phi}{\partial n} - \phi\frac{\partial U}{\partial n}\right)\mathrm{d}\Gamma$$

令

$$\phi = \frac{K_0(kr)}{2\pi} \tag{8.1.5}$$

为亥姆霍兹方程的基本解，则

$$\nabla^2\phi - k^2\phi = -\delta(p) \tag{8.1.6}$$

将式 (8.1.2)、式 (8.1.6) 代入格林公式左边：

$$\int_\Omega (U\nabla^2\phi - \phi\nabla^2 U)\mathrm{d}\Omega = \int_\Omega U[-\delta(p)+k^2\phi] - \phi[-\delta(A)+k^2 U]\mathrm{d}\Omega$$

$$= -\int_\Omega U\delta(p)\mathrm{d}\Omega + \int_\Omega \phi\delta(A)\mathrm{d}\Omega$$

供电点 $A$ 位于地表，且该处光滑，由 $\delta$ 函数的积分性质，有

$$\int_\Omega \phi\delta(A)\mathrm{d}\Omega = \frac{\phi(A)}{2} = \frac{1}{2}\frac{K_0(kR)}{2\pi} \tag{8.1.7}$$

其中，$R$ 为 $A$ 到 $p$ 点的距离。

因为边界剖分成折线后，折线的交点 (节点) 处边界不再光滑，所以积分

$$\int_\Omega U\delta(p)\mathrm{d}\Omega = -\frac{\omega_p}{2\pi}U(p) \tag{8.1.8}$$

其中，$U(p)$ 为 $p$ 点的 $U$；$\omega_p$ 为 $p$ 对区域 $\Omega$ 的张角。

将式 (8.1.7) 与式 (8.1.8) 代入格林公式左边得

$$\int_\Omega (U\nabla^2\phi - \phi\nabla^2 U)\mathrm{d}\Omega = -\frac{\omega_p}{2\pi}U(p) + \frac{K_0(kR)}{2\pi} \tag{8.1.9}$$

格林公式右侧 $\int_\Gamma = \int_{\Gamma_s} + \int_{\Gamma_\infty}$，而由地表边界条件式 (8.1.3)：

$$\int_{\Gamma_s}\left(U\frac{\partial\phi}{\partial n} - \phi\frac{\partial U}{\partial n}\right)\mathrm{d}\Gamma = \int_{\Gamma_s} U\frac{\partial\phi}{\partial n}\mathrm{d}\Gamma = \int_{\Gamma_s} U\frac{\partial}{\partial n}\left[\frac{K_0(kr)}{2\pi}\right]\mathrm{d}\Gamma$$

$$= \int_{\Gamma_s} U\frac{\partial}{\partial r}\left[\frac{K_0(kr)}{2\pi}\right]\frac{\partial r}{\partial n}\mathrm{d}\Gamma$$

$$= -\int_{\Gamma_s} U \frac{kK_1(kr)}{2\pi} \cos(r, n) \mathrm{d}\Gamma$$

式中，$K_1(kr)$ 为第二类一阶修正贝塞尔函数。

对于无穷边界 $\Gamma_\infty$，由于 $r' = \infty$，故 $r \approx r'$，于是

$$\int_{\Gamma_\infty} \left( U \frac{\partial \phi}{\partial n} - \phi \frac{\partial U}{\partial n} \right) \mathrm{d}\Gamma$$

$$= \int_{\Gamma_\infty} \left( U \frac{\partial \phi}{\partial r} - \phi \frac{\partial U}{\partial r} \right) \mathrm{d}\Gamma$$

$$= \int_{\Gamma_\infty} \left[ \frac{-cK_0(kr')kK_1(kr)}{2\pi} + \frac{K_0(kr)}{2\pi} ckK_1(kr') \right] \mathrm{d}\Gamma = 0$$

将地表边界积分与无穷远边界积分代入格林公式右侧，得

$$\int_\Gamma \left( U \frac{\partial \phi}{\partial n} - \phi \frac{\partial U}{\partial n} \right) \mathrm{d}\Gamma = -\int_{\Gamma_s} U \frac{kK_1(kr)}{2\pi} \cos(r, n) \mathrm{d}\Gamma \qquad (8.1.10)$$

将式 (8.1.9)、式 (8.1.10) 代入格林公式，得积分方程

$$\frac{\omega_p}{2\pi} U(p) = \frac{K_0(kR)}{2\pi} + \int_{\Gamma_s} U \frac{kK_1(kr)}{2\pi} \cos(r, n) \mathrm{d}\Gamma \qquad (8.1.11)$$

当地形水平时，$\cos(r, n) = 0, \omega_p = \pi, U(p) = U_0(p)$ 为 $p$ 点的正常场电位，于是式 (8.1.9) 变为

$$U_0(p) = \frac{K_0(kR)}{2\pi} \qquad (8.1.12)$$

由此式 (8.1.12) 变为

$$\frac{\omega_p}{2\pi} U(p) = U_0(p) + \int_{\Gamma_s} U \frac{kK_1(kr)}{2\pi} \cos(r, n) \mathrm{d}\Gamma \qquad (8.1.13)$$

用边界元法求解此积分方程，可得地表各节点处的 $U$ 值。

3) 边界单元法

用 $n$ 个节点将 $\Gamma_s$ 剖分成 $n-1$ 个单元，每个单元近似为直线。电源点 $A$ 在某单元 $\Gamma_A$ 内 (图 8.1.2)。将边界积分分解为诸单元积分之和，由式 (8.1.13)，当 $p$ 点位于节点 $i$ 处时，得

$$\frac{\omega_i}{\pi} U_i = U_{0i} + \sum_{j=1}^{n-1} \int_{\Gamma_e} U \frac{kK_1(kr)}{\pi} \cos(r, n) \mathrm{d}\Gamma \qquad (8.1.14)$$

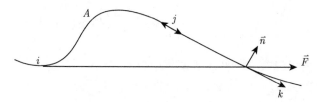

图 8.1.2　参考点与单元

(1) 单元分析。

设单元两端坐标编号为 $j,k$，其坐标为 $(x_j, y_j), (x_k, y_k)$。为进行单元积分，作如下坐标变换：用函数 $\xi_j, \xi_k$ 表示单元中任意点的坐标 $x$，$y$，即

$$\begin{cases} x = x_j\xi_j + x_k\xi_k \\ y = y_j\xi_j + y_k\xi_k \end{cases}$$

其中，$\xi_j, \xi_k$ 为 $[0,1]$ 的变化函数。

除电源所在单元 $\Gamma_A$ 外，假定 $U$ 在各单元上是线性变化的，用 $U_j, U_k$ 表示 $j$，$k$ 的 $U$，则单元上某点的 $U$ 可表示为

$$U = \xi_j U_j + \xi_k U_k = [\xi_j, \xi_k] \begin{bmatrix} U_j \\ U_k \end{bmatrix}$$

单元 $\Gamma_e$ 上的积分

$$\int_{\Gamma_e} U \frac{kK_1(kr)}{2\pi} \cos(r,n)\mathrm{d}\Gamma = \int_{\Gamma_e} U \frac{kK_1(kr)}{2\pi} \cos(r,n)\mathrm{d}\Gamma$$

$$= \left[ \int_{\Gamma_e} \xi_j \frac{kK_1(kr)}{2\pi} \cos(r,n)\mathrm{d}\Gamma + \int_{\Gamma_e} \xi_k \frac{kK_1(kr)}{2\pi} \cos(r,n)\mathrm{d}\Gamma \right] \begin{bmatrix} U_j \\ U_k \end{bmatrix}$$

$$= f_{ij}U_j + f_{ik}U_k \tag{8.1.15}$$

其中

$$f_{ij} = \int_{\Gamma_e} \xi_j \frac{kK_1(kr)}{2\pi} \cos(r,n)\mathrm{d}\Gamma$$

$$f_{ik} = \int_{\Gamma_e} \xi_k \frac{kK_1(kr)}{2\pi} \cos(r,n)\mathrm{d}\Gamma$$

可用高斯求积公式计算。

在电源所在单元 $\Gamma_A$ 上，$\Gamma_A$ 的积分中 $U$ 不能按线性变化计算，$\Gamma_A$ 上的 $U$ 值可近似为

$$U = \frac{K_0(kR)}{2\pi} + c$$

式中，$c$ 为地形影响的附加项，由于 $j$ 点的 $U = U_j, R = R_{Aj}$，据此，得 $A, j$ 段的 $c$ 为

$$c = U_j - \frac{K_0(kR_{Aj})}{2\pi}$$

于是 $A, j$ 段的 $U$ 为

$$U = U_j + \frac{K_0(kR) + K_0(kR_{Aj})}{2\pi}$$

这样 $A, j$ 段的积分为

$$\int_{A,j} U \frac{kK_1(kR)}{2\pi} \cos(r, n) \mathrm{d}\Gamma$$

$$= \int_{A,j} \left[ U_j + \frac{K_0(kR) + K_0(kR_{Aj})}{2\pi} \right] \frac{kK_1(kr)}{\pi} \cos(r, n) \mathrm{d}\Gamma$$

$$= U_j \int_{A,j} \frac{kK_1(kR)}{2\pi} \cos(r, n) \mathrm{d}\Gamma + \int_{A,j} \frac{K_0(kR) + K_0(kR_{Aj})}{2\pi} \frac{kK_1(kr)}{\pi} \cos(r, n) \mathrm{d}\Gamma$$

同理，$A, k$ 段的积分为

$$\int_{A,k} U \frac{kK_1(kR)}{2\pi} \cos(r, n) \mathrm{d}\Gamma$$

$$= \int_{A,k} \left[ U_k + \frac{K_0(kR) + K_0(kR_{Ak})}{2\pi} \right] \frac{kK_1(kr)}{\pi} \cos(r, n) \mathrm{d}\Gamma$$

$$= U_k \int_{A,k} \frac{kK_1(kR)}{2\pi} \cos(r, n) \mathrm{d}\Gamma + \int_{A,k} \frac{[K_0(kR) + K_0(kR_{Ak})]}{2\pi} \frac{kK_1(kr)}{\pi} \cos(r, n) \mathrm{d}\Gamma$$

将 $A, j$ 与 $A, k$ 段积分相加，得

$$\int_{\Gamma_A} U \frac{kK_1(kr)}{2\pi} \cos(r, n) \mathrm{d}\Gamma = f_{ij} U_j + f_{ik} U_k + c_j \tag{8.1.16}$$

式中

$$f_{ij} = \int_{A,j} \frac{kK_1(kR)}{2\pi} \cos(r, n) \mathrm{d}\Gamma$$

$$f_{ik} = \int_{A,k} \frac{kK_1(kR)}{2\pi} \cos(r, n) \mathrm{d}\Gamma$$

$$c_j = \int_{A,k} \frac{K_0(kR) + K_0(kR_{A,j})}{2\pi} \frac{kK_1(kr)}{\pi} \cos(r, n) \mathrm{d}\Gamma$$

$$+\int_{A,j}\frac{K_0(kR)+K_0(kR_{A,j})}{2\pi}\frac{kK_1(kr)}{\pi}\cos(r,n)\mathrm{d}\Gamma$$

(2) 总体合成。

各单元积分之和

$$\sum_{e=1}^{n-1}\int_{\Gamma_e}U\frac{kK_1(kr)}{2\pi}\cos(r,n)\mathrm{d}\Gamma$$

$$=[F_{i1},F_{i2}\cdots F_{ij}\cdots F_{in}]\{U_1,U_2\cdots U_j\cdots U_n\}^{\mathrm{T}}+c_i$$

$$=F_iU+c_i$$

式中，$F_{ij}$ 为 $j$ 节点两侧单元的 $f_{ij}$ 之和。于是节点 $i$ 处的电位式 (8.1.12) 可写为

$$\frac{\omega_i}{\pi}U_i=U_{0i}+\sum_{e=1}^{n-1}\int_{\Gamma_e}U\frac{kK_1(kr)}{2\pi}\cos(r,n)\mathrm{d}\Gamma=U_{0i}+F_iU_i+c_i$$

对每个节点都得到如式 (8.1.14) 所示的方程，由全部节点得一方程组

$$\left(\frac{1}{\pi}\omega-F\right)U=U_0+C \tag{8.1.17}$$

式中

$$\omega=\begin{pmatrix}\omega_1 & \cdots & 0\\ \vdots & & \vdots\\ 0 & \cdots & \omega_n\end{pmatrix},\quad U=[U_i],\quad U_0=\begin{bmatrix}U_{01}\\ U_{02}\\ \vdots\\ U_{0_n}\end{bmatrix}$$

$$F=\begin{pmatrix}F_{11} & \cdots & F_{1n}\\ \vdots & & \vdots\\ F_{n1} & \cdots & F_{nn}\end{pmatrix},\quad c=\begin{bmatrix}c_1\\ c_2\\ \vdots\\ c_n\end{bmatrix}$$

上述方程组含有 $n$ 个方程和 $n$ 个未知数，用高斯消去法解此线性方程组，可得各节点处的电位像函数 $U$。

对不同波数 $k$ 分别求出各节点的电位傅里叶变换函数 $U$ 后，即可按

$$u(x,y,z)=\frac{2}{\pi}\int_0^\infty U(x,y,z)\cos(kz)\mathrm{d}k$$

计算各节点的电位 $u$。当只计算主剖面时，$z = 0$，则化简为

$$u(x, y) = \frac{2}{\pi} \int_0^\infty U(x, y, k)\mathrm{d}k \tag{8.1.18}$$

### 8.1.2 点源二维地电断面的边界单元解法

在地面 $A$ 点置电流强度为 1 的点电源，地下构造为二维分布，如图 8.1.3 所示。

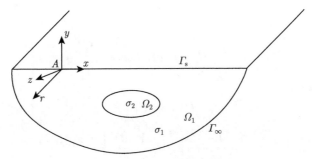

图 8.1.3 点源二维地电断面

$\Omega_1$ 中的电位基本方程为

$$\frac{\partial^2 u}{\partial x^2} + \frac{\partial^2 u}{\partial y^2} + \frac{\partial^2 u}{\partial z^2} = -2\rho_1 \delta(A) \tag{8.1.19}$$

$\Omega_2$ 中的电位基本方程为

$$\frac{\partial^2 v}{\partial x^2} + \frac{\partial^2 v}{\partial y^2} + \frac{\partial^2 v}{\partial z^2} = 0 \tag{8.1.20}$$

边界条件为

$$u|_{\Gamma_{\mathrm{I}}} = v|_{\Gamma_{\mathrm{I}}}, \quad \frac{1}{\rho_1} \left.\frac{\partial u}{\partial n}\right|_{\Gamma_{\mathrm{I}}} = \frac{1}{\rho_2} \left.\frac{\partial v}{\partial n}\right|_{\Gamma_{\mathrm{I}}}$$

$$\left.\frac{\partial u}{\partial n}\right|_{\Gamma_{\mathrm{s}}} = 0, \quad u|_{\Gamma_\infty} = \frac{c}{\sqrt{r^2 + z^2}}$$

由傅里叶变换表达式

$$U(x, y, k) = \int_0^\infty u(x, y, z)\cos(kz)\mathrm{d}z$$

对式 (8.1.17)、式 (8.1.18) 进行傅里叶变换，得

$$\nabla^2 U - k^2 U = -\rho_1 \delta(A) \tag{8.1.21}$$

$$\nabla^2 V - k^2 V = 0 \tag{8.1.22}$$

相应的边界条件如下。

在地表：

$$\left. \frac{\partial U}{\partial n} \right|_{\Gamma_s} = 0 \tag{8.1.23}$$

在 $\Gamma_\infty$ 上：

$$U_{\Gamma_\infty} = c K_0(kr') \tag{8.1.24}$$

在分界面 $\Gamma_I$ 上：

$$U|_{\Gamma_I} = V|_{\Gamma_I} \tag{8.1.25}$$

$$\left. \frac{1}{\rho_1} \frac{\partial U}{\partial n} \right|_{\Gamma_I} = \left. \frac{1}{\rho_2} \frac{\partial V}{\partial n} \right|_{\Gamma_I} \tag{8.1.26}$$

1) 积分方程

对于区域 $\Omega_1$，格林公式为

$$\begin{cases} \displaystyle\int_\Omega \left(U\nabla^2\phi - \phi\nabla^2 U\right) \mathrm{d}\Omega = \left(\int_{\Gamma_I} + \int_{\Gamma_s} + \int_{\Gamma_\infty}\right)\left(U\frac{\partial\phi}{\partial n} - \phi\frac{\partial U}{\partial n}\right)\mathrm{d}\Gamma \\ \phi = \dfrac{K_0(k\cdot)}{2\pi}, \quad \nabla^2\phi - k^2\phi = -\delta(p) \end{cases} \tag{8.1.27}$$

将式 (8.1.21) 和基本解定义式代入式 (8.1.27) 得

$$\frac{\omega_i}{\pi} U_i = U_{0i} + \sum_{\Gamma_s}\int_{\Gamma_e} U\frac{kK_1(kr)}{\pi}\cos\beta\mathrm{d}\Gamma$$

$$+ \sum_{\Gamma_I}\int_{\Gamma_e} U\frac{kK_1(kr)}{\pi}\cos\beta\mathrm{d}\Gamma + \sum_{\Gamma_I}\int_{\Gamma_e}\frac{\partial U}{\partial n}\frac{K_0(kr)}{\pi}\mathrm{d}\Gamma$$

式中

$$U_{0i} = \frac{\rho_1 K_0(kR)}{2\pi}$$

$$\sum_{\Gamma_s}\int_{\Gamma_e} U\frac{kK_1(kr)}{\pi}\cos\beta\mathrm{d}\Gamma = [F_{i1}\cdots F_{ins}]\{U_1\cdots U_{ns}\}^{\mathrm{T}} + C_i = F_{is}U_s + C_i$$

其中, $U_{\mathrm{s}} = \{U_1 \cdots U_{ns}\}^{\mathrm{T}}$ 是由 $\Gamma_{\mathrm{s}}$ 上诸节点的 $U$ 组成的列向量; $F_{is} = [F_{i1} \cdots F_{ins}]$ 是 $\Gamma_{\mathrm{s}}$ 上诸单元产生的。

$$\sum_{\Gamma_{\mathrm{I}}} \int_{\Gamma_e} U \frac{kK_1(kr)}{\pi} \cos\beta \mathrm{d}[F_{i(ns+1)} \cdots F_{in}]\Gamma$$

$$= [F_{i(ns+1)} \cdots F_{in}] \{U_{ns+1} \cdots U_n\}^{\mathrm{T}} = F_{i\mathrm{I}} U_{\mathrm{I}}$$

$$U_{\mathrm{I}} = \{U_{ns+1} \cdots U_n\}^{\mathrm{T}}, \quad F_{is} = [F_{i1} \cdots F_{ins}]$$

供电点 $A$ 位于地表，且该处光滑，由 $\delta$ 函数的积分性质有

$$\int_{\Omega_1} \phi \rho_1 \delta(A) \mathrm{d}\Omega = \frac{\rho_1 \phi(A)}{2} = \frac{\rho_1}{2} \frac{K_0(kr)}{2\pi}$$

其中, $R$ 为 $A$ 到 $p$ 点的距离。另外，$p$ 点的积分为

$$\int_{\Omega_1} U\delta(p) \mathrm{d}\Omega = \frac{\omega_p}{2\pi} U(p)$$

式中, $U(p)$ 为 $p$ 点的 $U$；$\omega_p$ 为 $p$ 点对 $\Omega_1$ 的张角。故式 (8.1.25) 的左端为

$$\int_{\Omega_1} (U\nabla^2\phi - \phi\nabla^2 U) \mathrm{d}\Omega = -\frac{\omega_p}{2\pi} U(p) + \frac{\rho_1 K_0(kr)}{4\pi}$$

格林公式 (8.1.27) 的右侧

$$\int_{\Gamma} = \int_{\Gamma_{\mathrm{I}}} + \int_{\Gamma_{\mathrm{s}}} + \int_{\Gamma_{\infty}}$$

其中

$$\int_{\Gamma_{\mathrm{s}}} \left( U \frac{\partial\phi}{\partial n} - \phi \frac{\partial U}{\partial n} \right) \mathrm{d}\Gamma$$

由边界条件 $\frac{\partial U}{\partial n}\big|_{\Gamma_{\mathrm{s}}} = 0$ 得

$$\int_{\Gamma_{\mathrm{s}}} U \frac{\partial}{\partial n} \left[ \frac{K_0(kr)}{2\pi} \right] \mathrm{d}\Gamma = \int_{\Gamma_{\mathrm{s}}} U \frac{\partial}{\partial n} \left[ \frac{K_0(kr)}{2\pi} \right] \frac{\partial r}{\partial n} \mathrm{d}\Gamma$$

$$= \int_{\Gamma_{\mathrm{s}}} U \frac{kK_1(kr)}{2\pi} \cos(r, n) \mathrm{d}\Gamma$$

由无穷远条件推导得

$$\int_{\Gamma_s} \left( U \frac{\partial \phi}{\partial n} - \phi \frac{\partial U}{\partial n} \right) \mathrm{d}\Gamma = 0$$

在 $\Gamma_I$ 交界面上

$$\int_{\Gamma_I} \left( U \frac{\partial \phi}{\partial n} - \phi \frac{\partial u}{\partial n} \right) \mathrm{d}\Gamma = -\int_{\Gamma_I} U \frac{kK_1(kr)}{2\pi} \cos(r,n) \mathrm{d}\Gamma - \int_{\Gamma_I} \frac{\partial U}{\partial n} \frac{K_0(kr)}{2\pi} \mathrm{d}\Gamma$$

于是格林公式 (8.1.27) 变为

$$\frac{\omega_p}{2\pi} U(p) = \frac{\rho_2 K_0(kR)}{2\pi} + \int_{\Gamma_s} U \frac{kK_1(kr)}{2\pi} \cos(r,n) \mathrm{d}\Gamma$$

$$+ \int_{\Gamma_I} U \frac{kK_1(kr)}{2\pi} \cos(r,n) \mathrm{d}\Gamma + \int_{\Gamma_I} \frac{\partial U}{\partial n} \frac{K_0(kr)}{2\pi} \mathrm{d}\Gamma \qquad (8.1.28)$$

2) 边界单元法

对 $\Gamma_s$ 和 $\Gamma_I$ 进行剖分, $\Gamma_s$ 上有 $n_s$ 个节点, 编号从 1 到 $n_s$, $\Gamma_I$ 上有 $n_I$ 个节点, 编号 $n_s + 1 \to n$, $n = n_s + n_I$, 对节点 $i$, 式 (8.1.28) 可写成

$$\frac{\omega_i}{\pi} U_i = U_{0i} + \sum_{\Gamma_s} \int_{\Gamma_e} U \frac{kK_1(kr)}{\pi} \cos(r,n) \mathrm{d}\Gamma$$

$$+ \sum_{\Gamma_I} \int_{\Gamma_e} U \frac{kK_1(kr)}{\pi} \cos(r,n) \mathrm{d}\Gamma + \sum_{\Gamma_I} \int_{\Gamma_e} \frac{\partial U}{\partial n} \frac{K_0(kr)}{\pi} \mathrm{d}\Gamma \qquad (8.1.29)$$

式中

$$U_{0i} = \frac{\rho_1 K_0(kR)}{2\pi}$$

$$\sum_{\Gamma_s} \int_{\Gamma_e} U \frac{kK_1(kr)}{\pi} \cos\beta \mathrm{d}\Gamma = [F_{i1} \cdots F_{ins}] \{U_1 \cdots U_{ns}\}^{\mathrm{T}} + C_i = F_{is} U_s + C_i$$

其中, $U_s = \{U_1 \cdots U_{ns}\}^{\mathrm{T}}$ 是由 $\Gamma_s$ 上诸节点的 $U$ 组成的列向量; $F_{is} = [F_{i1} \cdots F_{ins}]$ 是 $\Gamma_s$ 上诸单元产生的。

$$\sum_{\Gamma_I} \int_{\Gamma_e} U \frac{kK_1(kr)}{\pi} \cos\beta \mathrm{d}\Gamma = [F_{i(ns+1)} \cdots F_{in}] \{U_{ns+1} \cdots U_n\}^{\mathrm{T}} = F_{iI} U_I$$

其中, $U_{\mathrm{I}} = \{U_{ns+1} \cdots U_n\}^{\mathrm{T}}$ 由 $\Gamma_{\mathrm{I}}$ 上诸单元的 $U$ 组成的列向量; $F_{i\mathrm{I}}$ 是 $\Gamma_{\mathrm{I}}$ 上诸单元产生的。

$$\sum_{\Gamma_{\mathrm{I}}} \int_{\Gamma_e} \frac{\partial U}{\partial n} \frac{K_0(kr)}{\pi} \mathrm{d}\Gamma = [D_{i(ns+1)} \cdots D_{ij} \cdots D_{in}]$$

$$\left[ \left(\frac{\partial U}{\partial n}\right)_{ns+1} \cdots \left(\frac{\partial U}{\partial n}\right)_j \cdots \left(\frac{\partial U}{\partial n}\right) \right]^{\mathrm{T}} = D_{\mathrm{II}} \left(\frac{\partial U}{\partial n}\right)_{\mathrm{I}}$$

其中, $D_{ij}$ 是 $j$ 节点两侧 $d_{ij}$ 之和, 有

$$d_{ij} = \begin{cases} \displaystyle\int_{\Gamma_e} \xi_i \frac{K_0(kr)}{\pi} \mathrm{d}\Gamma, & \text{不在}(i)、(i-1)\text{单元上} \\[2mm] \text{奇异积分}, & \text{在}(i)、(i-1)\text{单元上} \end{cases}$$

于是式 (8.1.20) 可写成

$$\frac{\omega_i}{\pi} U_i = U_{0i} + F_{is} U_s + F_{i\mathrm{I}} U_{\mathrm{I}} + D_{i\mathrm{I}} \left(\frac{\partial U}{\partial n}\right)_{\mathrm{I}} + C_i \qquad (8.1.30)$$

对于每一个节点 $i(1 \leqslant i \leqslant n)$ 都得到式 (8.1.28) 的一个方程式, 由 $\Gamma_{\mathrm{s}}$ 上全部节点 $1 \leqslant i \leqslant n_{\mathrm{s}}$ 得到一个线性方程组

$$\frac{\omega_{\mathrm{s}}}{\pi} U_{\mathrm{s}} = U_{0\mathrm{s}} + F_{ss} U_s + F_{s\mathrm{I}} U_{\mathrm{I}} + D_{s\mathrm{I}} \left(\frac{\partial U}{\partial n}\right)_{\mathrm{I}} + C_{\mathrm{s}} \qquad (8.1.31)$$

由 $\Gamma_{\mathrm{I}}$ 上全部节点 $n_{\mathrm{s}} \leqslant i \leqslant n$ 得一个线性方程组

$$\frac{\omega_{\mathrm{I}}}{\pi} U_{\mathrm{I}} = U_{0\mathrm{I}} + F_{\mathrm{I}s} U_s + F_{\mathrm{II}} U_{\mathrm{I}} + D_{\mathrm{II}} \left(\frac{\partial u}{\partial n}\right)_{\mathrm{I}} + C_{\mathrm{I}} \qquad (8.1.32)$$

式 (8.1.32) 中有 $n$ 个方程, 但有 $n+n_{\mathrm{s}}$ 个未知数, 无法求解。为此, 对区域 $\Omega_2$, 格林公式为

$$\int_{\Omega_2} (V\nabla^2 \phi - \phi\nabla^2 V)\mathrm{d}\Omega = -\int_{\Gamma_{\mathrm{I}}} \left( V\frac{\partial \phi}{\partial n} - \phi\frac{\partial V}{\partial n} \right) \mathrm{d}\Gamma$$

式中, 负号表示 $\Omega_2$ 上定义的外法向量与 $\Omega_1$ 方向相反。

$$\nabla^2 V - k^2 V = 0$$

当 $p$ 位于 $\Gamma_{\mathrm{I}}$ 上时，$p$ 点对 $\Omega_2$ 的张角为 $1 - \dfrac{\omega_p}{2\pi}$，得 $\Gamma_{\mathrm{I}}$ 上 $p$ 点的 $V$ 为

$$\left(1 - \frac{\omega_p}{2\pi}\right) V(p) = -\int_{\Gamma_{\mathrm{I}}} V \frac{kK_1(kr)}{2\pi} \cos\beta \mathrm{d}\Gamma$$

$$-\int_{\Gamma_{\mathrm{I}}} \frac{\partial V}{\partial n} \frac{K_0(kr)}{2\pi} \mathrm{d}\Gamma$$

将边界条件式 (8.1.25)、式 (8.1.26) 代入，得

$$\left(2 - \frac{\omega_p}{\pi}\right) U(p) = -\int_{\Gamma_{\mathrm{I}}} U \frac{kK_1(kr)}{\pi} \cos(r,n) \mathrm{d}\Gamma - \int_{\Gamma_{\mathrm{I}}} \frac{\rho_2}{\rho_1} \frac{\partial U}{\partial n} \frac{K_0(kr)}{2\pi} \mathrm{d}\Gamma \quad (8.1.33)$$

写成矩阵形式:

$$\left(2I - \frac{\omega_{\mathrm{I}}}{\pi}\right) U_{\mathrm{I}} = -F_{\mathrm{II}} U_{\mathrm{I}} + \frac{\rho_2}{\rho_1} D_{\mathrm{II}} \left(\frac{\partial U}{\partial n}\right)_{\mathrm{I}} \quad (8.1.34)$$

将式 (8.1.29)、式 (8.1.30)、式 (8.1.32) 联立，得线性方程

$$\begin{bmatrix} -\left(F_{\mathrm{ss}} - \dfrac{1}{\pi}\omega_{\mathrm{s}}\right) & -F_{\mathrm{sI}} & -D_{\mathrm{sI}} \\[3mm] -F_{\mathrm{Is}} & -\left(F_{\mathrm{II}} - \dfrac{1}{\pi}\omega_{\mathrm{I}}\right) & -D_{\mathrm{II}} \\[3mm] 0 & -\left(F_{\mathrm{II}} + 2I - \dfrac{1}{\pi}\omega_{\mathrm{I}}\right) & -\dfrac{\rho_2}{\rho_1} D_{\mathrm{II}} \end{bmatrix} \begin{bmatrix} U_{\mathrm{s}} \\[2mm] U_{\mathrm{I}} \\[2mm] \left(\dfrac{\partial U}{\partial n}\right)_{\mathrm{I}} \end{bmatrix}$$

$$= \begin{bmatrix} U_{0\mathrm{s}} + C_{\mathrm{s}} \\[2mm] U_{0\mathrm{I}} + C_{\mathrm{I}} \\[2mm] 0 \end{bmatrix} \quad (8.1.35)$$

用式 (8.1.18) 进行傅里叶反变换 (反变换方法与 4.1.4 小节介绍方法相同)，即可求得通过点源的剖面上的 $u$。

3) 点源二维地电断面边界元法计算程序

(1) 功能。

用点源二维边界元法计算地表一次、二次和总场电位，同时可计算地表视电阻率曲线和视极化率曲线。

(2) 使用说明。

主要变量及数组与 BEMIP 程序相同，只是在此基础上增加了一些变量和数组。

NAL——整型变量，输入参数，第一个供电点所在位置；

NA——整型变量，输入参数，供电点 $A$ 移动的次数；

NAD——整型变量，输入参数，供电电极间隔系数；

NAO——整形数组，联剖装置 $AO$ 极距数；

NAM2——整形数组，二极装置 $AM$ 极距数；

NAM3——整形数组，三极装置 $AM$ 极距数；

MN——整形数组，三极装置 $MN$ 极距数；

BK——实型数组，输入参数，用作存放波数；

G——实型数组，输入参数，用作存放傅里叶变换积分系数；

V——二维实型数组，存放地表像函数；

ROS——三维实型数组，输出参数，存放 5 个极距的 $\rho_s^A$、$\rho_s^B$；

ETS——三维实型数组，输出参数，存放 5 个极距的 $\eta_s^A$、$\eta_s^B$；

ROS21——三维实型数组，输出参数，存放 5 个极距的二极 $\rho_s$；

ETS21——三维实型数组，输出参数，存放 5 个极距的二极 $\eta_s$；

GS21——三维实型数组，输出参数，存放 5 个极距的二极 $G_s$；

ROS31——三维实型数组，输出参数，存放 5 个极距的三极 $\rho_s$；

ETS31——三维实型数组，输出参数，存放 5 个极距的三极 $\eta_s$；

GS31——三维实型数组，输出参数，存放 5 个极距的三极 $G_s$；

(3) 主程序。

```
      PROGRAM ERS3D
      REAL AK0,AK1
      PARAMETER (NS=35,N1=12,ND=47,M=59,NE=46,NQ=4,NAL=10,NA=24,NAD=1)
      DOUBLE PRECISION U(M),V(4,NS),FFB(M,M),FB(4,M,M),FFB1(M-1,M-1)
      DIMENSION JN(2,NE),X(2,ND),W(3,NQ),SL(3,NE),Q(2,NQ,NE),A(12)
      DIMENSION F(ND,ND),D(ND,ND),US(NS),OM(ND),G(5)
      DIMENSION FI(2),DI(2),BK(4),LA(NA),Y(ND),X1(ND)
      DIMENSION U1(NS),U2(NS),X01(5,NA),X02(5,NA),X0(5,2,NA)
      DIMENSION ROS21(5,NA),ROS31(5,NA),ROS(5,2,NA)
      DIMENSION GS21(5,NA),GS31(5,NA),ETS21(5,NA),ETS31(5,NA),ETS(5,2,NA)
      DIMENSION NAM2(5),NAM3(5),MN(5),NAO(5),AO(5)
      DATA W/.930568,.069432,.173927,.66999,.33001,.326073,
*    .33001,.66999,.326073,.069432,.930568,.173927/
      OPEN(3,FILE='ES3',STATUS='OLD')
      READ(3,*)(A(I),I=1,12)
      READ(3,*)P11,P22,ET1,ET2
      READ(3,*)(BK(K),K=1,4)
      READ(3,*)(G(I),I=1,5)
      READ(3,*)(Y(I),I=1,47)
```

```
        READ(3,*)(X1(I),I=1,47)
        READ(3,*)(NAM2(I),NAM3(I),MN(I),NAO(I),I=1,5)
        CLOSE(3)
        EI=1.
        PI=3.1415926
        K1=0
        P1=P11
        P2=P22
        DO 1 L=1,NS-1
        JN(1,L)=L
1       JN(2,L)=L+1
        DO 2 L=NS,NS+N1-2
        JN(1,L)=L+1
2       JN(2,L)=L+2
        JN(1,NE)=ND
        JN(2,NE)=NS+1
        DO 12 I=1,ND
        X(1,I)=X1(I)
12      X(2,I)=Y(I)
        LA(1)=NAL
        DO 14 MA=1,NA-1
14      LA(MA+1)=LA(MA)+NAD
        CALL SLQ22(JN,X,W,SL,Q)
        CALL OMG2(X,OM)
        DO 15 I=NS+1,ND
        I1=I-NS
15      OM(I)=A(I1)
        WRITE(*,333)OM
333     FORMAT(1X,'OM=',6F10.3)
        DO 4 K=1,4
        DO 4 I=1,M
        DO 4 J=1,M
4       FB(K,I,J)=0.
        DO 40 K=1,4
        AK=BK(K)
        DO 5 I=1,ND
        DO 5 J=1,ND
        F(I,J)=0.
5       D(I,J)=0.
        DO 6 I=1,NS
```

```
        DO 17 L=1,NS-1
        CALL FIL2(AK,I,L,X,W,SL,Q,FI)
        DO 17 N=1,2
17      F(I,JN(N,L))=F(I,JN(N,L))+FI(N)
        DO 6 L=NS,NS+N1-1
        CALL FIL2(AK,I,L,X,W,SL,Q,FI)
        CALL DIL2(AK,I,L,X,W,SL,Q,DI)
        DO 6 N=1,2
        F(I,JN(N,L))=F(I,JN(N,L))+FI(N)
6       D(I,JN(N,L))=D(I,JN(N,L))+DI(N)
        DO 9 I=1,NS
        DO 7 J=1,NS
7       FB(K,I,J)=F(I,J)
        DO 8 J=NS+1,NS+N1
8       FB(K,I,J)=-F(I,J)
        DO 9 J=NS+N1+1,NS+2*N1
        J1=J-N1
9       FB(K,I,J)=-D(I,J1)
        DO 20 I=NS+1,NS+N1
        DO 10 L=1,NS-1
        CALL FIL2(AK,I,L,X,W,SL,Q,FI)
        DO 10 N=1,2
10      F(I,JN(N,L))=F(I,JN(N,L))+FI(N)
        DO 11 L=NS,NS+N1-1
        CALL FIL2(AK,I,L,X,W,SL,Q,FI)
        CALL DIL2(AK,I,L,X,W,SL,Q,DI)
        DO 11 N=1,2
        F(I,JN(N,L))=F(I,JN(N,L))+FI(N)
11      D(I,JN(N,L))=D(I,JN(N,L))+DI(N)
20      CONTINUE
        DO 30 I=NS+1,NS+N1
        DO 22 J=1,NS
22      FB(K,I,J)=F(I,J)
        DO 24 J=NS+1,NS+N1
24      FB(K,I,J)=-F(I,J)
        FB(K,I,I)=FB(K,I,I)+OM(I)
        DO 26 J=NS+N1+1,NS+2*N1
        J1=J-N1
26      FB(K,I,J)=-D(I,J1)
30      CONTINUE
```

```
      DO 40 I=NS+N1+1,NS+2*N1
      I1=I-N1
      DO 32 J=NS+1,NS+N1
32    FB(K,I,J)=-F(I1,J)
      FB(K,I,I1)=FB(K,I,I1)-2+OM(I1)
      DO 33 J=NS+N1+1,NS+2*N1
      J1=J-N1
33    FB(K,I,J)=-D(I1,J1)
40    CONTINUE
      DO 140 MA=1,NA
      L=LA(MA)
      XA=X(1,L)
      YA=X(2,L)
55    DO 50 K=1,4
      AK=BK(K)
      DO 31 I=1,M
      U(I)=0.
      DO 31 J=1,M
31    FFB(I,J)=0.
      DO 94 I=1,NS.
      IF(I.EQ.L) GOTO 94
      R=SQRT((X(1,I)-XA)**2+(X(2,I)-YA)**2)
      U(I)=EI*P1*AK0(AK*R)/(2.*PI)
94    CONTINUE
      DO 96 I=NS+1,NS+N1
      R=SQRT((X(1,I)-XA)**2+(X(2,I)-YA)**2)
96    U(I)=EI*P1*AK0(AK*R)/(2.*PI)
      DO 300 I=1,M
      DO 300 J=1,M
300   FFB(I,J)=FB(K,I,J)
      DO 60 I=1,NS
      DO 62 L1=L-1,L
      CALL FIL2(AK,I,L1,X,W,SL,Q,FI)
      DO 62 N=1,2
62    FFB(I,JN(N,L1))=FFB(I,JN(N,L1))-FI(N)
      CALL FIL13(AK,EI,P1,XA,YA,I,L,JN,X,W,FI,C)
      DO 64 N=1,2
      LN=L+(-1)**N
64    FFB(I,LN)=FFB(I,LN)+FI(N)
60    U(I)=U(I)+C
```

```
         DO 68 I=1,NS
         DO 68 J=1,NS
68       FFB(I,J)=-FFB(I,J)
         DO 66 I=1,NS
66       FFB(I,I)=FFB(I,I)+OM(I)
         DO 100 I=NS+1,NS+N1
         DO 97 L2=L-1,L
         CALL FIL2(AK,I,L2,X,W,SL,Q,FI)
         DO 97 N=1,2
97       FFB(I,JN(N,L2))=FFB(I,JN(N,L2))-FI(N)
         CALL FIL13(AK,EI,P1,XA,YA,I,L,JN,X,W,FI,CI)
         DO 99 N=1,2
         LN=L+(-1)**N
99       FFB(I,LN)=FFB(I,LN)+FI(N)
100      U(I)=U(I)+CI
         DO 102 I=NS+1,NS+N1
         DO 102 J=1,NS
102      FFB(I,J)=-FFB(I,J)
         DO 103 I=NS+N1+1,M
         DO 103 J=NS+N1+1,M
103      FFB(I,J)=P2*FFB(I,J)/P1
         DO 91 I=L,M-1
         DO 91 J=1,M
91       FFB(I,J)=FFB(I+1,J)
         DO 92 J=L,M-1
         DO 92 I=1,M-1
92       FFB(I,J)=FFB(I,J+1)
         DO 93 I=L,M-1
93       U(I)=U(I+1)
         DO 332 I=1,M-1
         DO 332 J=1,M-1
332      FFB1(I,J)=FFB(I,J)
         CALL SLSOE(FFB1,U,M-1)
         DO 334 I=M-1,L,-1
334      U(I+1)=U(I)
         DO 110 I=1,NS
110      V(K,I)=U(I)
50       CONTINUE
         DO 142 I=1,NS
         US(I)=V(1,I)*G(1)+V(2,I)*G(2)+V(3,I)*G(3)+V(4,I)*G(4)+G(5)
```

```
142     CONTINUE
        IF(K1.EQ.1) GOTO 160
        DO 150 I=1,NS
        U1(I)=US(I)
150     CONTINUE
        WRITE(*,901)(U1(I),I=1,NS)
901     FORMAT(1X,'U1=',5E10.4)
        K1=K1+1
        P1=P11/(1.-ET1)
        P2=P22/(1.-ET2)
        GOTO 55
160     K1=0
        P1=P11
        P2=P22
        DO 170 I=1,NS
        U2(I)=US(I)-U1(I)
170     CONTINUE
        WRITE(*,902)(U2(I),I=1,NS)
902     FORMAT(1X,'U2=',5E10.4)
        DO 201 MI=1,5
        DO 701 M1=1,2
        L1=L+(-1)**M1*NAO(MI)+2-M1
        L2=L1+(-1)**M1
        IF(L2.GT.NS.OR.L2.LT.1) GOTO 701
        R1=SQRT((XA-X(1,L1))**2+(YA-X(2,L1))**2)
        R2=SQRT((XA-X(1,L2))**2+(YA-X(2,L2))**2)
        ROS(MI,M1,MA)=2*PI*R1*R2*(U1(L1)-U1(L2))/(R2-R1)
        ETS(MI,M1,MA)=(U2(L1)-U2(L2))/(US(L1)-US(L2))
        AO(MI)=NAO(MI)-.5
        XO(MI,M1,MA)=X(1,L)-(-1)**M1*AO(MI)
701     CONTINUE
        I21=L-NAM2(MI)
        IF(I21.LT.1) GOTO 202
        R21=SQRT((XA-X(1,I21))**2+(YA-X(2,I21))**2)
        ROS21(MI,MA)=2.*PI*R21*U1(I21)
        ETS21(MI,MA)=U2(I21)/US(I21)
        GS21(MI,MA)=2.*PI*R21*U2(I21)
        X01(MI,MA)=(XA+X(1,I21))/2.
202     I31=L-NAM3(MI)
        I32=I31-MN(MI)
```

```
        IF(I32.GT.NS.OR.I32.LT.1) GOTO 201
        R31=SQRT((XA-X(1,I31))**2+(YA-X(2,I31))**2)
        R32=SQRT((XA-X(1,I32))**2+(YA-X(2,I32))**2)
        ROS31(MI,MA)=2.*PI*R31*R32*(U1(I31)-U1(I32))/(R32-R31)
        ETS31(MI,MA)=(U2(I31)-U2(I32))/(US(I31)-US(I32))
        GS31(MI,MA)=2.*PI*R31*R32*(U2(I31)-U2(I32))/(R32-R31)
        X02(MI,MA)=(XA+X(1,I31))/2.
201     CONTINUE
140     CONTINUE
        OPEN(2,FILE='ES',STATUS='NEW')
        WRITE(2,230)P11,P22,ET1,ET2
        WRITE(2,260)X
        WRITE(2,240)BK
        WRITE(2,310)G
        DO 203 I=1,5
        WRITE(2,702)A0(I)
        WRITE(2,703)((X0(I,K,J),ROS(I,K,J),ETS(I,K,J),J=1,NA),K=1,2)
        WRITE(2,290)NAM2(I)
        WRITE(2,270)(X01(I,J),ROS21(I,J),ETS21(I,J),GS21(I,J),J=1,NA)
        WRITE(2,210)NAM3(I),MN(I)
        WRITE(2,270)(X02(I,J),ROS31(I,J),ETS31(I,J),GS31(I,J),J=1,NA)
203     CONTINUE
        CLOSE(2)
210     FORMAT(5X,'AM=',I5,5X,'MN=',I5)
230     FORMAT(5X,'P1=',F7.1,3X,'P2=',F7.1,3X,'ET1=',F7.3,3X,'ET2=',F7.3)
240     FORMAT(5X,'BK=',4F10.6)
260     FORMAT(5X,'X=',F8.2,2X,'Y=',F8.2)
270     FORMAT(2X,'X0=',F7.3,'ROS=',E12.5,2X,'ETS=',E12.5,2X,'GS=',E12.5)
290     FORMAT(5X,'AM=',I5)
310     FORMAT(5X,'G=',5F10.6)
702     FORMAT(5X,'A0=',F7.1)
703     FORMAT(5X,'X0=',F7.3,2X,'ROS=',E12.5,2X,'ETS=',E12.5)
        STOP
        END
```

(4) 子程序 1: SLQ22。

```
        SUBROUTINE SLQ22(JN,X,W,SL,Q)
        PARAMETER (ND=42,NE=40,NQ=4)
        DIMENSION JN(2,NE),X(2,ND),W(3,NQ),SL(3,NE),Q(2,NQ,NE)
        DO 10 L=1,NE
        J=JN(1,L)
```

```
          K=JN(2,L)
          SL(1,L)=X(2,K)-X(2,J)
          SL(2,L)=-(X(1,K)-X(1,J))
          SL(3,L)=SQRT(SL(1,L)**2+SL(2,L)**2)
          DO 10 MQ=1,NQ
          DO 10 N=1,2
10        Q(N,MQ,L)=X(N,J)*W(1,MQ)+X(N,K)*W(2,MQ)
          RETURN
          END
```

(5) 子程序 2：OMG2。

```
          SUBROUTINE OMG2(X,OM)
          PARAMETER (ND=42,NS=23,N1=19)
          DIMENSION X(2,ND),OM(ND)
          PI=3.1415926
          DO 10 I=2,NS-1
          XJ=X(1,I)-X(1,I-1)
          YJ=X(2,I)-X(2,I-1)
          XK=X(1,I+1)-X(1,I)
          YK=X(2,I+1)-X(2,I)
10        OM(I)=1.-(ATAN(YK/XK)-ATAN(YJ/XJ))/PI
          OM(1)=1.
          OM(NS)=1.
          DO 20 I=NS+2,NS+N1-1
          XJ=X(1,I)-X(1,I-1)
          YJ=X(2,I)-X(2,I-1)
          XK=X(1,I+1)-X(1,I)
          YK=X(2,I+1)-X(2,I)
20        OM(I)=1.-(ATAN(YK/XK)-ATAN(YJ/XJ))/PI
          OM(NS+1)=1.
          OM(NS+N1)=1.
          RETURN
          END
```

(6) 子程序 3：FIL2。

```
          SUBROUTINE FIL2(AK,I,L,X,W,SL,Q,FI)
          REAL AKO
          PARAMETER (ND=42,NE=40,NQ=4)
          DIMENSION X(2,ND),W(3,NQ),SL(3,NE),Q(2,NQ,NE),FI(2)
          PI=3.1415926
          FI(1)=0.
          FI(2)=0.
```

```
      XI=X(1,I)
      YI=X(2,I)
      XL=SL(1,L)
      YL=SL(2,L)
      DO 10 MQ=1,NQ
      XQI=Q(1,MQ,L)-XI
      YQI=Q(2,MQ,L)-YI
      RQI=SQRT(XQI**2+YQI**2)
      S=AK*AK1(AK*RQI)*(XQI*XL+YQI*YL)*W(3,MQ)/(PI*RQI)
      FI(1)=FI(1)+S*W(1,MQ)
10    FI(2)=FI(2)+S*W(2,MQ)
      RETURN
      END
```

(7) 子程序 4：DIL2。

```
      SUBROUTINE DIL2(AK,I,L,X,W,SL,Q,DI)
      REAL AK0
      PARAMETER (ND=42,NE=40,NQ=4,NS=23,N1=19)
      DIMENSION X(2,ND),W(3,NQ),Q(2,NQ,NE),DI(2),SL(3,NE)
      PI=3.1415926
      DI(1)=0.
      DI(2)=0.
      XI=X(1,I)
      YI=X(2,I)
      XYI=SL(3,L)
30    DO 10 MQ=1,NQ
      XQI=Q(1,MQ,L)-XI
      YQI=Q(2,MQ,L)-YI
      RQI=SQRT(XQI**2+YQI**2)
      S=AK0(AK*RQI)*W(3,MQ)*XYI/PI
      DI(1)=DI(1)+S*W(1,MQ)
10    DI(2)=DI(2)+S*W(2,MQ)
40    RETURN
      END
```

(8) 子程序 5：FIL13。

①功能。

在计算单元积分时，对电源所在单元进行非线性处理。

②参变量说明。

I、L、JN、X、W 和 FI 说明与子程序 FIL 相同。

AK——实型变量，输入参数，存放波数；

EI——实型变量，输入参数，存放电流强度；

P1——实型变量，输入参数，存放围岩电阻率 $\rho_1$ 或等效电阻率 $\rho_1^*$；

XA——实型变量，输入参数，存放电源点 $x$ 坐标；

YA——实型变量，输入参数，存放电源点 $y$ 坐标；

C——实型变量，输出参数，存放地形及不均匀体影响的附加项。

③子程序：SUBROUTINE FIL13(AK,EI,P1,XA,YA,I,L,JN,X,W,FI,C)。

```
          REAL AKO,AK1
          PARAMETER (ND=47,NE=46,NQ=4)
          DIMENSION JN(2,NE),X(2,ND),W(3,NQ),FI(2)
          PI=3.1415926
          C=0.
          DO 10 N=1,2
          FI(N)=0.
          LN=L+(-1)**N
          XL=YA-X(2,LN)
          YL=-(XA-X(1,LN))
          RAJ=SQRT(XL**2+YL**2)
          DO 20 MQ=1,NQ
          XQ=XA*W(1,MQ)+X(1,LN)*W(2,MQ)
          YQ=YA*W(1,MQ)+X(2,LN)*W(2,MQ)
          XQI=XQ-X(1,I)
          YQI=YQ-X(2,I)
          RQI=SQRT(XQI**2+YQI**2)
          XQA=XQ-XA
          YQA=YQ-YA
          RQA=SQRT(XQA**2+YQA**2)
          S=(-1)**(N-1)*AK*AK1(AK*RQI)*(XQI*XL+YQI*YL)*W(3,MQ)/(PI*RQI)
          FI(N)=FI(N)+S
20        C=C+EI*P1*S*(AKO(AK*RQA)-AKO(AK*RAJ))/(2*PI)
10        CONTINUE
          RETURN
          END
```

(9) 子程序 6：SLSOE 解方程子程序。

```
          SUBROUTINE SLSOE(A,B,N)
          DOUBLE PRECISION A(N,N),B(N),C,D
          N1=N-1
          DO 100 K=1,N1
          K1=K+1
          C=A(K,K)
```

```
              IF(DABS(C)-1.0D-15)1,1,3
1             DO 7 J=K1,N
              IF(DABS(A(J,K))-1.0D-15)7,7,5
5             DO 6 L=K,N
              C=A(K,L)
              A(K,L)=A(J,L)
6             A(J,L)=C
              C=B(K)
              B(K)=B(J)
              B(J)=C
              C=A(K,K)
              GOTO 3
7             CONTINUE
              D=0.
              GOTO 300
3             C=A(K,K)
              DO 4 J=K1,N
4             A(K,J)=A(K,J)/C
              B(K)=B(K)/C
              DO 10 I=K1,N
              C=A(I,K)
              DO 9 J=K1,N
9             A(I,J)=A(I,J)-C*A(K,J)
10            B(I)=B(I)-C*B(K)
100           CONTINUE
              IF(DABS(A(N,N))-1.0D-15)11,11,101
11            WRITE(*,12)K
12            FORMAT('***SINGULARITY IN ROW',I5)
              D=0.
              GOTO 300
101           B(N)=B(N)/A(N,N)
              DO 200 L=1,N1
              K=N-L
              K1=K+1
              DO 200 J=K1,N
200           B(K)=B(K)-A(K,J)*B(J)
              D=1.
              DO 250 I=1,N
250           D=D*A(I,I)
300           RETURN
```

```
        END
```

(10) 函数段 1：AK0。

①功能。

计算第二类零阶修正贝塞尔函数。

②参变量说明。

X——实型变量，输入参数，第二类零阶修正贝塞尔函数 $K_0(x)$ 的宗量 $x$。

③程序。

```
      FUNCTION AK0(X)
      DOUBLE PRECISION T,B1,Y,AK,F
      IF(X.GT.2.0)GOTO 337
      T=DBLE(X)/3.75
      T=T*T
      B1=1.0D0+T*(3.5156229+T*(3.0899424+T*(1.2067492+T*(0.2659732
*    +T*(0.0360768+T*0.0045813)))))
      T=0.5D0*DBLE(X)
      Y=T*T
      AK=-DLOG(T)*B1-0.57721566+Y*(0.4227842+Y*(0.23069756+Y*(0.0348859
*    +Y*(0.00262698+Y*(0.0001075+Y*0.0000074)))))
      GOTO 338
337   IF(X.GT.55.)THEN
      AK=0.0
      GOTO 338
      END IF
      T=2.0D0/DBLE(X)
      F=DEXP(DBLE(-X))/DSQRT(DBLE(X))
      AK=F*(1.25331414+T*(-0.07832358+T*(0.02189568+T*(-0.01062446
*    +T*(0.00587872+T*(-0.0025154+T*0.00053208))))))
338   AK0=AK
      RETURN
      END
```

(11) 函数段 2：AK1。

①功能。

计算第二类一阶修正贝塞尔函数。

②参变量说明。

X——实型变量，输入参数，第二类零阶修正贝塞尔函数 $K_0(x)$ 的宗量 $x$。

③程序。

```
      FUNCTION AK1(X)
```

```
        DOUBLE PRECISION T,T1,T2,T3,T4,T5,T6,T8,T10,
*    T12,B,BIL,AA,AK,BB
        IF(X.GT.2.)GOTO 341
        T=DBLE(X)/3.75
        T2=T*T
        T4=T2*T2
        T6=T4*T2
        T8=T6*T2
        T10=T8*T2
        T12=T10*T2
        B=0.5D0+0.87890594*T2+0.51498869*T4+0.15084934*T6+0.02658733*T8
*    +0.003015329*T10+0.00032411*T12
        BIL=B*DBLE(X)
        T=0.5D0*DBLE(X)
        T2=T*T
        T4=T2*T2
        T6=T4*T2
        T8=T6*T2
        T10=T8*T2
        T12=T10*T2
        AA=DBLE(X)*DLOG(T)*BIL+1.0+0.15443144*T2-0.67278579*T4-0.18156897*T6
*    -0.01919402*T8-0.00110404*T10-0.00004686*T12
        AK=AA/DBLE(X)
        GOTO 343
341     IF(X.GT.55.)THEN
        AK=0.0
        GOTO 343
        END IF
        T=2.0D0/DBLE(X)
        T2=T*T
        T3=T2*T
        T4=T3*T
        T5=T4*T
        T6=T5*T
        BB=1.25331414+0.23498619*T-0.0365562*T2+0.01504268*T3
*    -0.00780353*T4+0.00325614*T5-0.00068245*T6
        AK=BB*DEXP(DBLE(-X))/DSQRT(DBLE(X))
343     AK1=AK
        RETURN
    END
```

4) 点源二维地电断面边界元法计算实例

(1) 给出用于正演计算的数字模型。

(2) 按格式要求建立输入数据文件。

(3) 运行 BEMIP.EXE。

(4) 输出计算结果并绘图，见图 8.1.4。

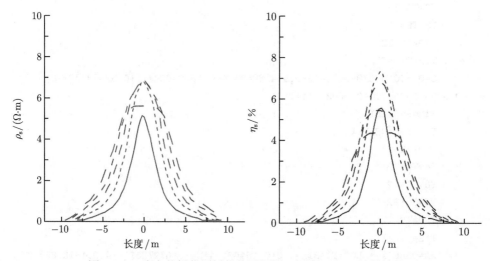

图 8.1.4　直立体极化厚板状体近场源二级法 $\rho_s$、$\eta_s$ 计算结果

### 8.1.3　点源场中二维模型奇异积分解析表达式的推导

在点源二维场中，单元积分 $d_{ie}(e = j, k)$ 的形式为

$$d_{ie} = \int_{\Gamma_e} \xi_e \frac{K_0(kr)}{\pi} \mathrm{d}\Gamma, \quad e = j, k$$

在 $\gamma = 0$ 处，单元积分 $d_{ie}$ 出现奇异，同样也采用挖奇点的方法计算 $d_{ie}$。

在 $(i-1)$ 单元上：

$$d_{ii} = \lim_{\varepsilon \to 0} \int_0^{1-\varepsilon} \xi_i \frac{K_0[kL_{(i-l)}(1-\xi_i)]}{\pi} L \mathrm{d}\xi$$

也可写成

$$d_{ii} = \lim_{\varepsilon \to 0} \int_0^{1-\varepsilon} \left\{ \frac{K_0[kL_{(i-1)}(1-\xi_i)]}{\pi}(1-\xi_i) - \frac{K_0[kL_{(i-1)}(1-\xi_i)]}{\pi} \right\} L_{(i-1)} \mathrm{d}(1-\xi_i)$$

设 $t = (1-\xi_i)kL_{(i-1)}$，于是

$$d_{ii} = \lim_{\varepsilon \to 0} \int_{kL_{(i-1)}}^{\varepsilon} \left[ \frac{K_0(t)}{\pi} \frac{t}{kL_{(i-1)}} - \frac{K_0(t)}{\pi} \right] \frac{1}{k} \mathrm{d}t$$

$$= \lim_{\varepsilon \to 0} \frac{1}{k^2 \pi L_{(i-1)}} [-tK_1(t)]|_{kL_{(i-1)}}^{\varepsilon} - \lim_{\varepsilon \to 0} \int_{kL_{(i-1)}}^{\varepsilon} \frac{1}{k\pi} K_0(t) \mathrm{d}t \qquad (8.1.36)$$

上面的结果应用了积分公式

$$\int x K_0(x) \mathrm{d}x = -x K_1(x) \qquad (8.1.37)$$

当 $x$ 很小时

$$K_1(x) = \frac{1}{x} \qquad (8.1.38)$$

所以，式 (8.1.36) 的第一项变为

$$\lim_{\varepsilon \to 0} \frac{1}{k^2 \pi L_{(i-1)}} [-tK_1(t)]|_{kL_{(i-1)}}^{\varepsilon} = \frac{1}{k^2 L_{(i-1)} \pi} [kL_{(i-1)} K_1(kL_{(i-1)}) - 1] \quad (8.1.39)$$

第二项为

$$-\lim_{\varepsilon \to 0} \int_{kL_{(i-1)}}^{\varepsilon} \frac{1}{k\pi} K_0(t) \mathrm{d}t$$

$$= -\lim_{\varepsilon \to 0} \int_{kL_{(i-1)}}^{\varepsilon} \frac{1}{k\pi} \left[ -I_0(t) \ln \frac{t}{2} + \sum_{k=0}^{\infty} \frac{\psi(k+1)}{(k!)^2} \frac{t^{2k}}{2^{2k}} \right] \mathrm{d}t$$

$$= \frac{1}{k\pi} \left[ \lim_{\varepsilon \to 0} \int_{kL_{(i-1)}}^{\varepsilon} \sum_{k=0}^{\infty} \frac{t^{2k}}{2^{2k}(k!)^2} \ln \frac{t}{2} \mathrm{d}t - \sum_{k=0}^{\infty} \frac{\psi(k+1)(kL_{(i-1)})^{2k+1}}{(k!)^2 2^{2k}(2k+1)} \right] \qquad (8.1.40)$$

式中，

$$K_0(t) = -I_0(t) \ln \frac{t}{2} + \sum_{k=0}^{\infty} \frac{\psi(k+1)}{(k!)^2} \frac{t^{2k}}{2^{2k}}$$

$$I_0(t) = \sum_{k=0}^{\infty} \frac{t^{2k}}{2^{2k}(k!)^2}$$

其中，

$$\psi(k+1) = \frac{\Gamma'(k+1)}{\Gamma(k+1)} = -\gamma + \sum_{n=1}^{\infty} \left( \frac{1}{n} - \frac{1}{n+k} \right) = -\gamma + \sum_{n=1}^{k} \frac{1}{n}$$

$$\gamma = -\infty \frac{\Gamma'(1)}{\Gamma(1)} = -\psi(1) = 0.577216$$

$\gamma$ 称为欧拉常数。

将式 (8.1.40) 中的第一项积分用级数展开进行分项积分:

$$\lim_{\varepsilon \to 0} \int_{kL(I-1)}^{\varepsilon} \sum_{k=0}^{\infty} \frac{t^{2k}}{2^{2k}(k!)^2} \ln \frac{t}{2} \mathrm{d}t$$

$$= \lim_{\varepsilon \to 0} \left[ \int_{kL(i-1)}^{\varepsilon} \ln \frac{t}{2} \mathrm{d}t + \int_{kL(i-1)}^{\varepsilon} \frac{t^2}{2^2 \times 1} \ln \frac{t}{2} \mathrm{d}t + \cdots \right.$$

$$\left. + \int_{kL(i-1)}^{\varepsilon} \frac{t^{2k}}{2^{2k}(k!)^2} \ln \frac{t}{2} \mathrm{d}t + \cdots \right]$$

$$= \sum_{k=0}^{\infty} \frac{[kL_{(i-1)}]^{2k+1}}{2^{2k}(k!)^2(2k+1)} \left[ \frac{1}{2k+1} \ln \frac{kL_{(i-1)}}{2} \right] \tag{8.1.41}$$

将式 (8.1.41) 代入式 (8.1.40):

$$-\lim_{\varepsilon \to 0} \int_{kL_{(i-1)}}^{\varepsilon} \frac{1}{k\pi} K_0(t) \mathrm{d}t = \frac{1}{k\pi} \sum_{k=0}^{\infty} \frac{[kL_{(i-1)}]^{2k+1}}{2^{2k}(k!)^2(2k+1)}$$

$$\cdot \left[ \frac{1}{2k+1} \ln \frac{kL_{(i-1)}}{2} + \psi(k+1) \right] \tag{8.1.42}$$

将式 (8.1.39)、式 (8.1.42) 代入式 (8.1.36):

$$d_{ii} = \frac{1}{k^2 L_{(i-1)}\pi} [kL_{(i-1)} K_1(kL_{(i-1)}) - 1]$$

$$+ \frac{1}{k\pi} \sum_{k=0}^{\infty} \frac{[kL_{(i-1)}]^{2k+1}}{2^{2k}(k!)^2(2k+1)} \left[ \frac{1}{2k+1} \ln \frac{kL_{(i-1)}}{2} + \psi(k+1) \right] \tag{8.1.43}$$

对于单元积分:

$$d_{i(i-1)} = \lim_{\varepsilon \to 0} \int_1^{\varepsilon} -\xi_{i-1} \frac{K_0(kL_{(i-1)}\xi_{i-1})}{\pi} \cdot L_{(i-1)} \mathrm{d}\xi_{i-1} \tag{8.1.44}$$

设 $t = kL_{(i-1)}\xi_{i-1}$, 式 (8.1.44) 可写为

$$d_{i(i-1)} = \lim_{\varepsilon \to 0} \int_{\varepsilon}^{kL_{(i-1)}} \frac{1}{k^2 L_{(i-1)}\pi} t K_0(t) \mathrm{d}t$$

$$= \frac{1}{k^2 L_{(i-1)}\pi}[1 - kL_{(i-1)}K(kL_{(i-1)})] \tag{8.1.45}$$

在 $(i)$ 单元上:

$$d_{i(i+1)} = \lim_{\varepsilon \to 0}\int_0^{1-\varepsilon} \xi_{i+1}\frac{K_0(kL_{(i)}(1 - \xi_{i+1})}{\pi}L_{(i)}\mathrm{d}\xi_{i+1}$$

由此看出 $d_{i(i+1)}^{(i)}$ 与 $d_{ii}^{(i-1)}$ 的式子相同, 只要用 $L_{(i)}$ 代替 $L_{(i-1)}$ 就可以了, 所以

$$d_{i(i+1)} = \frac{1}{k^2 L_{(i)}\pi}[kL_{(i)}K_1(kL_{(i)}) - 1]$$

$$+ \frac{1}{k\pi}\sum_{k=0}^{\infty}\frac{(kL_{(i)})^{2k+1}}{2^{2k}(k!)^2(2k+1)}\left[\frac{1}{2k+1}\ln\frac{kL_{(i)}}{2} + \psi(k+1)\right] \tag{8.1.46}$$

同理, $d_{ii}$ 与 $d_{i(i-1)}$ 式子相同, 只要用 $L_{(i)}$ 代替 $L_{(i-1)}$ 即可:

$$d_{ii}^{(i)} = \lim_{\varepsilon \to 0}\int_1^{\varepsilon} -\xi_i\frac{K_0(kL_{(i)}\xi_i)}{\pi}L_{(i)}\mathrm{d}\xi_i = \frac{1}{k^2 L_{(i)}\pi}[1 - kL_{(i)}K_1(kL_{(i)})] \tag{8.1.47}$$

## 8.2 边界单元法在二维大地电磁场数值计算中的应用

大地电磁探测中的视电阻率是根据地面测点处的电场与磁场的比值计算出来的 [18-20]。用 $x$ 代表走向方向, $y$ 轴与 $x$ 轴垂直, 保持水平。$z$ 轴垂直向下 (图 8.2.1)。大地电磁探测中的视电阻率计算公式如下。

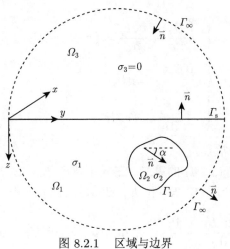

图 8.2.1 区域与边界

对 $H_x$ 型波：

$$\rho_{yx} = \frac{1}{\omega\mu}\left|\frac{E_y}{H_x}\right|^2 \tag{8.2.1}$$

其中, $E_y = \dfrac{1}{\sigma}\dfrac{\partial H_x}{\partial z}$。

对 $E_x$ 型波：

$$\rho_{xy} = \frac{1}{\omega\mu}\left|\frac{E_x}{H_y}\right|^2 \tag{8.2.2}$$

其中, $H_y = \dfrac{1}{\mathrm{i}\omega\mu}\dfrac{\partial E_x}{\partial z}$。

式 (8.2.1) 与式 (8.2.2) 中，$\omega$ 为角频率，$\mu$ 为介质磁导率，$\sigma$ 为介质电导率。从式 (8.2.1)、式 (8.2.2) 可见，为了计算视电阻率 $\rho_{yx}$ 和 $\rho_{xy}$，必须求出测点上的 $H_x$，$E_x$ 及其垂向偏导数 $\dfrac{\partial H_x}{\partial z}$，$\dfrac{\partial E_x}{\partial z}$。

### 8.2.1　二维大地电磁场边值问题

在二维大地电磁场中，$H_x$ 型波和 $E_x$ 型波的方程分别如下。

$H_x$ 型波：

$$\begin{cases} \dfrac{\partial E_z}{\partial y} - \dfrac{\partial E_y}{\partial z} = \mathrm{i}\omega\mu H_x \\[2mm] \dfrac{\partial H_x}{\partial z} = (\sigma - \mathrm{i}\omega\varepsilon)E_y \\[2mm] -\dfrac{\partial H_x}{\partial y} = (\sigma - \mathrm{i}\omega\varepsilon)E_z \end{cases} \tag{8.2.3}$$

$E_x$ 型波：

$$\begin{cases} \dfrac{\partial H_z}{\partial y} - \dfrac{\partial H_y}{\partial z} = (\sigma - \mathrm{i}\omega\varepsilon)E_x \\[2mm] \dfrac{\partial E_x}{\partial z} = \mathrm{i}\omega\mu H_y \\[2mm] -\dfrac{\partial E_x}{\partial y} = \mathrm{i}\omega\mu H_z \end{cases} \tag{8.2.4}$$

其中, $\varepsilon$ 为介质的介电常数。

从式 (8.2.3) 和式 (8.2.4) 的第二、三式中解出 $E_y$，$E_z$ 和 $H_y$，$H_z$ 并分别代入第一式，得到均匀介质中，$H_x$ 和 $E_y$ 应满足的微分方程：

$$\frac{\partial^2 H_x}{\partial y^2} + \frac{\partial^2 H_x}{\partial z^2} + (\omega^2\mu\varepsilon + \mathrm{i}\omega\mu\sigma)H_x = 0 \tag{8.2.5}$$

$$\frac{\partial^2 E_x}{\partial y^2} + \frac{\partial^2 E_x}{\partial z^2} + (\omega^2 \mu \varepsilon + \mathrm{i}\omega\mu\sigma)E_x = 0 \tag{8.2.6}$$

式 (8.2.5) 和式 (8.2.6) 是齐次的亥姆霍兹方程, 可统一写成

$$\nabla^2 u + k^2 u = 0 \tag{8.2.7}$$

其中, $u$ 表示 $H_x$ 和 $E_x$; $\nabla^2$ 为二维拉普拉斯算子; $k^2 = \omega^2 \mu \varepsilon + \mathrm{i}\omega\mu\sigma$, 对于自由空间, 其 $\sigma = 0, k^2 = \omega^2 \mu \varepsilon$, 对于导电岩石, 在大地电磁探测的频率范围内, 有 $\dfrac{\sigma}{\omega\varepsilon} \gg 1$, 因而 $k^2 = \mathrm{i}\omega\mu\sigma$。

为了求解式 (8.2.7), 还必须给定 $u$ 的边界条件。$H_x$ 型波的边界条件和 $E_x$ 型波的边界条件不同, 下面分别进行介绍。

1)$H_x$ 型波的边界条件

(1) 分界面条件。

用 $H_x^{(1)}$, $H_x^{(2)}$ 分别表示分界面 $\Gamma_\mathrm{I}$ 两侧的 $H_x$。根据磁场切向分量的连续性, 有

$$H_x^{(1)}|_{\Gamma_\mathrm{I}} = H_x^{(2)}|_{\Gamma_\mathrm{I}} \tag{8.2.8}$$

从图 8.2.1 可见, $\Gamma_\mathrm{I}$ 上 $E$ 的切向分量

$$E_\mathrm{t} = E_y \sin\alpha - E_z \cos\alpha = \frac{1}{\sigma}\left[\frac{\partial H_x}{\partial z}\sin\alpha + \frac{\partial H_x}{\partial y}\cos\alpha\right]$$

$$= \frac{1}{\sigma}\frac{\partial H_x}{\partial n}$$

式中, $\alpha$ 为法向 $n$ 与 $y$ 轴的夹角。根据电场切向分量连续性, 有

$$\frac{1}{\sigma_1}\frac{\partial H_x^{(1)}}{\partial n}\bigg|_{\Gamma_\mathrm{I}} = \frac{1}{\sigma_2}\frac{\partial H_x^{(2)}}{\partial n}\bigg|_{\Gamma_\mathrm{I}} \tag{8.2.9}$$

(2) 外界边界条件。

设地下围岩的电导率为 $\sigma_1$, 不均匀体的电导率为 $\sigma_2$, 在地下作一半径足够大的圆弧 $\Gamma_\infty$, 与地表 $\Gamma_\mathrm{s}$ 组成一个闭合的外边界 (图 8.2.1)。由式 (8.2.3), 在导电岩石中, 有 $\dfrac{\partial H_x}{\partial z} = \sigma E_y, \dfrac{\partial H_x}{\partial y} = -\sigma E_z$, 在自由空间中, 有 $\dfrac{\partial H_x}{\partial z} = -\mathrm{i}\omega\varepsilon E_y, \dfrac{\partial H_x}{\partial y} = \mathrm{i}\omega\varepsilon E_z$。因为 $\dfrac{\sigma}{\omega\varepsilon} \gg 1$, 所以在地表 $\Gamma_\mathrm{s}$ 的自由空间一侧可近似认为 $\dfrac{\partial H_x}{\partial z} = 0, \dfrac{\partial H_x}{\partial y} = 0$, 即 $H_x$ 是常量, 与地下电性分布无关。取 $\Gamma_\mathrm{s}$ 处的 $H_x = 1$。

由于 $\Gamma_\infty$ 远离不均匀体，$\Gamma_\infty$ 上的电磁场按天然电磁场在均匀岩石中的分布规律确定：

$$H_x\big|_{\Gamma_\infty} = \mathrm{e}^{-\mathrm{i}\sqrt{\mathrm{i}\omega\sigma_1}z} \tag{8.2.10}$$

2) $E_x$ 型波的边界条件

(1) 分界面条件。

用 $E_x^{(1)}$，$E_x^{(2)}$ 分别表示分界面 $\Gamma_\mathrm{s}$ 和 $\Gamma_\mathrm{I}$ 两侧的 $E_x$，根据电场切向分量的连续性，有

$$E_x^{(1)}\big|_{\Gamma_\mathrm{I}或\Gamma_\mathrm{s}} = E_x^{(2)}\big|_{\Gamma_\mathrm{I}或\Gamma_\mathrm{s}} \tag{8.2.11}$$

由图 8.2.1 可见，界面上 $H$ 的切向分量

$$H_\mathrm{t} = H_y\sin\alpha - H_z\cos\alpha = \frac{1}{\mathrm{i}\omega\mu}\left[\frac{\partial E_x}{\partial z}\sin\alpha + \frac{\partial E_x}{\partial y}\cos\alpha\right]$$

$$= \frac{1}{\mathrm{i}\omega\mu}\frac{\partial E_x}{\partial n}$$

近似认为自由空间和导电岩石的磁导率 $\mu = \mu_0$，其中 $\mu_0$ 为真空磁导率，根据磁场切向分量的连续性，在分量面上有

$$\frac{\partial E_x^{(1)}}{\partial n}\bigg|_{\Gamma_\mathrm{I}或\Gamma_\mathrm{s}} = \frac{\partial E_x^{(2)}}{\partial n}\bigg|_{\Gamma_\mathrm{I}或\Gamma_\mathrm{s}} \tag{8.2.12}$$

(2) 外边界条件。

由于 $\Gamma_\infty$ 远离不均匀体，$\Gamma_\infty$ 上的电磁场按天然电磁场在均匀岩石的分布规律确定：

$$E_x\big|_{\Gamma_\infty} = \mathrm{e}^{-\mathrm{i}\sqrt{\mathrm{i}\omega\sigma_1}z} \tag{8.2.13}$$

远离不均匀体，在地面上方作一半径足够大的圆弧 $\Gamma_\infty'$(图 8.2.1)，$\Gamma_\infty$ 和 $\Gamma_\infty'$ 组成一个闭合的外边界。在 $\Gamma_\infty'$ 上，不均匀体的异常电场为零，$E_x$ 由入射电磁场及地下均匀岩石反射的电磁场组成：

$$E_x = E_\mathrm{i}\mathrm{e}^{-\mathrm{i}\sqrt{\omega^2\mu\varepsilon}z} + E_\mathrm{r}\mathrm{e}^{-\mathrm{i}\sqrt{\omega^2\mu\varepsilon}z} \tag{8.2.14}$$

式中，第一项为入射波；第二项为反射波；$E_\mathrm{i}$，$E_\mathrm{r}$ 为待定系数。将式 (8.2.13)、式 (8.2.14) 代入分界面条件式 (8.2.11)、式 (8.2.12) 确定常数。

$$E_\mathrm{i} = \frac{1}{2}\left[1 + (\mathrm{i}+1)\sqrt{\frac{\sigma_1}{2\omega\varepsilon}}\right]$$

$$E_\mathrm{r} = \frac{1}{2}\left[1 - (\mathrm{i}+1)\sqrt{\frac{\sigma_1}{2\omega\varepsilon}}\right]$$

将 $E_\mathrm{i}$, $E_\mathrm{r}$ 代入式 (8.2.14) 得

$$E_x\big|_{\varGamma_\infty'} = \frac{1}{2}\left[1 + (\mathrm{i}+1)\sqrt{\frac{\sigma_1}{2\omega\varepsilon}}\right]\mathrm{e}^{\mathrm{i}\sqrt{\omega^2\mu\varepsilon}z} + \frac{1}{2}\left[1 - (\mathrm{i}+1)\sqrt{\frac{\sigma_1}{2\omega\varepsilon}}\right]\mathrm{e}^{-\mathrm{i}\sqrt{\omega^2\mu\varepsilon}z}$$

$$= \cos(\omega\sqrt{\mu\varepsilon}z) - (\mathrm{i}-1)\sqrt{\frac{\sigma_1}{2\omega\varepsilon}}\sin(\omega\sqrt{\mu\varepsilon}z) \tag{8.2.15}$$

现将边值问题归纳如下。

$H_x$ 型波：

$$\begin{cases} \nabla^2 u + k^2 u = 0 \\ u^{(1)} = u^{(2)} \\ \dfrac{1}{\sigma_1}\dfrac{\partial u^{(1)}}{\partial n} = \dfrac{1}{\sigma_2}\dfrac{\partial u^{(2)}}{\partial n} \\ u\big|_{\varGamma_\mathrm{s}} = 1 \\ u\big|_{\varGamma_\infty} = \mathrm{e}^{-\mathrm{i}\sqrt{\mathrm{i}\omega\mu\sigma_1}z} \end{cases} \tag{8.2.16}$$

$E_x$ 型波：

$$\begin{cases} \nabla^2 u + k^2 u = 0 \\ u^{(1)} = u^{(2)} \\ \dfrac{\partial u^{(1)}}{\partial n} = \dfrac{\partial u^{(2)}}{\partial n} \\ u\big|_{\varGamma_\infty} = \mathrm{e}^{-\mathrm{i}\sqrt{\mathrm{i}\omega\mu\sigma_1}z} \\ u\big|_{\varGamma_\infty'} = \cos(\omega\sqrt{\mu\omega}z) - (\mathrm{i}-1)\sqrt{\dfrac{\sigma_1}{2\omega\varepsilon}}\sin(\omega\sqrt{\mu\omega}z) \end{cases} \tag{8.2.17}$$

目的是求解地面 $\varGamma_\mathrm{s}$ 上的 $u(H_x$ 或 $E_x)$ 及其垂向导数 $\dfrac{\partial u}{\partial z}$，以便代入式 (8.2.1) 和式 (8.2.2) 中计算视电阻率。

### 8.2.2 二维大地电磁场基本解

在大地电磁问题中亥姆霍兹方程 $\nabla^2 u + k^2 u = 0$ 中的 $k^2$ 分两类：在自由空间中，$k^2 = \omega^2\mu\varepsilon$ 是正的实数，在导电岩石中，$k^2 = \mathrm{i}\omega\mu\sigma$ 是正的虚数，它们的基本解是不同的。当 $k^2$ 为正实数时，基本解为

$$\varphi = -\frac{1}{4} N_0(Kr) \tag{8.2.18}$$

其中，$N_0$ 为第二类零阶贝塞尔函数；$r$ 为 $p$ 点至任意点的距离。

在岩石中，亥姆霍兹方程写成

$$\nabla^2 u + \mathrm{i}\omega\mu\sigma u = \nabla^2 u + \mathrm{i}k^2 u = 0$$

其中，$k^2 = \omega\mu\sigma$，其基本解为

$$\varphi = \frac{K_0(\sqrt{-\mathrm{i}k}r)}{2\pi} = \frac{1}{2\pi}[\mathrm{Ker}_0(Kr) - \mathrm{i}\mathrm{Kei}_0(kr)] \tag{8.2.19}$$

其中，$K_0$ 为第二类零阶修正贝塞尔函数；$\mathrm{Ker}_0$ 和 $\mathrm{Kei}_0$ 为零阶开尔文函数。现将式 (8.2.19) 稍加证明。根据第二类修正贝塞尔函数的微分公式：

$$\frac{\mathrm{d}}{\mathrm{d}z}K_0(z) = K_1(z), \quad \frac{\mathrm{d}}{\mathrm{d}z}[zK_1(z)] = -zK_0(z)$$

其中，$K_1(z)$ 为第二类一阶修正贝塞尔函数。当 $r \neq 0$ 时，将 $\varphi$ 直接代入极坐标的 $\nabla^2\varphi$ 表达式：

$$\nabla^2\varphi = \frac{1}{r}\frac{\partial}{\partial r}\left(r\frac{\partial\varphi}{\partial r}\right)$$

得

$$\nabla^2\varphi + \mathrm{i}k^2\varphi = 0 \tag{8.2.20}$$

当 $r = 0$ 时，$K_0(\sqrt{-\mathrm{i}k}r)$ 奇异，作一半径无限小的小圆周 $\Gamma_\varepsilon$，包围 $p$ 点，$\nabla^2\varphi + \mathrm{i}k^2\varphi = 0$ 的面积分：

$$\int_\Omega (\nabla^2\varphi + \mathrm{i}k^2\varphi)\mathrm{d}\Omega = \int_\varepsilon \nabla^2\varphi\mathrm{d}\Omega + \mathrm{i}k^2\int_\varepsilon \varphi\mathrm{d}\Omega$$

根据 $K_0$，$K_1$ 的极限性质：

$$\lim_{z\to 0} K_0(z) = \ln\frac{z}{2} - c$$

其中，$c$ 为欧拉常数。

$$\lim_{z\to 0} K_1(z) = \frac{1}{2}$$

有

$$\int_\varepsilon \nabla^2\varphi\mathrm{d}\Omega = \frac{1}{2\pi}\int_\varepsilon \nabla[\nabla K_0(\sqrt{-\mathrm{i}k}r)]\mathrm{d}\Omega$$

$$= \frac{1}{2\pi} \int_{\tau\varepsilon} \frac{\mathrm{d}K_0(\sqrt{-\mathrm{i}kr})}{\mathrm{d}r} \mathrm{d}\Gamma$$

$$= -\frac{1}{2\pi} \lim_{r\to 0} \int_{\tau\varepsilon} \sqrt{-\mathrm{i}k} K_1(\sqrt{-\mathrm{i}kr}) \mathrm{d}\Gamma$$

$$= \lim_{r\to 0} -\frac{\sqrt{-\mathrm{i}k}}{2\pi} \frac{2\pi r}{\sqrt{-\mathrm{i}kr}} = -1$$

$$\mathrm{i}k^2 \int_{\varepsilon} \varphi \mathrm{d}\Omega = \lim_{r\to 0} \frac{\mathrm{i}k^2}{2\pi} \int_0^r K_0(\sqrt{-\mathrm{i}kr}) 2\pi r \mathrm{d}r$$

$$= \lim_{r\to 0} \mathrm{i}k^2 \int_0^r \left(-\ln \frac{\sqrt{-\mathrm{i}kr}}{2} + C\right) r \mathrm{d}r$$

$$= 0$$

所以

$$\int_{\Omega} (\nabla^2 \varphi + \mathrm{i}k^2 \varphi) \mathrm{d}\Omega = -1 \tag{8.2.21}$$

因为 $\varphi$ 是亥姆霍兹方程的基本解, 所以 $\nabla^2 \varphi + \mathrm{i}k^2 \varphi$ 是狄拉克函数, 即

$$\nabla^2 \varphi + \mathrm{i}k^2 \varphi = -\delta(p)$$

在式 (8.2.19) 中, 将 $K_0(\sqrt{-\mathrm{i}kr})$ 展成实部和虚部, 即为开尔文函数。

### 8.2.3　$H_x$ 型波的解

1) 积分方程

用 $u^{(1)}$, $u^{(2)}$ 分别表示围岩 (区域 $\Omega_1$) 和不均匀体 (区域 $\Omega_2$) 中的 $H_x$, 对区域 $\Omega_1$, 利用格林公式和基本解, 得边界点 $p$ 的 $u^{(1)}(p)$:

$$\frac{\omega_p}{2\pi} u^{(1)}(p) = -\oint_{\Gamma} \left(u^{(1)} \frac{\partial \varphi}{\partial n} - \varphi \frac{\partial u^{(1)}}{\partial n}\right) \mathrm{d}\Gamma$$

$$- \left(\int_{\Gamma_s} + \int_{\Gamma_\infty} + \oint_{\Gamma_1}\right) \left(u^{(1)} \frac{\partial \varphi}{\partial n} - \varphi \frac{\partial u^{(1)}}{\partial n}\right) \mathrm{d}\Gamma \tag{8.2.22}$$

$\Omega_1$ 中的基本解为 $\varphi = \frac{1}{2\pi} K_0(\sqrt{-\mathrm{i}k_1 r})$, 其中 $k_1 = \sqrt{\omega\mu\sigma_1}$ 对 $\varphi$ 求偏导, 有

$$\frac{\partial \varphi}{\partial n} = \frac{\partial \varphi}{\partial r} \cdot \frac{\partial r}{\partial n} = -\frac{\sqrt{-\mathrm{i}k_1}}{2\pi} K_1(\sqrt{-\mathrm{i}k_1 \cdot r}) \cos\beta$$

其中, $\beta$ 为 $r$ 与 $n$ 的夹角。

在 $\Gamma_\infty$ 上，不均匀体的异常电磁场为零。由式 (8.2.16)，有

$$u^{(1)}\big|_{\Gamma_\infty} = \mathrm{e}^{-\mathrm{i}\sqrt{\mathrm{i}\omega\mu\sigma_1}z} = \mathrm{e}^{\mathrm{i}\sqrt{-\mathrm{i}\omega\mu\sigma_1}z} = \mathrm{e}^{-\sqrt{-\mathrm{i}}k_1 z}$$

$$\frac{\partial u^{(1)}}{\partial n}\bigg|_{\Gamma_\infty} = \left(\frac{\partial u^{(1)}}{\partial n}\frac{\partial n}{\partial z}\right)\bigg|_{\Gamma_\infty} = -\sqrt{-\mathrm{i}}k_1 \mathrm{e}^{-\sqrt{-\mathrm{i}}k_1 z}\cos(n,z)$$

其中，$\cos(n,z)$ 是法向 $n$ 与 $z$ 轴夹角的余弦。$\Gamma_\infty$ 上的积分

$$-\int_{\Gamma_\infty}\left(u^{(1)}\frac{\partial\varphi}{\partial n} - \varphi\frac{\partial u^{(1)}}{\partial n}\right)\mathrm{d}\Gamma$$

$$= \int_{\Gamma_\infty}\frac{1}{2\pi}\sqrt{-\mathrm{i}}k_1\mathrm{e}^{-\sqrt{-\mathrm{i}}k_1 z}[K_1(\sqrt{-\mathrm{i}}k_1 r)\cos\beta - K_0(\sqrt{-\mathrm{i}}k_1 r)\cos(n,z)]\mathrm{d}\Gamma$$

将 $\Gamma_\infty$ 剖分成若干单元，单元的长度小于 $\dfrac{\lambda_1}{8}$，其中 $\lambda_1$ 是 $\Omega_1$ 中的波长，$\lambda_1 = \dfrac{2\pi\sqrt{2}}{k_1}$。然后用高斯积分公式对各单元积分。相加后记作 $C_p$，它是 $p$ 点的函数，于是式 (8.2.22) 写成

$$\frac{\omega_p}{2\pi}u^{(1)}(p) = -\int_{\Gamma_\mathrm{s}}u^{(1)}\frac{\partial\varphi}{\partial r}\cos\beta\mathrm{d}\Gamma + \int_{\Gamma_\mathrm{s}}\frac{\partial u^{(1)}}{\partial n}\varphi\mathrm{d}\Gamma$$

$$\qquad - \oint_{\Gamma_\mathrm{I}}u^{(1)}\frac{\partial\varphi}{\partial r}\cos\beta\mathrm{d}\Gamma + \oint_{\Gamma_\mathrm{I}}\varphi\frac{\partial u^{(1)}}{\partial n}\mathrm{d}\Gamma + C_p \qquad (8.2.23)$$

对区域 $\Omega_2$，根据格林公式和基本解，$\Gamma_\mathrm{I}$ 上的 $p$ 点的 $u^{(2)}(p)$ 为

$$\left(1 - \frac{\omega_p}{2\pi}\right)u^{(2)}(p) = \oint_{\Gamma_\mathrm{I}}u^{(2)}\frac{\partial\varphi}{\partial r}\cos\beta\mathrm{d}\Gamma - \oint_{\Gamma_\mathrm{I}}\varphi\frac{\partial u^{(2)}}{\partial n}\mathrm{d}\Gamma \qquad (8.2.24)$$

其中，$1 - \dfrac{\omega_p}{2\pi}$ 是 $p$ 点对区域 $\Omega_2$ 的张角。因为 $\Gamma_\mathrm{I}$ 上定义的法向朝里，所以式 (8.2.24) 右侧积分号前没有负号。其基本解是 $\varphi = \dfrac{1}{2\pi}K_0(\sqrt{-\mathrm{i}}k_2 r)$，其中 $K_2 = \sqrt{\omega\mu\sigma_2}$，将式 (8.2.16) 中的分界面条件代入式 (8.2.24)，得

$$\left(1 - \frac{\omega_p}{2\pi}\right)u^{(1)}(p) = \oint_{\Gamma_\mathrm{I}}u^{(1)}\frac{\partial\varphi}{\partial r}\cos\beta\mathrm{d}\Gamma - \oint_{\Gamma_\mathrm{I}}\frac{\sigma_2}{\sigma_1}\varphi\frac{\partial u^{(1)}}{\partial n}\mathrm{d}\Gamma \qquad (8.2.25)$$

式 (8.2.23) 和式 (8.2.25) 是积分方程，用边界单元法解积分方程，可得地表 $\Gamma_\mathrm{s}$ 上的 $\dfrac{\partial u}{\partial n}$。

2) 边界单元法

将 $\Gamma_{\mathrm{s}}$ 和 $\Gamma_{\mathrm{I}}$ 剖分为单元, 每单元近似为直线, 且单元长度小于 $\lambda_1/8$ 及 $\lambda_2/8$, 其中 $\lambda_1 = \dfrac{2\pi\sqrt{2}}{k_1}, \lambda_2 = \dfrac{2\pi\sqrt{2}}{k_2}$ 分别为 $\Omega_1$ 和 $\Omega_2$ 中的波长。单元的两端为节点, $\Gamma_{\mathrm{s}}$ 上有 $n$ 个节点, 其编号从 1 到 $n$, $\Gamma_{\mathrm{I}}$ 上有 $m-n$ 个节点, 其编号 $n+1$ 至 $m$。将边界积分式 (8.2.23) 分解为诸单元 $\Gamma_e$ 积分之和, 对节点 $i$, 式 (8.2.23) 写成

$$\frac{\omega_i}{2\pi}u_i^{(1)} = \sum_{\Gamma_{\mathrm{s}}}\int_{\Gamma_{\mathrm{s}}} u^{(1)}\frac{\sqrt{-\mathrm{i}k_1}K_1(\sqrt{-\mathrm{i}k_1}r)}{2\pi}\cos\beta\mathrm{d}\Gamma + \int_{\Gamma_{\mathrm{s}}}\frac{\partial u^{(1)}}{\partial n}\varphi\mathrm{d}\Gamma$$
$$+ \sum_{\Gamma_{\mathrm{s}}}\int_{\Gamma_e}\frac{\partial u^{(1)}}{\partial n}\frac{K_0(\sqrt{-\mathrm{i}k_1}r)}{2\pi}\mathrm{d}\Gamma$$
$$+ \sum_{\Gamma_{\mathrm{I}}}\int_{\Gamma_e} u^{(1)}\frac{\sqrt{-\mathrm{i}k_1}K_1(\sqrt{-\mathrm{i}k_1}r)}{2\pi}\cos\beta\mathrm{d}\Gamma$$
$$+ \sum_{\Gamma_{\mathrm{I}}}\int_{\Gamma_e}\frac{\partial u^{(1)}}{\partial n}\frac{K_0(\sqrt{-\mathrm{i}k_1}r)}{2\pi}\mathrm{d}\Gamma \tag{8.2.26}$$

单元 $\Gamma_e$ 两端节点编号为 $j$, $k$, 其坐标为 $(x_j, y_j)(x_k, y_k)$。假定 $u^{(1)}$, $\dfrac{\partial u^{(1)}}{\partial n}$ 在各条件上是线性变化的, 用 $u_j^{(1)}, u_k^{(1)}$ 与 $\left(\dfrac{\partial u}{\partial n}\right)_j^{(1)}, \left(\dfrac{\partial u}{\partial n}\right)_k^{(1)}$ 表示 $j$, $k$ 的 $u^{(1)}$ 和 $\dfrac{\partial u^{(1)}}{\partial n}$, 则单元上的 $u^{(1)}, \dfrac{\partial u^{(1)}}{\partial n}$ 可表示为

$$u^{(1)} = \xi_j u_j^{(1)} + \xi_k u_k^{(1)} = [\xi_j, \xi_k]\begin{bmatrix} u_j^{(1)} \\ u_k^{(1)} \end{bmatrix}$$

$$\frac{\partial u^{(1)}}{\partial n} = \xi_j\left(\frac{\partial u^{(1)}}{\partial n}\right)_j + \xi_k\left(\frac{\partial u^{(1)}}{\partial n}\right)_k = [\xi_j, \xi_k]\begin{bmatrix} \left(\dfrac{\partial u^{(1)}}{\partial n}\right)_j \\ \left(\dfrac{\partial u^{(1)}}{\partial n}\right)_k \end{bmatrix}$$

其中, $\xi_j, \xi_k$ 是 $x, y$ 的线性函数:

$$x = \xi_j x_j + \xi_k x_k$$
$$y = \xi_j y_j + \xi_k y_k$$

虽然在 $j$, $k$ 点上有

$$j\text{点}: \xi_j = 1, \xi_k = 0; \quad k\text{点}: \xi_j = 0, \xi_k = 1$$

单元积分按如下方法进行。例如：

$$\int_{\Gamma_e} u^{(1)} \frac{\sqrt{-\mathrm{i}k_1} K_1(\sqrt{-\mathrm{i}k_1}r)}{2\pi} \cos\beta \mathrm{d}\Gamma$$

$$= \int_{\Gamma_e} [\xi_j, \xi_k] \frac{\sqrt{-\mathrm{i}k_1} K_1(\sqrt{-\mathrm{i}k_1}r)}{2\pi} \cos\beta \mathrm{d}\Gamma \left[ \begin{array}{c} u_j^{(1)} \\ u_k^{(1)} \end{array} \right]$$

$$= [f_{ij}, f_{ik}] \left[ \begin{array}{c} u_j^{(1)} \\ u_k^{(1)} \end{array} \right] \tag{8.2.27}$$

其中

$$f_{ij} = \int_{\Gamma_e} \xi_j \frac{\sqrt{-\mathrm{i}}k_1 K_1(\sqrt{-\mathrm{i}k_1}r)}{2\pi} \cos\beta \mathrm{d}\Gamma$$

$$f_{ik} = \int_{\Gamma_e} \xi_k \frac{\sqrt{-\mathrm{i}}k_1 K_1(\sqrt{-\mathrm{i}k_1}r)}{2\pi} \cos\beta \mathrm{d}\Gamma$$

这些积分都是复数，利用关系式

$$\sqrt{-\mathrm{i}} = \frac{1}{\sqrt{2}}(1-\mathrm{i}), \quad K_1(\sqrt{-\mathrm{i}}kr) = \mathrm{Ker}_1(kr) - \mathrm{i}\,\mathrm{Kei}_1(kr)$$

将积分分解为实部和虚部。例如：

$$f_{ij} = \int_{\Gamma_e} \xi_j \frac{\sqrt{-\mathrm{i}}k_1 K_1(\sqrt{-\mathrm{i}k_1}r)}{2\pi} \cos\beta \mathrm{d}\Gamma$$

$$= \frac{k_1}{\sqrt{2}\pi} \int_{\Gamma_e} \xi_j [\mathrm{Ker}_1(k_1 r) - \mathrm{Kei}_1(k_1 r)] \cos\beta \mathrm{d}\Gamma$$

$$- \mathrm{i}\frac{k_1}{\sqrt{2}\pi} \int_{\Gamma_e} \xi_j [\mathrm{Ker}_1(k_1 r) - \mathrm{Kei}_1(k_1 r)] \cos\beta \mathrm{d}\Gamma$$

实部与虚部的积分用高斯积分公式完成计算。

单元积分：

$$\int_{\Gamma_e} \frac{\partial u^{(1)}}{\partial n} \frac{K_0(\sqrt{-\mathrm{i}k_1}r)}{2\pi} \mathrm{d}\Gamma = \int_{\Gamma_e} [\xi_j, \xi_k] \frac{K_0(\sqrt{-\mathrm{i}k_1}r)}{2\pi} \mathrm{d}\Gamma \left[ \begin{array}{c} \left(\dfrac{\partial u^{(1)}}{\partial n}\right)_j \\ \left(\dfrac{\partial u^{(1)}}{\partial n}\right)_k \end{array} \right]$$

$$= [d_{ij}, d_{ik}] \left[ \begin{array}{c} \left(\dfrac{\partial u^{(1)}}{\partial n}\right)_j \\ \left(\dfrac{\partial u^{(1)}}{\partial n}\right)_k \end{array} \right] \tag{8.2.28}$$

其中，不在 $(i)$ 和 $(i-1)$ 单元上时

$$d_{ij} = \int_{\Gamma_e} \xi_j \frac{K_0(\sqrt{-\mathrm{i}k_1}r)}{2\pi} \mathrm{d}\Gamma = \int_{\Gamma_e} \xi_j \frac{\mathrm{Ker}_0(k_1 r)}{2\pi} \mathrm{d}\Gamma - \mathrm{i} \int_{\Gamma_e} \xi_j \frac{\mathrm{Kei}_0(k_1 r)}{2\pi} \mathrm{d}\Gamma$$

$$d_{ik} = \int_{\Gamma_e} \xi_k \frac{K_0(\sqrt{-\mathrm{i}k_1}r)}{2\pi} \mathrm{d}\Gamma = \int_{\Gamma_e} \xi_k \frac{\mathrm{Ker}_0(k_1 r)}{2\pi} \mathrm{d}\Gamma - \mathrm{i} \int_{\Gamma_e} \xi_k \frac{\mathrm{Kei}_0(k_1 r)}{2\pi} \mathrm{d}\Gamma$$

在 $(i)$ 和 $(i-1)$ 单元上时，以上积分在 $r=0$ 处出现奇异需要推导奇异积分 (积分过程从略)。以上积分用高斯积分公式求解。

$\Gamma_s$ 上诸单元积分之和

$$\sum_{\Gamma_s} \int_{\Gamma_e} u^{(1)} \frac{\sqrt{-\mathrm{i}k_1} K_1(\sqrt{-\mathrm{i}k_1}r)}{2\pi} \cos\beta \mathrm{d}\Gamma$$

$$= [F_{i1}, F_{i2}, \cdots, F_{ij}, \cdots, F_{in}] \begin{bmatrix} u_1^{(1)} \\ \vdots \\ u_j^{(1)} \\ \vdots \\ u_n^{(1)} \end{bmatrix} = F_{is} U_s^{(1)} \tag{8.2.29}$$

$$\sum_{\Gamma_s} \int_{\Gamma_e} \frac{\partial u^{(1)}}{\partial n} \frac{K_0(\sqrt{-\mathrm{i}k_1}r)}{2\pi} \mathrm{d}\Gamma$$

$$= [D_{i1}, D_{i2}, \cdots, D_{ij}, \cdots, D_{in}] \begin{bmatrix} \left(\dfrac{\partial u^{(1)}}{\partial n}\right)_1 \\ \vdots \\ \left(\dfrac{\partial u^{(1)}}{\partial n}\right)_j \\ \vdots \\ \left(\dfrac{\partial u^{(1)}}{\partial n}\right)_n \end{bmatrix} = D_{is} \left(\frac{\partial u^{(1)}}{\partial n}\right)_s \tag{8.2.30}$$

其中，$U_s^{(1)} = [u_1^{(1)}, \cdots, u_n^{(1)}]^{\mathrm{T}}$; $\left(\dfrac{\partial u^{(1)}}{\partial n}\right)_s = \left[\left(\dfrac{\partial u^{(1)}}{\partial n}\right)_1, \cdots, \dfrac{\partial u^{(1)}}{\partial n}\right)_n\right]^{\mathrm{T}}$ 是由 $\Gamma_s$ 上诸节点的 $u^{(1)}$ 和 $\left(\dfrac{\partial u^{(1)}}{\partial n}\right)$ 组成的列向量；$F_{ij}, D_{ij}$ 是 $j$ 节点周围诸单元的 $f_{ij}, d_{ij}$ 之和；向量 $F_{is} = [F_{i1}, \cdots, F_{in}], D_{is} = [D_{i1}, \cdots, D_{in}]$ 只有 $\Gamma_s$ 上的单元对

$F_{is}, D_{is}$ 有贡献。用同样的方法，得 $\Gamma_{\mathrm{I}}$ 上诸单元积分之和

$$\sum_{\Gamma_{\mathrm{I}}} \int_{\Gamma_e} u^{(1)} \frac{\sqrt{-\mathrm{i}k_1} K_1(\sqrt{-\mathrm{i}k_1}r)}{2\pi} \cos\beta \mathrm{d}\Gamma$$

$$= [F_{i(n+1)}, F_{i(n+2)}, \cdots, F_{ij}, \cdots, F_{im}] \begin{bmatrix} u^{(1)}_{n+1} \\ \vdots \\ u^{(1)}_{j} \\ \vdots \\ u^{(1)}_{m} \end{bmatrix} = F_{i1} U^{(1)}_1 \qquad (8.2.31)$$

$$\sum_{\Gamma_{\mathrm{I}}} \int_{\Gamma_e} \frac{\partial u^{(1)}}{\partial n} \frac{K_0(\sqrt{-\mathrm{i}k_1}r)}{2\pi} \mathrm{d}\Gamma$$

$$= [D_{i(n+1)}, D_{i(n+2)}, \cdots, D_{ij}, \cdots, D_{im}] \begin{bmatrix} \left(\dfrac{\partial u^{(1)}}{\partial n}\right)_{n+1} \\ \vdots \\ \left(\dfrac{\partial u^{(1)}}{\partial n}\right)_{j} \\ \vdots \\ \left(\dfrac{\partial u^{(1)}}{\partial n}\right)_{m} \end{bmatrix} = D_{i1} \left(\frac{\partial u^{(1)}}{\partial n}\right)_1$$

$$(8.2.32)$$

其中, $U^{(1)}_1 = [u^{(1)}_{n+1}, \cdots, u^{(1)}_m]^{\mathrm{T}}$; $\left(\dfrac{\partial u^{(1)}}{\partial n}\right)_1 = \left[\left(\dfrac{\partial u^{(1)}}{\partial n}\right)_{n+1}, \cdots, \left(\dfrac{\partial u^{(1)}}{\partial n}\right)_m\right]^{\mathrm{T}}$ 是 $\Gamma_{\mathrm{I}}$ 上诸节点的 $u^{(1)}$ 和 $\left(\dfrac{\partial u^{(1)}}{\partial n}\right)$ 组成的列向量; 向量 $F_{i1} = [F_{i(n+1)}, \cdots, F_{im}]$, $D_{i1} = [D_{i(n+1)}, \cdots, D_{im}]$ 只有 $\Gamma_{\mathrm{I}}$ 上的单元对 $F_{i1}, D_{i1}$ 有贡献。

将式 (8.2.29)~ 式 (8.2.32) 代入式 (8.2.26), 得

$$\frac{\omega_j}{2\pi} U^{(1)}_1 = F_{is} U^{(1)}_{\mathrm{s}} + D_{is} \left(\frac{\partial u^{(1)}}{\partial n}\right)_{\mathrm{s}} + F_{i1} U^{(1)}_1 + D_{i1} \left(\frac{\partial u^{(1)}}{\partial n}\right)_1 + C_i \qquad (8.2.33)$$

对每个节点都得到如上一个方程, 由 $\Gamma_{\mathrm{s}}$ 上的全部节点 $i(1 \leqslant i \leqslant n)$, 得一个方程组:

$$\frac{\omega_{\mathrm{s}}}{2\pi} U^{(1)}_1 = F_{\mathrm{ss}} U^{(1)}_{\mathrm{s}} + D_{\mathrm{ss}} \left(\frac{\partial u^{(1)}}{\partial n}\right)_{\mathrm{s}} + F_{\mathrm{s}1} U^{(1)}_1 + D_{\mathrm{s}1} \left(\frac{\partial u^{(1)}}{\partial n}\right)_1 + C_{\mathrm{s}} \qquad (8.2.34\mathrm{a})$$

由 $\Gamma_{\mathrm{I}}$ 上的全部节点 $i(n+1 \leqslant i \leqslant m)$, 得另一个方程组:

$$\frac{\omega_1}{2\pi} U_1^{(1)} = F_{1\mathrm{s}} U_{\mathrm{s}}^{(1)} + D_{1\mathrm{s}} \left( \frac{\partial u^{(1)}}{\partial n} \right)_{\mathrm{s}} + F_{11} U_1^{(1)} + D_{11} \left( \frac{\partial u^{(1)}}{\partial n} \right)_1 + C_1 \quad (8.2.34\mathrm{b})$$

其中

$$F_{\mathrm{ss}} = [F_{1\mathrm{s}}, \cdots, F_{n\mathrm{s}}]^{\mathrm{T}}, D_{\mathrm{ss}} = [D_{1\mathrm{s}}, \cdots, D_{n\mathrm{s}}]^{\mathrm{T}}$$

$$F_{\mathrm{s1}} = [F_{11}, \cdots, F_{n1}]^{\mathrm{T}}, D_{\mathrm{s1}} = [D_{11}, \cdots, D_{n1}]^{\mathrm{T}}$$

$$C_{\mathrm{s}} = [C_1, \cdots, C_n]^{\mathrm{T}}$$

$$F_{1\mathrm{s}} = \left[ F_{(n+1)\mathrm{s}}, \cdots, F_{m\mathrm{s}} \right]^{\mathrm{T}}, D_{1\mathrm{s}} = \left[ D_{(n+1)\mathrm{s}}, \cdots, D_{m\mathrm{s}} \right]^{\mathrm{T}}$$

$$F_{11} = \left[ F_{(n+1)1}, \cdots, F_{m1} \right]^{\mathrm{T}}, D_{11} = \left[ D_{(n+1)1}, \cdots, D_{m1} \right]^{\mathrm{T}}$$

$$C_1 = [C_{n+1}, \cdots, C_m]^{\mathrm{T}}$$

$$\omega_{\mathrm{s}} = \begin{bmatrix} \omega & \cdots & 0 \\ \vdots & & \vdots \\ 0 & \cdots & \omega_n \end{bmatrix}, \quad \omega_1 = \begin{bmatrix} \omega_{n+1} & \cdots & 0 \\ \vdots & & \vdots \\ 0 & \cdots & \omega_m \end{bmatrix}$$

区域 $\Omega_2$ 中的积分式 (8.2.25) 写成

$$\left(1 - \frac{\omega_p}{2\pi}\right) u^{(1)}(p) = -\sum_{\Gamma_{\mathrm{I}}} \int_{\Gamma_e} u^{(1)} \frac{\sqrt{-\mathrm{i}k_2} K_1 \left(\sqrt{-\mathrm{i}k_2} r\right)}{2\pi} \cos \beta \mathrm{d}\Gamma$$

$$- \sum_{\Gamma_{\mathrm{I}}} \int_{\Gamma_e} \frac{\sigma_2}{\sigma_1} \frac{\partial u^{(1)}}{\partial n} \frac{K_0 \left(\sqrt{-\mathrm{i}k_2} r\right)}{2\pi} \mathrm{d}\Gamma$$

仿照以上推导过程, 由 $\Gamma_{\mathrm{I}}$ 上的全部节点, 得方程组:

$$\left(I - \frac{\omega_1}{2\pi}\right) U_1^{(1)} = -F_{11}' U_1^{(1)} - D_{11}' \frac{\sigma_2}{\sigma_1} \left( \frac{\partial u^{(1)}}{\partial n} \right)_1 \quad (8.2.35)$$

其中, $I$ 是单位矩阵; $F_{11}'$, $D_{11}'$ 的意义及计算公式与式 (8.2.34) 中的 $F_{11}$, $D_{11}$ 相同, 但由于 $\Omega_2$ 与 $\Omega_1$ 中的 $k$ 不同, $F_{11}'$, $D_{11}'$ 与 $F_{11}$, $D_{11}$ 在数值上是不同的。

将式 (8.2.33)~ 式 (8.2.35) 联立, 得线性方程组

$$\begin{bmatrix} D_{ss} & D_{s1} & D_{s1} \\ D_{1s} & D_{11} & F_{11}\dfrac{\omega_1}{2\pi} \\ 0 & \dfrac{\sigma_2}{\sigma_1}D'_{11} & F'_{11}+\left(I-\dfrac{\omega_1}{2\pi}\right) \end{bmatrix} \begin{bmatrix} \left(\dfrac{\partial u^{(1)}}{\partial n}\right)_s \\ \left(\dfrac{\partial u^{(1)}}{\partial n}\right)_1 \\ U^{(1)} \end{bmatrix}$$

$$= \begin{bmatrix} \left(\dfrac{\omega_s}{2}-F_{ss}\right)U_s^{(1)}-C_s \\ -F_{1s}U_s^{(1)}-C_1 \\ 0 \end{bmatrix} \tag{8.2.36}$$

用高斯消去法解式 (8.2.36)，得地表节点的 $\dfrac{\partial u}{\partial n}$，即 $-\dfrac{\partial H_x}{\partial z}$。

将 $H_x=1$，$E_y=\dfrac{1}{\sigma_1}$，$\dfrac{\partial H_x}{\partial z}=-\dfrac{1}{\sigma_1}$，$\dfrac{\partial u}{\partial n}$ 代入式 (8.2.1) 即可算出视电阻率。

3) 计算实例

图 8.2.2 示出了用边界元法计算的向斜模型上的大地电磁剖面曲线 (周期 $T=10\mathrm{s}$) 以及有限元法计算结果，可见两种计算结果吻合较好。其中，背景电阻率 $\rho_1=20\Omega\cdot\mathrm{m}$，异常电阻率 $\rho_2=1\Omega\cdot\mathrm{m}$。

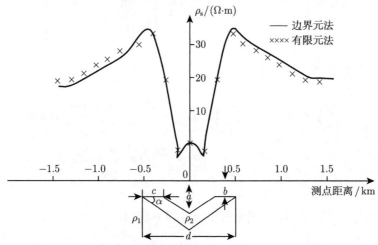

图 8.2.2　$H_x$ 型大地电磁剖面 ($T=10\mathrm{s}$) 边界元法与有限元法对比

$a=140\mathrm{m}$，$b=70\mathrm{m}$，$c=200\mathrm{m}$，$d=800\mathrm{m}$，$\alpha=19.3°$

### 8.2.4　$E_x$ 型波的解

与 $H_x$ 型波不同，求解 $E_x$ 型波要考虑 $\Omega_3$ 区域 (自由空间)。用 $U^{(1)}$，$U^{(2)}$，$U^{(3)}$ 表示区域 $\Omega_1$，$\Omega_2$，$\Omega_3$ 的 $E_x$，对区域 $\Omega_3$，根据格林公式，$\Gamma_s$ 上 $p$ 点的

$U^{(3)}(p)$ 为

$$\frac{\omega_p'}{2\pi}U^{(3)}(p) = \oint_\Gamma \left( U^{(3)}\frac{\partial\varphi}{\partial n} - \varphi\frac{\partial U^{(3)}}{\partial n} \right)\mathrm{d}\Gamma$$

$$= \left( \int_{\Gamma_\infty'} + \int_{\Gamma_s} \right)\left( U^{(3)}\frac{\partial\varphi}{\partial n} - \varphi\frac{\partial U^{(3)}}{\partial n} \right)\mathrm{d}\Gamma \tag{8.2.37}$$

其中，$\omega_p'$ 为 $p$ 点对 $\Omega_3$ 的张角。因为 $\Omega_3$ 中定义的法向期内，所以式 (8.2.37) 中右侧积分号前没有负号。$\Omega_3$ 中的基本解是 $\varphi = -\frac{1}{4}N_0(k_3\gamma)$，其中 $k_3 = \sqrt{\omega^2\mu\varepsilon}$。对 $\varphi$ 求偏导，有 $\frac{\partial\varphi}{\partial n} = \frac{\partial\varphi}{\partial r}\frac{\partial r}{\partial n} = \frac{k_3}{4}N_1(k_3r)\cos\beta_3$，其中 $N_1$ 是第二类一阶贝塞尔函数。

在 $\Gamma_\infty'$ 上，不均匀体的异常电磁场为零。由式 (8.2.17)，有

$$U_{\Gamma_\infty}^{(3)'} = \cos(\omega\sqrt{\mu\varepsilon}z) - (1-\mathrm{i})\sqrt{\frac{\sigma_1}{2\omega\varepsilon}}\sin(\omega\sqrt{\mu\varepsilon}z)$$

$$= \cos(k_3z) - \frac{k_1}{k_3}\sin(k_3z)$$

其中，$k_1 = \sqrt{-\mathrm{i}\omega\mu\sigma_1}$。

$$\frac{\partial U^{(3)}}{\partial n}\Big|_{\Gamma_\infty'} = \left(\frac{\partial U^{(3)}}{\partial z}\frac{\partial z}{\partial n}\right)\Big|_{\Gamma_\infty'} = -[k_3\sin(k_3z) + k_1\cos(k_3z)]\cos(n,z)$$

其中，$\cos(n,z)$ 是法向 $n$ 与 $z$ 轴夹角的余弦。$\Gamma_\infty'$ 上的积分

$$\int_{\Gamma_\infty'}\left( U^{(3)}\frac{\partial\varphi}{\partial n} - \varphi\frac{\partial U^{(3)}}{\partial n} \right)\mathrm{d}\Gamma$$

$$= \int_{\Gamma_\infty'}\frac{1}{4}[k_3\cos(k_3z) - \mathrm{i}k_1\sin(k_3z)]N_1(k_3z)\cos\beta$$

$$- [k_3\sin(k_3z) + \mathrm{i}k_1\cos(k_3z)]N_3(k_3r)\cos(n,z)\}\mathrm{d}\Gamma$$

将 $\Gamma_\infty'$ 剖分成若干单元后，可用高斯积分公式算出上述积分值，它是 $p$ 点的函数，记作 $A_p$，于是式 (8.2.37) 写成

$$\frac{\omega_p'}{2\pi}U^{(3)}(p) = \frac{1}{4}\int_{\Gamma_s} U^{(3)}k_3N_1(k_3r)\cos\beta_3\mathrm{d}\Gamma$$

$$+ \frac{1}{4} \int_{\Gamma_s} \frac{\partial U^{(3)}}{\partial n} N_0(k_3 r) \mathrm{d}\Gamma + A_p$$

根据式 (8.2.37) 中的分界面条件，用 $U^{(1)}$，$\dfrac{\partial U^{(1)}}{\partial n}$ 代替 $U^{(3)}$，$\dfrac{\partial U^{(3)}}{\partial n}$，可写成

$$\frac{\omega_p'}{2\pi} U^{(1)}(p) = \int_{\Gamma_s} U^{(1)} \frac{k_3}{4} N_1(k_3 r) \cos \beta_3 \mathrm{d}\Gamma + \int_{\Gamma_s} \frac{\partial U^{(1)}}{\partial n} \frac{N_0(k_3 \gamma)}{4} \mathrm{d}\Gamma + A_p$$

将其分解为单元积分之和，对节点 $i$，可写成

$$\frac{\omega_i'}{2\pi} U_i^{(1)} = \sum_{\Gamma_s} \int_{\Gamma_e} U^{(1)} \frac{k_3}{4} N_1(k_3 r) \cos \beta_3 \mathrm{d}\Gamma + \sum_{\Gamma_s} \int_{\Gamma_e} \frac{\partial U^{(1)}}{\partial n} \frac{N_0(k_3 \gamma)}{4} \mathrm{d}\Gamma + A_i$$

$$(8.2.38)$$

与式 (8.2.27)、式 (8.2.28) 类似，单元积分

$$\int_{\Gamma_e} U^{(1)} \frac{k_3}{4} N_1(k_3 \gamma) \cos \beta \mathrm{d}\Gamma = \int_{\Gamma_e} [\xi_i, \xi_k] \frac{k_3}{4} N_1(k_3 \gamma) \cos \beta \mathrm{d}\Gamma \begin{bmatrix} U_j^{(1)} \\ U_k^{(1)} \end{bmatrix}$$

$$= [g_{ij}, g_{ik}] \begin{bmatrix} U_j^{(1)} \\ U_k^{(1)} \end{bmatrix}$$

$$\int_{\Gamma_e} \frac{\partial U^{(1)}}{\partial n} \frac{1}{4} N_0(k_3 r) \mathrm{d}\Gamma = \int_{\Gamma_e} [\xi_i, \xi_k] \frac{1}{4} N_0(k_3 r) \mathrm{d}\Gamma \begin{bmatrix} \left( \dfrac{\partial U^{(1)}}{\partial n} \right)_j \\ \left( \dfrac{\partial U^{(1)}}{\partial n} \right)_k \end{bmatrix}$$

$$= [e_{ij}, e_{ik}] \begin{bmatrix} \left( \dfrac{\partial U^{(1)}}{\partial n} \right)_j \\ \left( \dfrac{\partial U^{(1)}}{\partial n} \right)_k \end{bmatrix}$$

其中

$$g_{ij} = \int_{\Gamma_e} \xi_j \frac{k_3}{4} N_1(k_3 r) \cos \beta_3 \mathrm{d}\Gamma$$

$$g_{ik} = \int_{\Gamma_e} \xi_k \frac{k_3}{4} N_1(k_3 r) \cos \beta_3 \mathrm{d}\Gamma$$

$$e_{ij} = \int_{\Gamma_e} \xi_j \frac{1}{4} N_0(k_3 r) \mathrm{d}\Gamma$$

$$e_{ik} = \int_{\Gamma_e} \xi_k \frac{1}{4} N_0(k_3 r) \mathrm{d}\Gamma$$

以上单元积分可用高斯求积公式进行。$\Gamma_s$ 上诸单元积分之和为

$$\sum_{\Gamma_s} \int_{\Gamma_e} U^{(1)} \frac{k_3}{4} N_1(k_3 r) \cos \beta \mathrm{d}\Gamma$$

$$= [G_{i1}, \cdots, G_{ij}, \cdots, G_{in}] \begin{bmatrix} U_1^{(1)} \\ \vdots \\ U_j^{(1)} \\ \vdots \\ U_n^{(1)} \end{bmatrix} = G_{is} U_s^{(1)} \tag{8.2.39}$$

$$\sum_{\Gamma_s} \int_{\Gamma_e} \frac{\partial U^{(1)}}{\partial n} \frac{N_0(k_3 r)}{4} \mathrm{d}\Gamma$$

$$= [E_{i1}, \cdots, E_{ij}, \cdots, E_{in}] \begin{bmatrix} \left(\frac{\partial U^{(1)}}{\partial n}\right)_1 \\ \vdots \\ \left(\frac{\partial U^{(1)}}{\partial n}\right)_j \\ \vdots \\ \left(\frac{\partial U^{(1)}}{\partial n}\right)_n \end{bmatrix} = E_{is} \left(\frac{\partial U^{(1)}}{\partial n}\right)_s \tag{8.2.40}$$

其中，$G_{ij}$, $E_{ij}$ 分别为 $j$ 节点周围诸单元的 $g_{ij}$, $e_{ij}$ 之和。将式 (8.2.39) 和式 (8.2.40) 代入式 (8.2.38)，得

$$\frac{\omega_i'}{2\pi} U_i^{(1)} = G_{is} U_s^{(1)} + E_{is} \left(\frac{\partial U^{(1)}}{\partial n}\right)_s + A_i$$

对 $\Gamma_s$ 上每个节点 $i$ 都得到如上的方程，由全部节点组成方程组：

$$\frac{\omega_s'}{2\pi} U_s^{(1)} = G_{ss} U_s^{(1)} + E_{ss} \left(\frac{\partial U^{(1)}}{\partial n}\right)_s + A_s \tag{8.2.41}$$

其中

$$\omega_s' = \begin{pmatrix} \omega_1' & & 0 \\ & \ddots & \\ 0 & & \omega_n' \end{pmatrix}$$

$$G_{\mathrm{ss}} = [G_{1\mathrm{s}}, \cdots, G_{n\mathrm{s}}]^{\mathrm{T}}$$

$$E_{\mathrm{ss}} = [E_{1\mathrm{s}}, \cdots, E_{n\mathrm{s}}]^{\mathrm{T}}$$

$$A_{\mathrm{s}} = [A_1, \cdots, A_n]^{\mathrm{T}}$$

对于 $\Omega_1$ 和 $\Omega_2$ 中边界单元法的应用及有关计算用的方程组，与 $H_x$ 型波基本相同，在 $\Omega_2$ 中，得到与式 (8.2.34a) 和式 (8.2.34b) 完全相同的两个方程组。考虑到 $E_x$ 的边界条件 $\dfrac{\partial U^{(1)}}{\partial n} = \dfrac{\partial U^{(2)}}{\partial n}$，从 $\Omega_2$ 中推出的与式 (8.2.35) 相当的方程组为

$$\left(I - \frac{\omega_1}{2\pi}\right) U_1^{(1)} = -F_{11}' U_1^{(1)} - D_{11}' \left(\frac{\partial U^{(1)}}{\partial n}\right)_1 \tag{8.2.42}$$

将式 (8.2.34a)、式 (8.2.34b)、式 (8.2.41)、式 (8.2.42) 联立，得线性代数方程组

$$
\begin{bmatrix}
F_{\mathrm{ss}} - \dfrac{\omega_{\mathrm{s}}}{2\pi} & F_{\mathrm{s}1} & D_{\mathrm{ss}} & D_{\mathrm{s}1} \\[2mm]
F_{1\mathrm{s}} & F_{11} - \dfrac{\omega_1}{2\pi} & D_{1\mathrm{s}} & D_{11} \\[2mm]
G_{\mathrm{ss}} - \dfrac{\omega_{\mathrm{s}}'}{2\pi} & 0 & E_{\mathrm{ss}} & 0 \\[2mm]
0 & F_{11}' + \left(I - \dfrac{\omega_1}{2\pi}\right) & 0 & D_{11}'
\end{bmatrix}
\begin{bmatrix}
U_{\mathrm{s}}^{(1)} \\[2mm]
U_1^{(1)} \\[2mm]
\left(\dfrac{\partial U^{(1)}}{\partial n}\right)_{\mathrm{s}} \\[2mm]
\left(\dfrac{\partial U^{(1)}}{\partial n}\right)_1
\end{bmatrix}
$$

$$
= \begin{bmatrix}
-C_{\mathrm{s}} \\
-C_1 \\
-A_{\mathrm{s}} \\
0
\end{bmatrix} \tag{8.2.43}
$$

式 (8.2.43) 共有 $2m$ 个方程，未知数的数目也有 $2m$ 个，解此方程，得地表 $\Gamma_{\mathrm{s}}$ 上的 $U$(即 $E_x$) 和 $\dfrac{\partial U}{\partial n}\left(\text{即} -\dfrac{\partial E_x}{\partial z}\right)$。将 $E_x = u$，$H_y = \dfrac{1}{\mathrm{i}\omega\mu}\dfrac{\partial E_x}{\partial z} = \dfrac{1}{\mathrm{i}\omega\mu}\dfrac{\partial U}{\partial n}$ 代入式 (8.2.2) 中，即可算出视电阻率。

对图 8.2.3 所示模型，用边界元法计算了 $E_x$ 型大地电磁剖面曲线 (周期 $T = 1\mathrm{s}$)。图上的 "★" 是有限元法计算结果。

图 8.2.4 是图 8.2.3 上 $A$ 点的 $E_x$ 型大地电磁测深曲线。实线是边界元法计算结果，"×" 是有限元法计算结果。可见两种方法的数值计算结果十分吻合，这说明该方法是有效的。

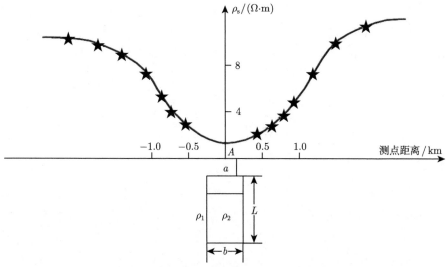

图 8.2.3 $E_x$ 型大地电磁剖面 (周期 $T = 1$s) 边界元法与有限元法对比

$a = 250$m, $b = 500$m, $L = 1000$m, $\rho_1 = 10\Omega \cdot$ m, $\rho_2 = 1\Omega \cdot$ m

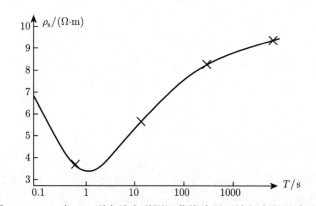

图 8.2.4 $A$ 点 $E_x$ 型大地电磁测深曲线边界元法与有限元法对比

# 第三部分 时间域电磁法中的三维数值模拟方法

# 第 9 章　三维时域有限差分正演原理

时域有限差分 (FDTD) 方法能直接在时间域求解 Maxwell 方程组，本章首先给出无源媒质中的 Maxwell 方程组及有限差分离散方法，然后针对 Maxwell 方程组在有源媒质与无源媒质中的不同，推导了有源媒质中的有限差分迭代方程。提出了适用于任意三维复杂模型的激励源加载方式，可以同时考虑关断时间与发射波形，使数值模拟更接近野外采集的真实情况，给出了 FDTD 求解 Maxwell 方程组的边界条件和稳定性条件。最后，针对隧道瞬变电磁超前探测的实际情况，给出了隧道内探测情况的计算方法 [21-24]。

## 9.1　控制方程与有限差分离散

### 9.1.1　无源媒质中的 Maxwell 方程组

均匀、有耗、非磁性、无源媒质中的麦克斯韦旋度方程为

$$\nabla \times E = -\frac{\partial B}{\partial t} \tag{9.1.1a}$$

$$\nabla \times H = \varepsilon \frac{\partial E}{\partial t} + \sigma E \tag{9.1.1b}$$

$$\nabla \cdot E = 0 \tag{9.1.1c}$$

$$\nabla \cdot H = 0 \tag{9.1.1d}$$

其中，$E$ 为电场强度；$H$ 为磁场强度；$B$ 为磁通量密度；$\sigma$ 为电导率；$\varepsilon$ 为介电常数；$t$ 为时间。

以式 (9.1.1) 为基础分别进行如下两种变换。

变换 1：直接对式 (9.1.1) 进行整理。

对式 (9.1.1a) 即法拉第电磁感应定律取旋度，并考虑式 (9.1.1c) 即库仑定律可以得到电场的齐次阻尼波动方程：

$$\nabla^2 E - \mu\varepsilon \frac{\partial^2 E}{\partial^2 t^2} - \mu\sigma \frac{\partial E}{\partial t} = 0 \tag{9.1.2}$$

电场与磁场存在严格的对称关系，因而可以直接得到磁场的齐次阻尼波动方程：

$$\nabla^2 H - \mu\varepsilon\frac{\partial^2 H}{\partial t^2} - \mu\sigma\frac{\partial H}{\partial t} = 0 \tag{9.1.3}$$

变换 2：先进行准静态近似再进行整理。

按照准静态近似条件，忽略位移电流项的麦克斯韦方程组为

$$\begin{cases} \nabla \times E = -\dfrac{\partial B}{\partial t} & \text{(9.1.4a)} \\[2mm] \nabla \times H = \sigma E & \text{(9.1.4b)} \\[2mm] \nabla \cdot E = 0 & \text{(9.1.4c)} \\[2mm] \nabla \cdot H = 0 & \text{(9.1.4d)} \end{cases}$$

按照变换 1 的方法对式 (9.1.4) 进行类似的变换可以分别得到电场和磁场的扩散方程：

$$\nabla^2 E - \mu\sigma\frac{\partial E}{\partial t} = 0 \tag{9.1.5}$$

$$\nabla^2 H - \mu\sigma\frac{\partial H}{\partial t} = 0 \tag{9.1.6}$$

以电场为例，阻尼波动方程 (式 (9.1.2)) 和扩散方程 (式 (9.1.5)) 是可以通过准静态条件直接由阻尼波动方程得到扩散方程。在一定的边界条件下，可以通过求解阻尼波动方程 (式 (9.1.2)) 的解来代替扩散方程 (式 (9.1.5)) 的解。事实上，在有耗大地中传播的电磁波仅在非常早的时间表现为波动特性，位移电流很小并会很快消失，传导电流占支配地位，波动特性会很快消失而仅剩下电磁场扩散特性，这为后面引入虚拟位移电流项构建显示时域有限差分格式奠定了基础[21,25]。

瞬变电磁勘探中一般忽略位移电流，因而其电磁场问题符合准静态条件下的麦克斯韦方程组 (式 (9.1.4))。由于忽略了位移电流，式 (9.1.4b) 中缺少电场对时间的导数，无法构成 FDTD 计算所需的显示时间步进格式。由于 FDTD 数值计算的需要，并根据前述的阻尼波动方程与扩散方程的相互转化关系，人为地加入一项虚拟位移电流，将方程变为

$$\nabla \times H = \gamma\frac{\partial E}{\partial t} + \sigma E \tag{9.1.7}$$

其中，$\gamma$ 具有介电常数的量纲，为虚拟介电常数，包含 $\gamma$ 的项具有电流的量纲，称为虚拟位移电流。

$\gamma$ 的取值需要满足一定的条件才能够既保持计算结果稳定又保持电磁场的扩散特性。部分学者研究发现引入该虚拟位移电流项并给定合适的 $\gamma$ 取值能够放松 FDTD 迭代过程中对时间网格的划分要求又不影响计算结果。使用式 (9.1.7) 替

换式 (9.1.1b) 可以直接导出阻尼波动方程，因而引入虚拟位移电流后的麦克斯韦方程组时域有限差分离散与式 (9.1.1) 的离散方式类似。

在直角坐标系中将 Maxwell 方程组写成各分量的形式为

$$\begin{cases} \dfrac{\partial E_z}{\partial y} - \dfrac{\partial E_y}{\partial z} = -\dfrac{\partial B_x}{\partial t} \\[2mm] \dfrac{\partial E_x}{\partial z} - \dfrac{\partial E_z}{\partial x} = -\dfrac{\partial B_y}{\partial t} \\[2mm] \dfrac{\partial E_y}{\partial x} - \dfrac{\partial E_x}{\partial y} = -\dfrac{\partial B_z}{\partial t} \end{cases} \tag{9.1.8}$$

和

$$\begin{cases} \dfrac{\partial H_z}{\partial y} - \dfrac{\partial H_y}{\partial z} = \gamma\dfrac{\partial E_x}{\partial t} + \sigma E_x \\[2mm] \dfrac{\partial H_x}{\partial z} - \dfrac{\partial H_z}{\partial x} = \gamma\dfrac{\partial E_y}{\partial t} + \sigma E_y \\[2mm] \dfrac{\partial H_y}{\partial x} - \dfrac{\partial H_x}{\partial y} = \gamma\dfrac{\partial E_z}{\partial t} + \sigma E_z \end{cases} \tag{9.1.9}$$

在进行低频电磁计算时如果忽略式 (9.1.1d) 将导致计算结果不正确。瞬变电磁采用的是宽频带电磁场，并且低频电磁场是实现测深的主要部分，在进行三维正演时必须考虑低频电磁响应计算结果的可靠性。对于低频磁场的计算，可以通过先求解磁场的 $H_x$ 和 $H_y$ 两个分量，然后通过这两个分量以及式 (9.1.1d) 来求解磁场的 $H_z$ 分量。将式 (9.1.8) 变形得到下面的磁场分量表达式

$$\begin{cases} -\dfrac{\partial B_x}{\partial t} = \dfrac{\partial E_z}{\partial y} - \dfrac{\partial E_y}{\partial z} \\[2mm] -\dfrac{\partial B_y}{\partial t} = \dfrac{\partial E_x}{\partial z} - \dfrac{\partial E_z}{\partial x} \\[2mm] \dfrac{\partial B_z}{\partial z} = -\dfrac{\partial B_x}{\partial x} - \dfrac{\partial B_y}{\partial y} \end{cases} \tag{9.1.10}$$

式 (9.1.9) 和式 (9.1.10) 即为无源区域电磁场计算的基本方程。

### 9.1.2 Yee 晶胞格式与有限差分离散

采用如图 9.1.1 所示的 Yee 晶胞格式和坐标系进行网格离散，即每一个电场 (磁场) 分量均由 4 个磁场 (电场) 分量包围，这样的电场、磁场空间分布形式符合法拉第电磁感应定律和安培环路定理的结构形式，同时也满足 Maxwell 方程组的差分计算要求。电场和磁场在空间和时间上的采样约定按照表 9.1.1 设置，在空间设置上完

全遵循 Yee 晶胞格式的要求，在时间采样设置上，同一时刻仅有电场或磁场进行采样，在时间轴上，电场和磁场交替采样，采样间隔为半个时间步 [26]。

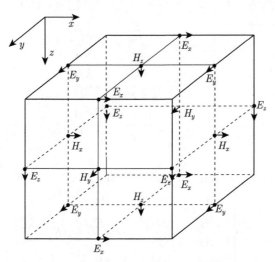

图 9.1.1　FDTD 计算采用的 Yee 晶胞格式

表 9.1.1　Yee 元胞中的电场和磁场分量的空间与时间采样约定

| 电磁场分量 | | 空间分量采样 | | | 时间采样 |
| --- | --- | --- | --- | --- | --- |
| | | $x$ 坐标 | $y$ 坐标 | $z$ 坐标 | |
| $E$ 节点 | $E_x$ | $i+1/2$ | $j$ | $k$ | $n$ |
| | $E_y$ | $i$ | $j+1/2$ | $k$ | |
| | $E_z$ | $i$ | $j$ | $k+1/2$ | |
| $H$ 节点 | $H_x$ | $i$ | $j+1/2$ | $k+1/2$ | $n+1/2$ |
| | $H_y$ | $i+1/2$ | $j$ | $k+1/2$ | |
| | $H_z$ | $i+1/2$ | $j+1/2$ | $k$ | |

这样的空间与时间设置可以使离散化的 Maxwell 旋度方程构成显示的时域有限差分格式，同时也符合电磁场在空间与时间域中传播的客观规律。通过迭代求解离散差分方程，能够得到不同时刻电磁场在空间的分布。

以差分代替微分就可以对基本方程进行求解，由于 Euler 前向差分是有条件稳定的，对离散时间步的要求比较严格，因而在进行空间离散时采用后向差分，在进行时间离散时采用中心差分方法。以 $f(x,y,z,t)$ 表示电场或磁场在直角坐标系中的某一分量，采用表 9.1.1 中给出的时间和空间采样约定，得到电磁场分量的一阶偏导数的差分近似表达式为

$$\left.\frac{\partial f(x,y,z,t)}{\partial x}\right|_{x=i\Delta x} = \frac{f^n(i+1/2,j,k)-f^n(i-1/2,j,k)}{\Delta x}+O(\Delta x) \quad (9.1.11)$$

$$\left.\frac{\partial f(x,y,z,t)}{\partial y}\right|_{y=j\Delta y} = \frac{f^n(i,j+1/2,k) - f^n(i,j-1/2,k)}{\Delta y} + O(\Delta y) \quad (9.1.12)$$

$$\left.\frac{\partial f(x,y,z,t)}{\partial z}\right|_{z=k\Delta z} = \frac{f^n(i,j,k+1/2) - f^n(i,j,k-1/2)}{\Delta z} + O(\Delta z) \quad (9.1.13)$$

$$\left.\frac{\partial f(x,y,z,t)}{\partial t}\right|_{t=nt} = \frac{f^{n+1/2}(i,j,k) - f^{n-1/2}(i,j,k)}{\Delta t} + O(\Delta t) \quad (9.1.14)$$

下面以式 (9.1.9) 中的第一方程为例进行电场显示差分格式的求解, 根据上述的差分格式以及电磁场的采样约定, 方程中的各偏导数分量分别为

$$\frac{\partial H_z^{n+1/2}\left(i+\frac{1}{2}, j+\frac{1}{2}, k\right)}{\partial y}$$

$$= \frac{H_z^{n+1/2}\left(i+\frac{1}{2}, j+\frac{1}{2}, k\right) - H_z^{n+1/2}\left(i+\frac{1}{2}, j-\frac{1}{2}, k\right)}{\Delta y} + O(\Delta y) \quad (9.1.15)$$

$$\frac{\partial H_y^{n+1/2}\left(i+\frac{1}{2}, j, k+\frac{1}{2}\right)}{\partial z}$$

$$= \frac{H_y^{n+1/2}\left(i+\frac{1}{2}, j, k+\frac{1}{2}\right) - H_y^{n+1/2}\left(i+\frac{1}{2}, j, k-\frac{1}{2}\right)}{\Delta z} + O(\Delta z) \quad (9.1.16)$$

$$\frac{\partial E_x^{n+1/2}\left(i+\frac{1}{2}, j, k\right)}{\partial t}$$

$$= \frac{E_x^{n+1}\left(i+\frac{1}{2}, j, k\right) - E_x^{n}\left(i+\frac{1}{2}, j, k\right)}{\Delta t} + O(\Delta t) \quad (9.1.17)$$

传导电流项中的电场分量在 $n+1/2$ 时刻采样, 这与表 9.1.1 中的约定是违背的, 因而需要对其进行处理, 采用相邻电场采样时刻的值近似为

$$E_x^{n+1/2}\left(i+\frac{1}{2}, j, k\right) = \frac{E_x^{n+1}\left(i+\frac{1}{2}, j, k\right) + E_x^{n}\left(i+\frac{1}{2}, j, k\right)}{2} \quad (9.1.18)$$

将式 (9.1.15)~ 式 (9.1.18) 代入式 (9.1.9) 的第一方程可以得到

$$\frac{H_z^{n+1/2}\left(i+\frac{1}{2}, j+\frac{1}{2}, k\right) - H_z^{n+1/2}\left(i+\frac{1}{2}, j-\frac{1}{2}, k\right)}{\Delta y}$$

$$
-\frac{H_y^{n+1/2}\left(i+\frac{1}{2},j,k+\frac{1}{2}\right)-H_y^{n+1/2}\left(i+\frac{1}{2},j,k-\frac{1}{2}\right)}{\Delta z}
$$

$$
=\gamma\frac{E_x^{n+1}\left(i+\frac{1}{2},j,k\right)-E_x^n\left(i+\frac{1}{2},j,k\right)}{\Delta t}
$$

$$
+\sigma\left(i+\frac{1}{2},j,k\right)\frac{E_x^{n+1}\left(i+\frac{1}{2},j,k\right)+E_x^n\left(i+\frac{1}{2},j,k\right)}{2}\tag{9.1.19}
$$

即

$$
E_x^{n+1}\left(i+\frac{1}{2},j,k\right)
$$

$$
=\frac{2\gamma-\sigma\left(i+\frac{1}{2},j,k\right)\Delta t}{2\gamma+\sigma\left(i+\frac{1}{2},j,k\right)\Delta t}E_x^n\left(i+\frac{1}{2},j,k\right)+\frac{2\Delta t}{2\gamma+\sigma\left(i+\frac{1}{2},j,k\right)\Delta t}
$$

$$
\cdot\left[\frac{H_z^{n+1/2}\left(i+\frac{1}{2},j+\frac{1}{2},k\right)-H_z^{n+1/2}\left(i+\frac{1}{2},j-\frac{1}{2},k\right)}{\Delta y}\right.
$$

$$
\left.-\frac{H_y^{n+1/2}\left(i+\frac{1}{2},j,k+\frac{1}{2}\right)-H_y^{n+1/2}\left(i+\frac{1}{2},j,k-\frac{1}{2}\right)}{\Delta z}\right]\tag{9.1.20}
$$

同理可以得到电场的 $y$ 和 $z$ 分量的表达式为

$$
E_y^{n+1}\left(i,j+\frac{1}{2},k\right)
$$

$$
=\frac{2\gamma-\sigma\left(i,j+\frac{1}{2},k\right)\Delta t}{2\gamma+\sigma\left(i,j+\frac{1}{2},k\right)\Delta t}E_y^n\left(i,j+\frac{1}{2},k\right)+\frac{2\Delta t}{2\gamma+\sigma\left(i+\frac{1}{2},j,k\right)\Delta t}
$$

$$
\cdot\left[\frac{H_x^{n+1/2}\left(i,j+\frac{1}{2},k+\frac{1}{2}\right)-H_x^{n+1/2}\left(i,j+\frac{1}{2},k-\frac{1}{2}\right)}{\Delta z}\right.
$$

$$
\left. - \frac{H_z^{n+1/2}\left(i+\dfrac{1}{2},j+\dfrac{1}{2},k\right) - H_z^{n+1/2}\left(i-\dfrac{1}{2},j+\dfrac{1}{2},k\right)}{\Delta x} \right] \tag{9.1.21}
$$

$$
E_z^{n+1}\left(i,j,k+\frac{1}{2}\right)
$$

$$
= \frac{2\gamma - \sigma\left(i+\dfrac{1}{2},j,k\right)\Delta t}{2\gamma + \sigma\left(i+\dfrac{1}{2},j,k\right)\Delta t} E_z^n\left(i,j,k+\frac{1}{2}\right) + \frac{2\Delta t}{2\gamma + \sigma\left(i+\dfrac{1}{2},j,k\right)\Delta t}
$$

$$
\cdot \left[ \frac{H_y^{n+1/2}\left(i+\dfrac{1}{2},j,k+\dfrac{1}{2}\right) - H_y^{n+1/2}\left(i-\dfrac{1}{2},j,k+\dfrac{1}{2}\right)}{\Delta x} \right.
$$

$$
\left. - \frac{H_x^{n+1/2}\left(i,j+\dfrac{1}{2},k+\dfrac{1}{2}\right) - H_x^{n+1/2}\left(i,j-\dfrac{1}{2},k+\dfrac{1}{2}\right)}{\Delta y} \right] \tag{9.1.22}
$$

方程中的电导率为给定的模型参数, 由于电场在 Yee 晶胞的棱边上采样, 因此电导率的取值需要根据对电场空间采样位置有贡献的 4 个 Yee 晶胞共同确定, 采用立方体网格剖分时, 4 个 Yee 晶胞各贡献体积的 1/4 用于计算平均电导率, 则式 (9.1.20) 和式 (9.1.22) 中的电导率按照如下公式进行求解:

$$
\sigma(i+1/2,j,k) = \frac{1}{4} \cdot [\sigma(i+1/2,j-1,k-1) + \sigma(i+1/2,j-1,k)
$$
$$
+ \sigma(i+1/2,j,k-1) + \sigma(i+1/2,j,k)] \tag{9.1.23}
$$

$$
\sigma(i,j+1/2,k) = \frac{1}{4} \cdot [\sigma(i-1,j+1/2,k-1) + \sigma(i-1,j+1/2,k)
$$
$$
+ \sigma(i,j+1/2,k-1) + \sigma(i,j+1/2,k)] \tag{9.1.24}
$$

$$
\sigma(i,j,k+1/2) = \frac{1}{4} \cdot [\sigma(i-1,j-1,k+1/2) + \sigma(i,j-1,k+1/2)
$$
$$
+ \sigma(i-1,j,k+1/2) + \sigma(i,j,k+1/2)] \tag{9.1.25}
$$

下面以式 (9.1.10) 中的第一方程为例建立磁场的显示差分格式, 同样根据差分方程通用表达式以及电磁场的采样约定, 方程中的各偏导数项分别为

$$\frac{\partial E_z^n\left(i,j,k+\frac{1}{2}\right)}{\partial y}=\frac{E_z^n\left(i,j+\frac{1}{2},k+\frac{1}{2}\right)-E_z^n\left(i,j-\frac{1}{2},k+\frac{1}{2}\right)}{\Delta y}+O(\Delta y)$$

$$(9.1.26)$$

$$\frac{\partial E_y^n\left(i,j+\frac{1}{2},k\right)}{\partial z}=\frac{E_y^n\left(i,j+\frac{1}{2},k+\frac{1}{2}\right)-E_y^n\left(i,j+\frac{1}{2},k-\frac{1}{2}\right)}{\Delta z}+O(\Delta y)$$

$$(9.1.27)$$

$$\frac{\partial B_x^n\left(i,j+\frac{1}{2},k+\frac{1}{2}\right)}{\partial t}$$

$$=\frac{B_x^{n+1/2}\left(i,j+\frac{1}{2},k+\frac{1}{2}\right)-B_x^{n-1/2}\left(i,j+\frac{1}{2},k+\frac{1}{2}\right)}{(\Delta t_{n-1}+\Delta t_n)/2}+O(\Delta t)\qquad(9.1.28)$$

式 (9.1.26) 和式 (9.1.27) 中的电场分量展开后与表 9.1.1 中的电场空间采样约定不同，因而采用相邻空间方向上的采样点进行近似，即

$$E_z^n\left(i,j+\frac{1}{2},k+\frac{1}{2}\right)=\frac{E_z^n\left(i,j+1,k+\frac{1}{2}\right)+E_z^n\left(i,j,k+\frac{1}{2}\right)}{2}\qquad(9.1.29)$$

$$E_y^n\left(i,j+\frac{1}{2},k+\frac{1}{2}\right)=\frac{E_y^n\left(i,j+\frac{1}{2},k+1\right)+E_y^n\left(i,j+\frac{1}{2},k\right)}{2}\qquad(9.1.30)$$

为了保持差分格式为交错网格的形式并使磁场的变化仅与其周围的电场分量相关，考虑如下的电场近似格式：

$$E_z^n\left(i,j,k+\frac{1}{2}\right)=\frac{E_z^n\left(i,j+\frac{1}{2},k+\frac{1}{2}\right)+E_z^{\,n}\left(i,j-\frac{1}{2},k+\frac{1}{2}\right)}{2}\qquad(9.1.31)$$

$$E_y^n\left(i,j+\frac{1}{2},k\right)=\frac{E_y^n\left(i,j+\frac{1}{2},k-\frac{1}{2}\right)+E_y^n\left(i,j+\frac{1}{2},k+\frac{1}{2}\right)}{2}\qquad(9.1.32)$$

将式 (9.1.31) 与式 (9.1.32) 代入式 (9.1.10) 中的第一方程可以得到

$$B_x^{n+1/2}\left(i,j+\frac{1}{2},k+\frac{1}{2}\right)=B_x^{n-1/2}\left(i,j+\frac{1}{2},k+\frac{1}{2}\right)-\frac{\Delta t_{n-1}+\Delta t_n}{2}$$

$$\cdot \left[ \frac{E_z^n\left(i, j+1, k+\dfrac{1}{2}\right) - E_z^n\left(i, j, k+\dfrac{1}{2}\right)}{\Delta y} \right.$$

$$\left. - \frac{E_y^n\left(i, j+\dfrac{1}{2}, k+1\right) - E_y^n\left(i, j+\dfrac{1}{2}, k\right)}{\Delta z} \right] \tag{9.1.33}$$

同理可以得到磁场的 $y$ 分量表达式为

$$B_y^{\,n+1/2}\left(i+\frac{1}{2}, j, k+\frac{1}{2}\right) = B_x^{\,n-1/2}\left(i+\frac{1}{2}, j, k+\frac{1}{2}\right) - \frac{\Delta t_{n-1} + \Delta t_n}{2}$$

$$\cdot \left[ \frac{E_x^n\left(i+\dfrac{1}{2}, j, k+1\right) - E_x^n\left(i+\dfrac{1}{2}, j, k\right)}{\Delta z} \right.$$

$$\left. - \frac{E_z^n\left(i+1, j, k+\dfrac{1}{2}\right) - E_z^n\left(i, j, k+\dfrac{1}{2}\right)}{\Delta x} \right] \tag{9.1.34}$$

由于进行了低频近似处理, 磁场 $z$ 分量的计算方法与 $x$ 和 $y$ 分量都不同, 针对式 (9.1.10) 中的第三方程, 有如下的关系式:

$$\frac{\partial B_z^{\,n+1/2}\left(i+\dfrac{1}{2}, j+\dfrac{1}{2}, k\right)}{\partial z}$$

$$= \frac{B_z^{\,n+1/2}\left(i+\dfrac{1}{2}, j+\dfrac{1}{2}, k+\dfrac{1}{2}\right) - B_z^{\,n+1/2}\left(i+\dfrac{1}{2}, j+\dfrac{1}{2}, k-\dfrac{1}{2}\right)}{\Delta z} + O(\Delta z) \tag{9.1.35}$$

$$\frac{\partial B_x^{\,n+1/2}\left(i, j+\dfrac{1}{2}, k+\dfrac{1}{2}\right)}{\partial x}$$

$$= \frac{B_x^{\,n+1/2}\left(i+\dfrac{1}{2}, j+\dfrac{1}{2}, k+\dfrac{1}{2}\right) - B_x^{\,n+1/2}\left(i-\dfrac{1}{2}, j+\dfrac{1}{2}, k+\dfrac{1}{2}\right)}{\Delta x} + O(\Delta x) \tag{9.1.36}$$

$$
\begin{aligned}
&\frac{\partial B_y{}^{n+1/2}\left(i+\dfrac{1}{2},j,k+\dfrac{1}{2}\right)}{\partial y}\\[2mm]
&=\frac{B_y{}^{n+1/2}\left(i+\dfrac{1}{2},j+\dfrac{1}{2},k+\dfrac{1}{2}\right)-B_y{}^{n+1/2}\left(i+\dfrac{1}{2},j-\dfrac{1}{2},k+\dfrac{1}{2}\right)}{\Delta y}+O(\Delta y)
\end{aligned}
$$

$$(9.1.37)$$

对于不在空间采样点的部分分量仍然采用邻近的近似, 有

$$
\begin{aligned}
&B_z^{n+1/2}\left(i+\frac{1}{2},j+\frac{1}{2},k+\frac{1}{2}\right)\\[2mm]
&=\frac{B_z^{n+1/2}\left(i+\dfrac{1}{2},j+\dfrac{1}{2},k+1\right)+B_z^{n+1/2}\left(i+\dfrac{1}{2},j+\dfrac{1}{2},k\right)}{2}
\end{aligned}
$$

$$(9.1.38)$$

$$
\begin{aligned}
&B_x^{n+1/2}\left(i+\frac{1}{2},j+\frac{1}{2},k+\frac{1}{2}\right)\\[2mm]
&=\frac{B_x^{n+1/2}\left(i+1,j+\dfrac{1}{2},k+\dfrac{1}{2}\right)+B_x^{n+1/2}\left(i,j+\dfrac{1}{2},k+\dfrac{1}{2}\right)}{2}
\end{aligned}
$$

$$(9.1.39)$$

$$
\begin{aligned}
&B_y^{n+1/2}\left(i+\frac{1}{2},j+\frac{1}{2},k+\frac{1}{2}\right)\\[2mm]
&=\frac{B_y^{n+1/2}\left(i+\dfrac{1}{2},j+1,k+\dfrac{1}{2}\right)+B_y{}^{n+1/2}\left(i+\dfrac{1}{2},j,k+\dfrac{1}{2}\right)}{2}
\end{aligned}
$$

$$(9.1.40)$$

如图 9.1.1 所示, 为了使磁场 $z$ 分量的计算保持在一个 Yee 晶胞格内, 考虑如下的电磁场近似关系:

$$
\begin{aligned}
&B_z^{n+1/2}\left(i+\frac{1}{2},j+\frac{1}{2},k\right)\\[2mm]
&=\frac{B_z^{n+1/2}\left(i+\dfrac{1}{2},j+\dfrac{1}{2},k-\dfrac{1}{2}\right)+B_z^{n+1/2}\left(i+\dfrac{1}{2},j+\dfrac{1}{2},k+\dfrac{1}{2}\right)}{2}
\end{aligned}
$$

$$(9.1.41)$$

$$
\begin{aligned}
&B_x{}^{n+1/2}\left(i,j+\frac{1}{2},k+\frac{1}{2}\right)\\[2mm]
&=\frac{B_x^{n+1/2}\left(i-\dfrac{1}{2},j+\dfrac{1}{2},k+\dfrac{1}{2}\right)+B_x^{n+1/2}\left(i+\dfrac{1}{2},j+\dfrac{1}{2},k+\dfrac{1}{2}\right)}{2}
\end{aligned}
$$

$$(9.1.42)$$

$$B_y^{n+1/2}\left(i+\frac{1}{2},j,k+\frac{1}{2}\right)$$

$$=\frac{B_y^{n+1/2}\left(i+\frac{1}{2},j-\frac{1}{2},k+\frac{1}{2}\right)+B_y^{n+1/2}\left(i+\frac{1}{2},j+\frac{1}{2},k+\frac{1}{2}\right)}{2} \tag{9.1.43}$$

将式 (9.1.35)~ 式 (9.1.43) 代入式 (9.1.10) 中的第三方程可得

$$B_z^{n+1/2}\left(i+\frac{1}{2},j+\frac{1}{2},k\right)$$

$$=B_z^{n+1/2}\left(i+\frac{1}{2},j+\frac{1}{2},k+1\right)$$

$$+\Delta z\left[\frac{B_x^{n+1/2}\left(i+1,j+\frac{1}{2},k+\frac{1}{2}\right)-B_x^{n+1/2}\left(i,j+\frac{1}{2},k+\frac{1}{2}\right)}{\Delta x}\right.$$

$$\left.+\frac{B_y^{n+1/2}\left(i+\frac{1}{2},j+1,k+\frac{1}{2}\right)-B_y^{n+1/2}\left(i+\frac{1}{2},j,k+\frac{1}{2}\right)}{\Delta y}\right] \tag{9.1.44}$$

考虑磁感应强度 $B$ 与磁场强度 $H$ 的直接关系式

$$B=\mu H \tag{9.1.45}$$

其中，$\mu$ 为导电媒质的磁导率，在非磁性介质中采用真空磁导率。

式 (9.1.20)、式 (9.1.21)、式 (9.1.22) 和式 (9.1.33)、式 (9.1.34)、式 (9.1.44) 就构成了瞬变电磁场在有耗媒质中传播的电场和磁场的时域有限差分格式。

### 9.1.3 有源媒质中的 Maxwell 方程组

在有源媒质中，式 (9.1.1b) 必须包含源电流项 [21-24]，修改为

$$\nabla \times H = \gamma\frac{\partial E}{\partial t}+\sigma E+J_s \tag{9.1.46}$$

其中，$J_s$ 代表源电流密度。

根据图 9.1.1 中的网格形式及坐标系，在直角坐标情况下，式 (9.1.46) 表示为

$$
\begin{cases}
\dfrac{\partial H_z}{\partial y} - \dfrac{\partial H_y}{\partial z} = \gamma\dfrac{\partial E_x}{\partial t} + \sigma E_x + J_{sx} \\[2mm]
\dfrac{\partial H_x}{\partial z} - \dfrac{\partial H_z}{\partial x} = \gamma\dfrac{\partial E_y}{\partial t} + \sigma E_y + J_{sy} \\[2mm]
\dfrac{\partial H_y}{\partial x} - \dfrac{\partial H_x}{\partial y} = \gamma\dfrac{\partial E_z}{\partial t} + \sigma E_z
\end{cases}
\tag{9.1.47}
$$

由于激励源电流位于 $xoy$ 平面内，源电流不存在 $z$ 方向的分量，因而方程中仅存在 $J_{sx}$ 和 $J_{sy}$。

采用前述的差分格式离散方法，考虑软源的方式将导线所在网格除外加入源外仍然按照差分格式进行正常迭代，可得到电场 FDTD 迭代的差分形式为

$$
E_x^{n+1}\left(i+\frac{1}{2},j,k\right)
$$

$$
= \frac{2\gamma - \sigma\left(i+\dfrac{1}{2},j,k\right)\Delta t}{2\gamma + \sigma\left(i+\dfrac{1}{2},j,k\right)\Delta t} \cdot E_x^n\left(i+\frac{1}{2},j,k\right) + \frac{2\Delta t}{2\gamma + \sigma\left(i+\dfrac{1}{2},j,k\right)\Delta t}
$$

$$
\cdot \left[ \frac{H_z^{n+1/2}\left(i+\dfrac{1}{2},j+\dfrac{1}{2},k\right) - H_z^{n+1/2}\left(i+\dfrac{1}{2},j-\dfrac{1}{2},k\right)}{\Delta y} \right.
$$

$$
\left. - \frac{H_y^{n+1/2}\left(i+\dfrac{1}{2},j,k+\dfrac{1}{2}\right) - H_y^{n+1/2}\left(i+\dfrac{1}{2},j,k-\dfrac{1}{2}\right)}{\Delta z} \right]
$$

$$
- \frac{2\Delta t}{2\gamma + \sigma\left(i+\dfrac{1}{2},j,k\right)\Delta t} J_{sx}^{n+1/2}
\tag{9.1.48}
$$

$$
E_y^{n+1}\left(i,j+\frac{1}{2},k\right)
$$

$$
= \frac{2\gamma - \sigma\left(i,j+\dfrac{1}{2},k\right)\Delta t}{2\gamma + \sigma\left(i,j+\dfrac{1}{2},k\right)\Delta t} \cdot E_y^n\left(i,j+\frac{1}{2},k\right) + \frac{2\Delta t}{2\gamma + \sigma\left(i,j+\dfrac{1}{2},k\right)\Delta t}
$$

$$
\cdot \left[ \frac{H_x^{n+1/2}\left(i,j+\dfrac{1}{2},k+\dfrac{1}{2}\right) - H_x^{n+1/2}\left(i,j+\dfrac{1}{2},k-\dfrac{1}{2}\right)}{\Delta z} \right.
$$

$$\left. - \frac{H_z^{n+1/2}\left(i+\frac{1}{2},j+\frac{1}{2},k\right) - H_z^{n+1/2}\left(i-\frac{1}{2},j+\frac{1}{2},k\right)}{\Delta x} \right]$$

$$- \frac{2\Delta t}{2\gamma + \sigma\left(i,j+\frac{1}{2},k\right)\Delta t} J_s^{n+1/2} \tag{9.1.49}$$

激发源加载方式仅与电场的 $x$ 和 $y$ 分量有关，因此 $E_z$ 的迭代公式与无源区域的相同。由于迭代格式中包含了源电流项，回线源瞬变电磁的激发源是细导线，在实际建模中细导线的尺寸远小于晶胞尺寸，因此不能通过晶胞来模拟细导线。又由于回线源的存在，源所在的单元网格需要进行特殊的处理，以保证计算结果的可靠性。图 9.1.2 给出了回线边与角点处细导线源与网格的相对位置示意图。

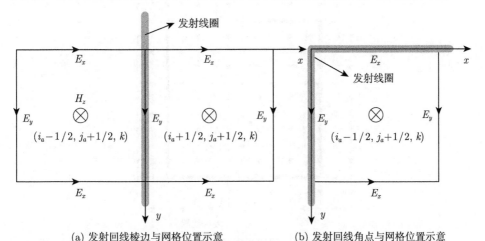

(a) 发射回线棱边与网格位置示意      (b) 发射回线角点与网格位置示意

图 9.1.2    导线源与相邻单元的位置示意图

根据法拉第电磁感应定律和安培环路定理，有

$$-\int_l E \cdot \mathrm{d}l = \mu \frac{\partial}{\partial t} \iint_s H \cdot \mathrm{d}s \tag{9.1.50}$$

$$\int_l H \cdot \mathrm{d}l = \gamma \frac{\partial}{\partial t} \iint_s E \cdot \mathrm{d}s \tag{9.1.51}$$

源所在单元的电磁场值可以由上述积分求解得到。

进行源的处理时将其施加在 Yee 元胞的棱边上，而细导线与电场的空间位置重合，因而临近单元仅需要处理网格中心的磁场分量。由前述的电磁场差分迭代格式可知，每一个 Yee 单元的磁场仅与该元胞表面的电场分量以及磁场分量上一时刻的值有关，本例中仅需要求解 $H_z$ 分量，而前面为了保证 FDTD 对低频电磁场求解的正确性，没有采用电场分量求解 $H_z$ 而是采用磁场的 $x$ 和 $y$ 分量来求解 $z$ 分量，因而本处的磁场 $z$ 分量可以不需要进行特殊处理。

## 9.2   激励源的施加与边界条件

按照 FDTD 计算中电流密度激励源的施加方法并结合 Yee 晶胞格式，将其施加在 Yee 元胞的棱边上 [26]，如图 9.2.1 所示，与电场的空间采样位置重合。激发电流波形理论上是可以任意设置的。为了方便与阶跃电流激发的计算结果进行对比，采用梯形波作为激发源，考虑激发电流的上升沿、持续时间和下降沿。

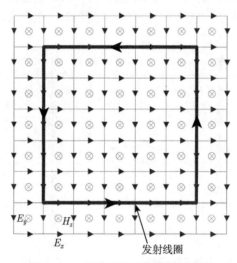

图 9.2.1   回线源与网格位置示意图

FDTD 计算中需要采用一个平滑的激励函数来降低噪声和冲击效应对计算结果的影响，图 9.2.2 中所示的梯形波函数存在四个不可导尖点，在图中用空心圆圈标出。为了避免这四个不可导尖点对计算的冲击效应，采用开关函数对激发波形的上升沿和下降沿进行处理。

借鉴微波计算中时谐场过程，采用式 (9.2.1) 与式 (9.2.2) 所示的升余弦函数和降余弦函数作为开关函数分别处理激发电流波形的上升沿和下降沿：

$$U(t) = \begin{cases} 0, & t < 0 \\ 0.5\left[1 - \cos(\pi t/t_1)\right], & 0 \leqslant t < t_1 \\ 1, & t_1 \leqslant t \end{cases} \tag{9.2.1}$$

$$U(t) = \begin{cases} 1, & t < t_2 \\ 0.5\left[1 + \cos\left(\dfrac{\pi t}{t_3 - t_2}\right)\right], & t_2 \leqslant t < t_3 \\ 0, & t_3 \leqslant t \end{cases} \quad (9.2.2)$$

其中，$U(t)$ 表示不同时刻的电流值；$t_1$、$t_2$、$t_3$ 分别对应图 9.2.2 中的不同时刻。

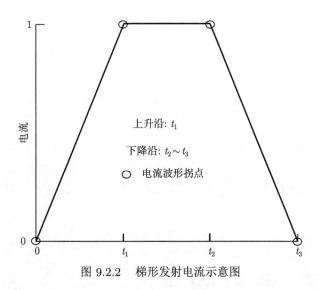

图 9.2.2　梯形发射电流示意图

使用开关函数处理消除了原有梯形函数的不可导尖点，能够保证 FDTD 计算值采用平滑的激励源。且经过开关函数处理后的信号与原信号必须具有相同的频带宽度，对变换前后的信号分别进行傅里叶变换以比较其振幅谱和相位谱是否一致。

采用开关函数处理前的梯形波函数可以写为

$$U_1(t) = \begin{cases} 0, & t < 0 \\ \dfrac{t}{t_1}, & 0 \leqslant t < t_1 \\ 1, & t_1 \leqslant t < t_2 \\ \dfrac{t - t_3}{t_2 - t_3}, & t_2 \leqslant t < t_3 \\ 0, & t \geqslant t_3 \end{cases} \quad (9.2.3)$$

经过开关函数式 (9.2.1) 和式 (9.2.2) 处理后的激励函数为

$$
U_2(t) = \begin{cases}
0, & t < 0 \\
0.5\left[1 - \cos(\pi t/t_1)\right], & 0 \leqslant t < t_1 \\
1, & t_1 \leqslant t < t_2 \\
0.5\left[1 + \cos\left(\dfrac{\pi t}{t_3 - t_2}\right)\right], & t_2 \leqslant t < t_3 \\
0, & t_3 \leqslant t
\end{cases}
\tag{9.2.4}
$$

以函数式 (9.2.4) 为例求取其频率域表达式, 式 (9.2.4) 的像函数可以表示为

$$
F_2(\omega) = \int_{-\infty}^{+\infty} U_2(t)\mathrm{e}^{-\mathrm{i}\omega t}\mathrm{d}t
\tag{9.2.5}
$$

按照分段函数将式 (9.2.4) 代入得

$$
\int_{-\infty}^{+\infty} U_2(t)\mathrm{e}^{-\mathrm{i}\omega t}\mathrm{d}t = \frac{1}{2}\int_0^{t_1} \left[1 - \cos(\pi t/t_1)\right]\mathrm{e}^{-\mathrm{i}\omega t}\mathrm{d}t + \int_{t_1}^{t_2} \mathrm{e}^{-\mathrm{i}\omega t}\mathrm{d}t
$$
$$
+ \frac{1}{2}\int_{t_2}^{t_3}\left[1 + \cos\left(\frac{\pi t}{t_3 - t_2}\right)\right]\mathrm{e}^{-\mathrm{i}\omega t}\mathrm{d}t
\tag{9.2.6}
$$

根据积分法则求解上述积分可以得到

$$
F_2(\omega) = \frac{\mathrm{i}\pi^2 - \mathrm{i}\pi^2\cos(\omega t_1) - \pi^2\sin(\omega t_1) + 2\mathrm{i}t_1^2\omega^2\cos(\omega t_1) + 2t_1^2\omega^2\sin(\omega t_1)}{2(\omega^3 t_1^2 - \pi^2\omega)}
$$
$$
+ \frac{\mathrm{e}^{-\mathrm{i}\omega t_1} - \mathrm{e}^{-\mathrm{i}\omega t_2}}{\mathrm{i}\omega}
$$
$$
- \frac{1}{2}\left[\frac{\mathrm{e}^{-\mathrm{i}\omega t}}{\mathrm{i}\omega} + \frac{\mathrm{i}\omega\cos\left(\dfrac{\pi t}{t_2 - t_3}\right) - \pi\sin\left(\dfrac{\pi t}{t_2 - t_3}\right)/(t_2 - t_3)}{\left[\dfrac{\pi^2}{(t_2 - t_3)^2} - \omega^2\right]\mathrm{e}^{\mathrm{i}\omega t}}\right]\Bigg|_{t_2}^{t_3}
\tag{9.2.7}
$$

整理式 (9.2.7) 可以得到经过升余弦和降余弦函数处理后的式 (9.2.4) 的频谱方程为

$$
F_2(\omega) = \frac{2t_1^2\omega^2\left[\sin(\omega t_1) + \mathrm{i}\cos(\omega t_1)\right] - \pi^2\left\{\sin(\omega t_1) - \mathrm{i}\left[1 - \cos(\omega t_1)\right]\right\}}{2(\omega^3 t_1^2 - \pi^2\omega)}
$$
$$
+ \frac{2\mathrm{e}^{-\mathrm{i}\omega t_1} - 2\mathrm{e}^{-\mathrm{i}\omega t_2} - \mathrm{e}^{-\mathrm{i}\omega t_3} + \mathrm{e}^{-\mathrm{i}\omega t_2}}{2\mathrm{i}\omega}
$$

$$-\frac{\mathrm{i}\omega\cos\left(\dfrac{\pi t}{t_2-t_3}\right)-\pi\sin\left(\dfrac{\pi t}{t_2-t_3}\right)\big/(t_2-t_3)}{2\left[\dfrac{\pi^2}{(t_2-t_3)^2}-\omega^2\right]\mathrm{e}^{\mathrm{i}\omega t}}\Bigg|_{t_2}^{t_3} \tag{9.2.8}$$

类似可以得到原梯形电流波形激励函数的频率域表达式为

$$F_1(\omega)=\frac{1-\mathrm{e}^{\mathrm{i}\omega t_1}+\mathrm{i}\omega t_1}{\omega^2 t_1 \mathrm{e}^{\mathrm{i}\omega t_1}}+\frac{\mathrm{e}^{-\mathrm{i}\omega t_1}}{\mathrm{i}\omega}-\frac{\mathrm{e}^{-\mathrm{i}\omega t_2}-\mathrm{e}^{-\mathrm{i}\omega t_3}}{\omega^2(t_2-t_3)} \tag{9.2.9}$$

将频率域的函数按照给定的时间范围进行变换前后，函数波形的振幅谱分布和相位谱分布均未发生大的变化，因而进行的处理是有效的，处理后的平滑激励函数能够模拟变换前的梯形波函数激励。

对于低频电磁场计算，采用 Dirichlet 边界条件。对于地面情况，在剖分模型除地面边界外的剩余 5 个外边界上，电场的切向分量和磁场的垂向分量设置为 0，地面采用 Wang 和 Hohmann 给出的向上延拓的边界条件，这就要求模型要剖分到足够大的区域。

## 9.3 稳定性与数值色散

### 9.3.1 稳定性条件

为了满足数值的稳定性，必须保证系统是因果的，即电磁波在媒质中的传播速度小于数值模拟的速度，阻尼波动方程中电磁波传播的速度为

$$v=\frac{1}{\sqrt{\mu\gamma}} \tag{9.3.1}$$

则要求的稳定性条件即为

$$v\Delta t\leqslant\frac{1}{\sqrt{\dfrac{1}{(\Delta x)^2}+\dfrac{1}{(\Delta y)^2}+\dfrac{1}{(\Delta z)^2}}} \tag{9.3.2}$$

当采用均匀网格划分时，整理后可以得到对时间网格划分的要求如下：

$$\Delta t\leqslant\delta\sqrt{\frac{\gamma\mu}{3}} \tag{9.3.3}$$

从公式 (9.3.3) 可以看出，通过适当放大虚拟介电常数 $\gamma$ 可以使时间间隔 $\Delta t$ 的取值适当增大，减少迭代次数。公式 (9.3.3) 变形后的另一个形式为

$$\gamma\geqslant\frac{3}{\mu}\left(\frac{\Delta t}{\delta}\right)^2 \tag{9.3.4}$$

$\gamma$ 与 $\Delta t$ 的相互依赖关系使问题更加复杂。但是，虚拟位移电流是为了方便构建显示的 FDTD 差分格式而引入的，必须对虚拟位移电流项进行适当的限制以保证其不致太大而湮没了扩散场的特性。

$$\Delta t_{\mathrm{max}} = \alpha\delta\sqrt{\frac{\mu\sigma t}{6}} \tag{9.3.5}$$

在实际实现过程中，时间步取值，先按照式 (9.3.5) 得到满足要求的时间步网格，然后通过式 (9.3.4) 求解合适的虚拟介电常数，以此来满足 Courant 稳定性要求。为了保证激发源能够产生合适的一次场，在开始至电流关断的时间范围内采用真实介电常数代替 $\gamma$ 并采用等间距时间剖分。

采用上述的稳定性条件，对 301×301×100 个网格的均匀模型进行 FDTD 计算时发现可以迭代十几万步而不发散。

### 9.3.2　数值色散

即使是非色散媒质在使用 FDTD 进行数值模拟的过程中也会产生数值色散现象，这是数值差分造成的。由数值色散造成的误差与 FDTD 在空间和时间上的采样密度有关。空间采样密度取决于电磁波的波长，随着网格尺寸的变化，FDTD 存在慢波效应，并且 FDTD 模拟的电磁波传播速度误差随着网格尺寸的减半以大约 4:1 的因子下降。通用的网格尺寸抑制数值色散条件为

$$\delta \leqslant \frac{\lambda}{12} \tag{9.3.6}$$

其中，$\lambda$ 代表波长。

1MHz 的电磁波在真空中传播时的波长约为 300m，此时要求网格尺寸不大于 25m，瞬变电磁勘探虽然是宽频带场，但在有耗媒质中高频电磁波被迅速吸收，仅留下低频谐波成分丰富的电磁波，并且电磁波在有耗媒质中的传播速度小于在真空中的传播速度，相应的波长会增大，频谱分布范围基本小于 1MHz，因而进行空间网格人工剖分时满足式 (9.3.6) 即可。

时间采样的限制可以按照空间采样的选择方法进行，通用的时间网格抑制数值色散的条件为

$$\Delta t \leqslant \frac{T}{12} \tag{9.3.7}$$

其中，$T$ 表示电磁波的周期。

同样对于 1MHz 的电磁波，其周期为 $10^{-6}$s，此时要求时间间隔不大于 $0.83\times 10^{-7}$s，越低频的电磁波对最大时间间隔的要求越宽松。

## 9.4 并行计算技术

三维建模是计算密集型问题,采用传统的串行编程方案会造成计算效率低下,无法满足三维模拟的计算速度要求。时域有限差分方法具有天然的并行性,采用并行算法能够极大地提高计算效率[27]。针对求解问题的需要,分别采用基于 OpenMP 的共享内存多核多线程并行计算技术和基于 OpenACC 并行计算方案的 GPU 计算技术对算法进行并行化,并对两者的计算效率进行了对比。结果表明采用多核计算技术能够提高计算效率,但与 CPU 相比,GPU 拥有成百上千的计算核心,在不显著增加成本的情况下,采用 CPU+GPU 的异构并行技术相对于单纯采用 CPU 并行方案的计算效率有巨大的提高。所有的并行化和后续的计算都是在一台配置为 Intel®CoreTM i7 950 CPU(四核心八线程,主频 3.2GHz)和 NVIDIA®GTX 460 显卡 (拥有 336 个 CUDA 计算核心和 1024M 显存) 的 PC 上进行的,并在一台配置有 NVIDIA®Tesla K20 的工作站上进行了对比测试。

### 9.4.1 基于共享内存的 CPU 多核多线程并行计算

为了充分利用计算机的多核心多线程计算资源,对算法结构进行适当的改进可以大幅提高计算效率。采用 OpenMP 并行计算编程技术实现多核心多线程的共享内存并行计算。优化的主要部分集中于电磁场的迭代计算,因而以该部分的并行优化为例进行分析,采用单线程编程思路和并行计算方法的编程结构对比如图 9.4.1 所示。采用传统的串行编程模式,会造成严重的 CPU 饥饿现象,尤其是针对拥有多核心的 CPU,而采用基于 OpenMP 的并行计算技术能够在同一时刻进行多个子程序模块的计算,充分利用多线程的优势。

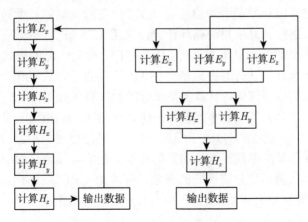

(a) 单线程编程循环结构图　　(b) 多线程并行计算循环结构图

图 9.4.1　单线程与多线程并行计算编程循环结构图

仅采用图 9.4.1(b) 所示的循环结构框架对于四核八线程的 CPU 仍然存在饥饿现象, 因而在每个子模块计算单元中仍然采用 OpenMP 技术进行多线程优化。例如, 在求解 $H_z$ 分量时, 根据系统当前空闲的线程情况将计算区域自动划分为多个部分, 然后让每一个线程计算一部分, 划分时尽量让每个线程的工作量相同, 将 1 块计算区域划分为 4 个线程进行计算的示例如图 9.4.2 所示。

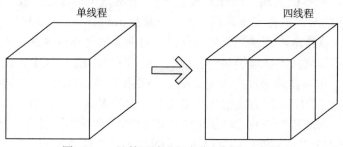

图 9.4.2　计算区域进行多线程划分示意图

此外, CPU 多核多线程并行计算还采用了工业界高性能计算采用的矢量计算单元 (VALU) 技术、数据预提取 (prefetch) 技术和并行数据输出技术, 采用 Intel 最新的 SSE4.2 指令集。

通过上述的综合方法和现代技术进行程序优化和设计, 使计算过程中计算机的 CPU 能够一直处于满负荷 (CPU 利用率为 100%) 或接近满负荷状态。

### 9.4.2　基于 CPU+GPU 的并行计算

与 CPU 不同, GPU 体积较大, 并且不需要逻辑控制单元, 因而可以封装更多的浮点运算单元, 如普通 GTX460 显卡拥有 336 个 CUDA 计算单元, NVIDIA 公司基于 Kepler 架构的 Tesla K20X 系列高端计算卡拥有 2688 个 CUDA 计算单元, 其双精度浮点计算能力峰值达到 1.31T。在瞬变电磁三维问题的求解过程中, 通过 GPU 进行计算密集的循环计算, 采用 CPU 进行整体程序的逻辑控制和结果输出会得到更高的计算效率。CPU+GPU 异构计算的模式需要对整体程序架构进行重新设计, 让计算密集部分在 GPU 中进行, 而 CPU 主要进行逻辑控制部分和数据的读写部分, 计算密集部分的程序框图如图 9.4.3 所示。

与单纯采用 CPU 多线程并行模式相比, 采用 GPU 相当于引入了数量更多的 "线程" 来进行浮点运算, GPU 中进行计算的部分也根据相应的优化准则进行并行化, 因而其计算效率能够得到明显的提高。在实际设置过程中, 采用一定的间隔将多次的迭代循环划分成不同的部分, 每次由 CPU 向 GPU 提交一组循环计算, GPU 计算完成后将结果返回给 CPU, 然后再次接受 CPU 分配的下一组循环计算。

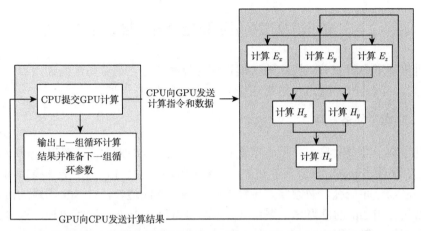

图 9.4.3 计算密集部分 CPU 与 GPU 协调工作程序设计框图

### 9.4.3 性能对比

采用高度优化的 CPU 多线程并行计算和 CPU+GPU 异构工作模式的并行算法分别进行相同模型的计算进行性能加速对比，由于对 FDTD 算法进行了一定的改进，并且针对瞬变电磁数值计算的特殊模型，采用每分钟处理的迭代次数进行评估，针对网格数目为 140×140×180 的非均匀网格模型，不同算法和平台的计算性能对比如图 9.4.4 所示。与 GTX 460 相比，K20 的计算效率仅提高不足 4 倍，分析原因可能是当前模型较小，GPU 处于饥饿状态，大模型的计算加速比可能会更高。

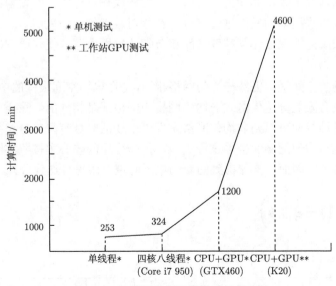

图 9.4.4 不同并行计算技术性能对比

## 9.5   三维正演算法在隧道模型瞬变电磁计算的应用

进行隧道内瞬变电磁探测的三维正演计算时，存在部分与地面通用算法有差异的地方，需要根据隧道内的实际情况进行特殊处理 [28,29]。

### 9.5.1   非均匀网格方案

隧道掌子面空间狭小，因而布置的发射回线不可能太大，一般以 3m×3m 为主，也有采用 6 m×6 m 或者 9 m×9 m(超大断面) 的尺寸，为了能够模拟回线内部的电磁场分布情况，必须要有足够的网格剖分回线边长，以 3m 回线为例，采用网格尺寸 0.2m 的立方体，采用 15 个网格可以模拟 3m 回线边长，这样的设置是足够的，但采用 0.2m 的立方体进行均匀网格剖分时，当采用 500×500×500 的网格设置时仅能够模拟 100m×100m×100m 的空间范围，这对于电磁场计算以及满足 Dirichlet 边界条件都是难以实现的，但此时的计算机内存消耗已经达到 5.9GB。对于普通电脑来说，更多网格数的计算几乎是不可能的，这就要求采用非均匀网格技术。

非均匀网格是指在沿坐标轴的某一方向上网格的尺寸是变化的，一般情况下按照一定的放大比例进行等比例放大。均匀网格中，电场空间采样在其包围的 4 个磁场空间采样位置的中间，而在非均匀网格中，电场偏离了中心位置，非均匀网格已经不再具有二阶精度，因此在条件允许的情况下采用均匀网格，在均匀网格无法计算的情况下采用非均匀网格剖分。实际操作过程中，在发射回线附近及周围一定范围内采用均匀网格进行剖分，在相对较远的区域采用非均匀网格进行剖分。这样做既能够保证计算精度又能够节省计算机内存，使普通 PC 进行大尺寸模型计算成为可能。

由于磁场的空间采用仍然与均匀网格相同,是在电场空间采样的中间进行,因此磁场的时域有限差分迭代格式与均匀网格中的格式是相同的，只需要对电场的采样进行重新推导即可得到非均匀网格条件下电场的时域有限差分递推格式。公式的推导过程与均匀网格的推导过程类似，但是采用间隔必须按照实际的相邻网格尺寸进行确定，因而，推导得到的新的电场时域有限差分迭代公式为

$$E_x^{n+1}\left(i+\frac{1}{2},j,k\right)$$

$$=\frac{2\gamma-\sigma\left(i+\frac{1}{2},j,k\right)\Delta t}{2\gamma+\sigma\left(i+\frac{1}{2},j,k\right)\Delta t}E_x^n\left(i+\frac{1}{2},j,k\right)+\frac{2\Delta t}{2\gamma+\sigma\left(i+\frac{1}{2},j,k\right)\Delta t}$$

$$\cdot \left[ \frac{H_z^{n+1/2}\left(i+\frac{1}{2},j+\frac{1}{2},k\right) - H_z^{n+1/2}\left(i+\frac{1}{2},j-\frac{1}{2},k\right)}{(\Delta y_j + \Delta y_{j-1})/2} \right.$$

$$\left. - \frac{H_y^{n+1/2}\left(i+\frac{1}{2},j,k+\frac{1}{2}\right) - H_y^{n+1/2}\left(i+\frac{1}{2},j,k-\frac{1}{2}\right)}{(\Delta z_k + \Delta z_{k-1})/2} \right] \tag{9.5.1}$$

$$E_y^{n+1}\left(i,j+\frac{1}{2},k\right)$$

$$= \frac{2\gamma - \sigma\left(i,j+\frac{1}{2},k\right)\Delta t}{2\gamma + \sigma\left(i,j+\frac{1}{2},k\right)\Delta t} E_y^n\left(i,j+\frac{1}{2},k\right) + \frac{2\Delta t}{2\gamma + \sigma\left(i+\frac{1}{2},j,k\right)\Delta t}$$

$$\cdot \left[ \frac{H_x^{n+1/2}\left(i,j+\frac{1}{2},k+\frac{1}{2}\right) - H_x^{n+1/2}\left(i,j+\frac{1}{2},k-\frac{1}{2}\right)}{(\Delta z_k + \Delta z_{k-1})/2} \right.$$

$$\left. - \frac{H_z^{n+1/2}\left(i+\frac{1}{2},j+\frac{1}{2},k\right) - H_z^{n+1/2}\left(i-\frac{1}{2},j+\frac{1}{2},k\right)}{(\Delta x_i + \Delta x_{i-1})/2} \right] \tag{9.5.2}$$

$$E_z^{n+1}\left(i,j,k+\frac{1}{2}\right)$$

$$= \frac{2\gamma - \sigma\left(i+\frac{1}{2},j,k\right)\Delta t}{2\gamma + \sigma\left(i+\frac{1}{2},j,k\right)\Delta t} E_z^n\left(i,j,k+\frac{1}{2}\right) + \frac{2\Delta t}{2\gamma + \sigma\left(i+\frac{1}{2},j,k\right)\Delta t}$$

$$\cdot \left[ \frac{H_y^{n+1/2}\left(i+\frac{1}{2},j,k+\frac{1}{2}\right) - H_y^{n+1/2}\left(i-\frac{1}{2},j,k+\frac{1}{2}\right)}{(\Delta x_i + \Delta x_{i-1})/2} \right.$$

$$\left. - \frac{H_x^{n+1/2}\left(i,j+\frac{1}{2},k+\frac{1}{2}\right) - H_x^{n+1/2}\left(i,j-\frac{1}{2},k+\frac{1}{2}\right)}{(\Delta y_j + \Delta y_{j-1})/2} \right] \tag{9.5.3}$$

上述公式中电导率按照相邻网格的体积及贡献率计算，即电场空间采样周围的 4 个 Yee 晶胞中，每个晶胞贡献 1/4 体积的电导率，实质上是采用了加权平均的做法。

式 (9.1.23)～式 (9.1.25) 给出的电导率折算方法需要修正为

$$
\sigma(i+1/2,j,k)
$$
$$
=\frac{1}{(\Delta y_{j-1}+\Delta y_j)\,(\Delta z_{k-1}+\Delta z_k)}
$$
$$
\cdot [\Delta y_{j-1}\cdot\Delta z_{k-1}\sigma(i+1/2,j-1,k-1)
$$
$$
+\Delta y_{j-1}\cdot\Delta z_k\sigma(i+1/2,j-1,k)
$$
$$
+\Delta y_j\cdot\Delta z_{k-1}\sigma(i+1/2,j,k-1)+\Delta y_j\cdot\Delta z_k\sigma(i+1/2,j,k)] \tag{9.5.4}
$$

$$
\sigma(i,j+1/2,k)=\frac{1}{(\Delta x_{i-1}+\Delta x_i)\,(\Delta z_{k-1}+\Delta z_k)}
$$
$$
\cdot [\Delta x_{i-1}\cdot\Delta z_{k-1}\sigma(i-1,j+1/2,k-1)
$$
$$
+\Delta x_{i-1}\cdot\Delta z_k\sigma(i-1,j+1/2,k)
$$
$$
+\Delta x_i\cdot\Delta z_{k-1}\sigma(i,j+1/2,k-1)+\Delta x_i\cdot\Delta z_k\sigma(i,j+1/2,k)] 
$$
$$
\tag{9.5.5}
$$

$$
\sigma(i,j,k+1/2)=\frac{1}{(\Delta y_{j-1}+\Delta y_j)\,(\Delta x_{i-1}+\Delta x_i)}
$$
$$
[\Delta y_{j-1}\cdot\Delta x_{k-1}\sigma(i-1,j-1,k+1/2)
$$
$$
+\Delta y_{j-1}\cdot\Delta x_i\sigma(i,j-1,k+1/2)
$$
$$
+\Delta y_j\cdot\Delta x_{i-1}\sigma(i-1,j,k+1/2)+\Delta y_j\cdot\Delta x_i\sigma(i,j,k+1/2)]
$$
$$
\tag{9.5.6}
$$

采用非均匀网格后，为了保证计算精度，相邻网格之间的扩大比例不能太大，整个模型剖分形成的最大网格边长与最小网格边长也不能无限制地增长，否则形成"扁盒子"状的单元对数值计算是极为不利的。根据已有的 FDTD 计算经验结论，相邻网格尺寸放大比例不大于 1.2，最大与最小网格尺寸比例限制为不超过 20:1。

### 9.5.2　低频近似和边界条件

与地面瞬变电磁不同，掌子面后方的岩体同样是有耗媒质，瞬变电磁采用回线框作为发射天线，发射源不具有方向性，因而电磁场的扩散过程同样发生在掌子面后方的岩体中，在进行瞬变电磁三维建模的时候需要考虑这部分岩体的影响。隧道瞬变电磁模拟关心的区域是掌子面附近，需要采集回线中心点或者回线内部各点的电磁响应，因而对于隧道情况，对低频近似和模型边界进行如下两点修正：①建模时考虑包含隧道的整个全空间模型，低频近似计算时，掌子面前方的区域仍然按照地面情况类似的做法，如图 9.5.1 所示，从模型后部边界 ($z$ 坐标的最大值) 逐步求解到模型中间部位的发射线圈位置，然后再从模型前面边界 ($z$ 坐标的最小值) 逐步求解到模型中间部位。②整个模型的外边界共 6 个面全部施加 Dirichlet 边界条件。

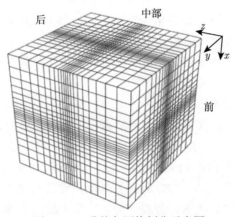

图 9.5.1　非均匀网格划分示意图

进行修正后，Dirichlet 边界条件的施加不存在问题，但是低频近似中自模型前端向中间逐步求解的过程与原有的方程不同，这里给出重新处理的磁场 $z$ 分量迭代公式为

$$B_z^{n+1/2}(i+1/2, j+1/2, k+1)$$
$$= B_z^{n+1/2}(i+1/2, j+1/2, k)$$
$$- \Delta z_k \left[ \frac{B_x^{n+1/2}(i+1, j+1/2, k+1/2) - B_x^{n+1/2}(i, j+1/2, k+1/2)}{\Delta x_i} \right.$$
$$\left. + \frac{B_y^{n+1/2}(i+1/2, j+1, k+1/2) - B_y^{n+1/2}(i+1/2, j, k+1/2)}{\Delta y_j} \right] \quad (9.5.7)$$

### 9.5.3　空气电导率近似

在隧道探测模型中，由于已开挖的隧道腔体是空气，属于无耗媒质，电磁波在空气中的传播属于纯波动方程，如果采用空气中的电磁波迭代方程进行计算，对

时间步长的要求将会非常苛刻。考虑到已有的近似情况和计算经验，设置空气的电导率不为 0 而是一个足够小的值，即保证空气介质的电阻率远大于模型中岩体的电阻率即可。实际计算过程中设置空气的电阻率是岩体电阻率中最大值的 10 万倍，这样既能够使计算过程中岩体和空气采用相同的迭代方程又能够保证计算精度。

### 9.5.4　隧道三维复杂模型的瞬变电磁响应

针对隧道瞬变电磁探测问题，将非均匀网格方案、低频近似特殊处理与边界条件以及空气电导率近似等进行修正编写了适用于隧道探测的三维 FDTD 瞬变电磁正演程序。首先通过均匀导电全空间中回线源形成的瞬变电磁场解析解与三维 FDTD 解进行了再次验证和精度对比，之后计算了纯隧道腔体异常、掌子面前方包含充水溶洞、充水断层、干溶洞、干断层等几种典型构造的三维复杂模型，并计算了回线内部的瞬变电磁响应 [29]。

1) 纯隧道腔体异常特征

为了方便对比，计算采用了统一的隧道模型和观测装置，如图 9.5.2(a) 所示，采用长方体近似隧道腔体，隧道断面尺寸采用 6 m×6 m，瞬变电磁发射天线位于掌子面中间，发射天线采用 3 m×3 m 的正方形线圈。由于发射回线尺寸较小，其内部的电磁场变化非常剧烈，考虑到需要采用足够的网格来模拟剧烈的变化，以及网格数目对计算硬件的要求，根据非均匀网格方案，在掌子面上及掌子面附近的区域在 $X$、$Y$、$Z$ 三个方向上均采用均匀网格设计，$X$、$Y$ 方向的网格数目和网格尺寸互相对称，按照相邻网格的放大系数自动生成，由于需要对掌子面前方不同位置的地质体进行建模和对比，因而对 $Z$ 方向的网格采用手动自动相结合的原则，最小网格尺寸为 $0.5 \mathrm{~m}^3$。

图 9.5.2(b) 给出了掌子面上网格的划分以及发射天线在掌子面上的位置，图中的 Yee 网格采用图 9.1.1 中给出的形式，电场在网格的棱边上采样，磁场在网格的中心采样。在 $X$ 和 $Y$ 方向分别设置 Yee 网格的编号，方便后续的作图和对比。

在进行瞬变电磁超前探测时，隧道腔体可认为是均匀全空间中存在的高阻体，相应的衰减曲线特征应符合高阻异常的特征规律，为了分析纯隧道腔体异常的瞬变电磁响应特征，设计了三组模型进行对比和计算，三组模型分别设置围岩电阻率为 $1\Omega \cdot \mathrm{m}$、$10\Omega \cdot \mathrm{m}$、$100\Omega \cdot \mathrm{m}$，根据空气电导率近似原则，对应的隧道腔体电阻率设置为 $10^5 \Omega \cdot \mathrm{m}$、$10^6 \Omega \cdot \mathrm{m}$、$10^7 \Omega \cdot \mathrm{m}$。计算模型示意图如图 9.5.3 所示。

图 9.5.4 给出了这 3 种模型的中心点垂直感应电动势曲线，与均匀全空间模型的衰减曲线对比可以看出，隧道腔体对瞬变电磁探测的影响不大，在衰减曲线中几乎看不出差别，这说明纯隧道腔体的响应非常微弱，这与电磁场的性质以及瞬变电磁勘探的特点是相符的。

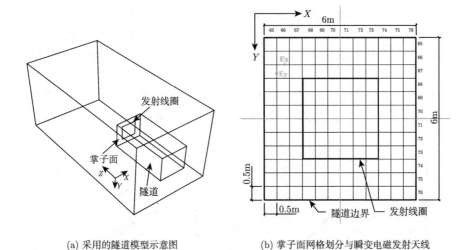

(a) 采用的隧道模型示意图　　　　(b) 掌子面网格划分与瞬变电磁发射天线

图 9.5.2　隧道模型示意图及掌子面网格划分和瞬变电磁发射天线

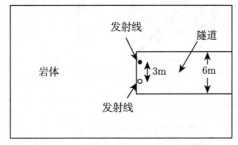

图 9.5.3　纯隧道腔体异常模型示意图

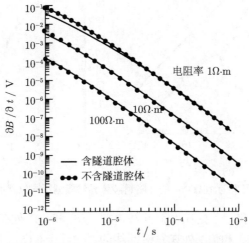

图 9.5.4　纯隧道腔体异常回线中心垂直电动势曲线对比

　　纯隧道腔体异常模型相当于在均匀全空间中添加了长方体高电阻率物体，并且高阻体距离发射和接收线圈非常近并紧贴在一起，高阻体中产生的涡流非常微弱，观测到的二次场主要是由围岩产生的，这恰好说明了瞬变电磁对高阻体不敏感的特性。

　　以围岩电阻率为 $10\Omega\cdot m$ 和 $100\Omega\cdot m$ 的纯隧道腔体异常模型为例，给出了掌子面上不同位置的三分量感应电动势衰减曲线，如图 9.5.5 和图 9.5.6 所示。

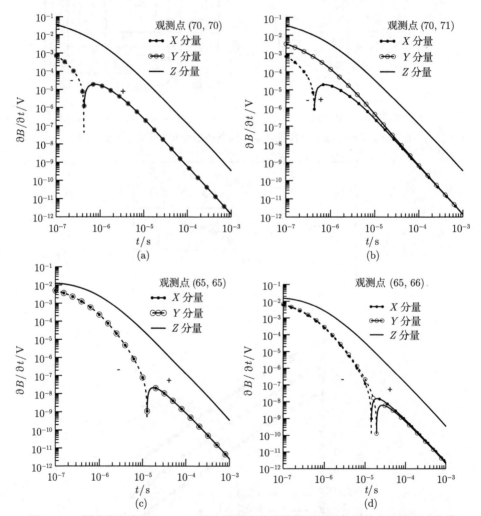

图 9.5.5　围岩电阻率为 $10\Omega\cdot m$ 的纯隧道腔体异常模型不同位置的多分量衰减曲线

　　图 9.5.5 中 (a) 和 (b) 处在发射回线内部，(c) 和 (d) 处在发射回线外部的掌子面上，并且图中 (a) 和 (c) 处在发射回线的对角线上，(b) 和 (d) 为不在对角线上的观测点，从图中可以看出：①对于设计的模型，处在对角线对称位置观测点的

两个水平分量应该是对称的, 图中给出的 $X$ 和 $Y$ 分量的曲线均完全重合。②水平分量存在电动势变号问题, 并且相对于回线外部的观测点, 回线内部观测点粗线符号反向的时间较早 ($<1\mu s$), 而处在回线外部的观测点变号时间较晚 ($>10\mu s$)。③对于垂直分量响应, 处在发射回线内部的观测点的幅值大于处在回线外部的观测点的幅值, 模型中对于同一观测点, 垂直分量响应大于水平分量响应。④回线内部的部分观测点的水平分量 (如图 9.5.5(b) 中的 $Y$ 分量) 在观测范围内不会出现变号的情况。这与水平磁场分量的空间分布有关, 对于图 9.5.5(b) 所示的观测点 (70,71), 其关于发射回线对角线的对称位置 (71,70) 应该是 $X$ 分量全部为正值而 $Y$ 分量出现中间变号的特征, 这一点可以通过图 9.5.6 和图 9.5.7 证明。

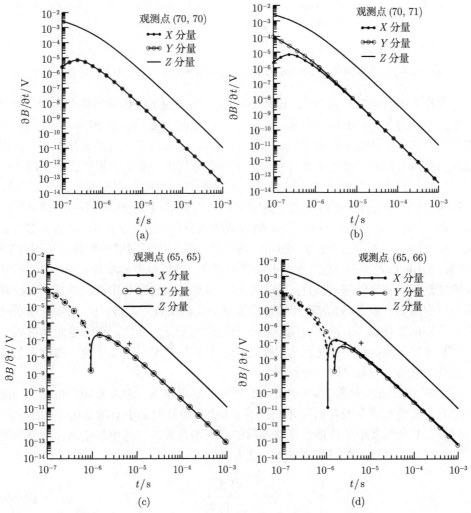

图 9.5.6   围岩电阻率为 $100\Omega \cdot m$ 的纯隧道腔体异常模型掌子面不同位置的多分量衰减曲线

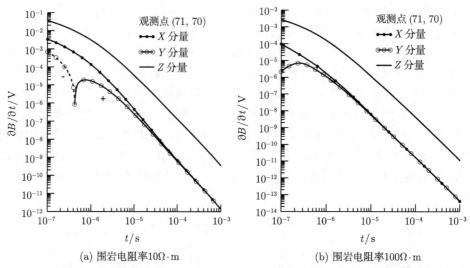

图 9.5.7　围岩电阻率为 10Ω·m 和 100Ω·m 时观测点 (71,70) 的多分量衰减曲线

　　同样以围岩电阻率为 $10\Omega \cdot m$ 和 $100\Omega \cdot m$ 的纯隧道腔体异常模型为例,给出关断后不同时刻的电磁场分布断面,以显示隧道的电磁场响应特征。计算假设所有媒质均为非磁性的,由于电磁场本身的特性,磁场在空间的变化并不明显,但是隧道腔体与围岩的导电性差异巨大,电场在空间的分布会在媒质界面上产生明显的变化,因而给出电场 $E_x$ 的 $XZ$ 切片关断后不同时刻在空间中的分布形态,如图 9.5.8 和图 9.5.9 所示。为了方便对比,对隧道周围 20 m×20 m 的范围进行成图,图中 (a)、(b)、(c)、(d)4 幅等值线图分别代表了关断后 10μs 、100μs、500μs、1 ms 的 $E_x$ 空间分布,图中的白色线框标识出了隧道的位置。从图 9.5.8 和图 9.5.9 可以看出:①在掌子面和隧道侧壁上,电场等值线非常集中,并且能够很清晰地识别隧道侧壁的位置。②关断后,早期的电场变化剧烈,并且集中在隧道与围岩的交界面上,随着时间的逐步推移变化程度有所减缓,$E_x$ 的幅值随着时间的推移迅速衰减。③同一时刻,相对于围岩内的 $E_x$ 变化,在隧道腔体内的幅值明显高于围岩内部,这是因为导电的围岩会将积累电荷迅速导走,而隧道腔体尤其是交界面上则会出现电荷积累。

　　同时,图 9.5.8 和图 9.5.9 中给出的相同时刻电场 $E_x$ 的 $XZ$ 切片也存在一定的差异,最明显的表现是相同时刻图 9.5.9 中的场值明显小于图 9.5.8 中的场值。电磁场在有耗媒质中的传播速度与媒质的导电率有关,在低频忽略位移电流的情况下,有耗非磁性媒质中电磁波的相速度为

$$v = \sqrt{\frac{2\omega}{\mu_0 \sigma}} \tag{9.5.8}$$

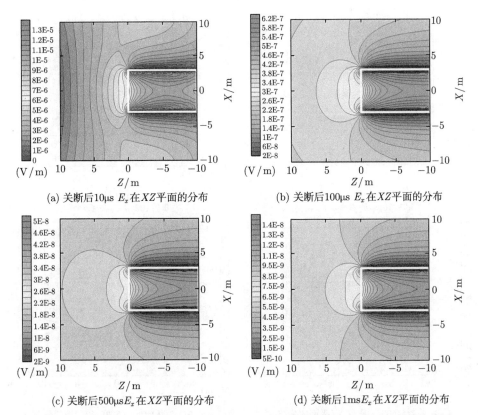

(a) 关断后10μs $E_x$ 在 $XZ$ 平面的分布

(b) 关断后100μs $E_x$ 在 $XZ$ 平面的分布

(c) 关断后500μs $E_x$ 在 $XZ$ 平面的分布

(d) 关断后1ms $E_x$ 在 $XZ$ 平面的分布

图 9.5.8 围岩电阻率为 $10\Omega \cdot m$ 关断后不同时刻隧道中线 $XZ$ 截面 $E_x$ 等值线图

其中，$v$ 表示电磁波的相速度；$\omega$ 表示电磁波的频率；$\mu_0$ 表示真空磁导率；$\sigma$ 表示有耗媒质的电导率，与电阻率互为倒数。

当有耗媒质的电阻率越大时，其电导率越小，对应的电磁波相速度越大，反之，有耗媒质的电阻率越小，其电导率越大，对应的电磁波相速度越小。这一点可以通过图 9.5.8 和图 9.5.9 的对比看出，以关断后 10μs 的断面图为例，图 9.5.8 中的计算模型设定的围岩电阻率为 $10\Omega \cdot m$，而图 9.5.9 中的计算模型设定的围岩电阻率为 $100\Omega \cdot m$，根据有耗媒质中的电磁波相速度公式，电磁波在 $100\Omega \cdot m$ 围岩中的传播速度应较快，图 9.5.9 中显示的电场强度明显低于图 9.5.8 中的电场强度，这一现象与电磁波在有耗媒质中的相速度理论是吻合的，关断后电磁场是一个逐渐衰退的过程。

2) 直立充水断层的瞬变电磁响应

断层是隧道施工过程中经常遇到的不良地质现象，如果未在施工前采取有效的措施，可能会造成突水、突泥等重大地质灾害，因而研究充水断层的瞬变电磁响应具有实际意义。

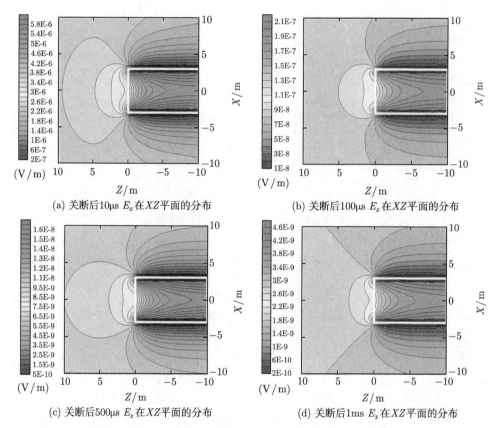

(a) 关断后10μs $E_x$ 在 $XZ$ 平面的分布　　　　　　(b) 关断后100μs $E_x$ 在 $XZ$ 平面的分布

(c) 关断后500μs $E_x$ 在 $XZ$ 平面的分布　　　　　(d) 关断后1ms $E_x$ 在 $XZ$ 平面的分布

图 9.5.9　围岩电阻率为 $100\Omega\cdot m$ 关断后不同时刻隧道中线 $XZ$ 截面 $E_x$ 等值线图

设计掌子面前方 10m 存在一直立断层，断层厚度为 5m，长、宽均为 50m，如图 9.5.10 所示。为了显示含充水断层模型的瞬变电磁响应特征,将回线内点 (70,70)

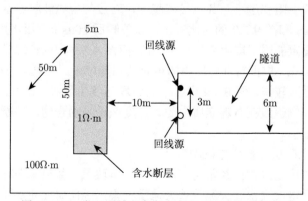

图 9.5.10　掌子面前方存在直立充水断层模型示意图

的瞬变电磁响应曲线绘于图 9.5.11。从图中可以明显地看出衰减曲线存在变化,与纯隧道腔体时的直线相比,衰减存在变换的区域并且变缓幅度相对较大,两个水平分量也显示出明显的变化,在给定的时间范围内出现了两次电动势方向反转,图中采用虚线绘制的部分为负值。

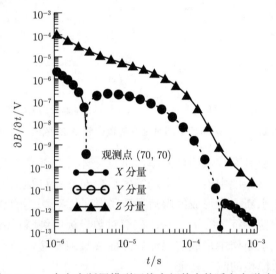

图 9.5.11　含充水断层模型回线内部某点的瞬变电磁响应

为了显示电磁场在含充水断层中的分布特征,图 9.5.12 给出了电场 $E_x$ 在模型 $XZ$ 方向过隧道轴线的切片等值线图,图中采用白色方框分别表示出了断层和隧道的位置。

关断后,早期时刻电力线集中在低电阻的充水断层中,如图 9.5.12(a) 所示,随着时间的推移,电力线在低阻断层的边界上集中,即在围岩与充水断层的交界

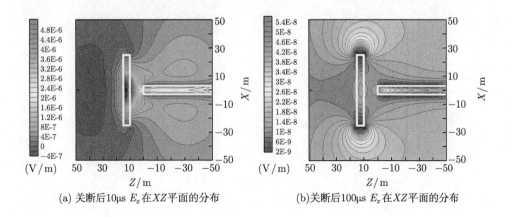

(a) 关断后10μs $E_x$ 在 $XZ$ 平面的分布　　　　(b)关断后100μs $E_x$ 在 $XZ$ 平面的分布

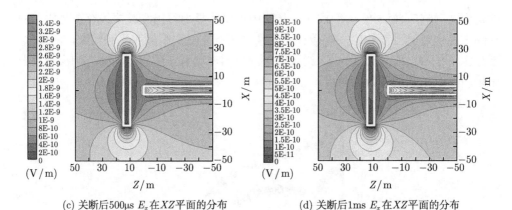

(c) 关断后500μs $E_x$ 在$XZ$平面的分布　　　(d) 关断后1ms $E_x$ 在$XZ$平面的分布

图 9.5.12　含断层模型关断后不同时刻过隧道中线 $XZ$ 截面 $E_x$ 分布等值线图

面上集中, 充水断层具有较低的电阻率, 是良导体, 在晚期涡流强度较小时内部的电力线变化不明显。图中给出的电场等值线分布变化过程揭示了涡流形成与衰退的过程, 正是充水断层中形成的涡流导致了掌子面观测到的衰减曲线出现与纯隧道腔体不同的响应特征 (图 9.5.11), 在双对数坐标中纯隧道表现为与均匀全空间类似的直线, 充水断层中形成的涡流导致曲线衰减变缓, 当涡流逐渐耗散完成后又恢复为纯隧道模型的响应特征。

# 第 10 章　电磁场直接时域矢量有限元正演方法

电磁场有限单元法分为标量有限元和矢量有限元，二者的区别是在对求解区域进行插值剖分时采用的插值基函数不同、自由度的赋存位置不同。它们有各自的优缺点，适用领域也不同，标量有限元适合求解标量场，而矢量有限元适合求解矢量场。但是如果采用常规的标量有限单元法求解瞬变电磁场时，往往会遇到一些困难，如不同介质界面处的边界条件不能自动满足，由于不同介质的电性、磁性参数不同，根据电磁场连续条件可知：电场强度、磁场强度 (不存在面电流时) 的切向分量连续，而法向分量是不连续的。标量有限单元法中将未知量赋予节点，因而未知量的切向分量和法向分量都是连续的，因此产生了 "伪解" 现象 [3]。

电磁场属于矢量场，适合采用矢量有限单元法进行数值模拟。矢量有限单元法 (vector finite element method) 使用矢量基函数来近似未知函数，将自由度赋予单元网格的棱边，因此也称为棱边有限单元法 [3] (edge-based finite element method)。矢量有限元与标量有限元的剖分单元如图 10.0.1 所示。由于矢量基函数在棱边上有恒定值，并且方向沿棱边，因此采用矢量有限单元法既保证了电磁场切向分量的连续性，又未强加电磁场法向分量的连续性；相比于标量有限元，矢量有限元的待求量更少 (标量有限元每个单元的待求量为 12 个，而矢量有限元的每个单元的待求量为 8 个)，而且非常方便加载介质与异常体的边界条件，也易实现目标体边缘处的建模，在电磁辐射和散射领域，矢量有限单元法的应用已经趋于成熟 [30]。

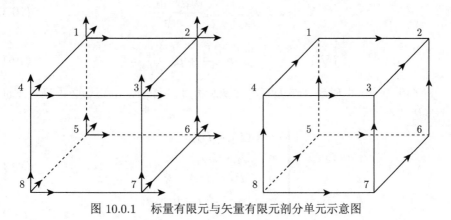

图 10.0.1　标量有限元与矢量有限元剖分单元示意图

　　电磁场三维时域有限元正演的时程计算方式主要包括两大类：第一类是间接法，首先得出频率域电磁场，再通过时频转换方法将频域场转化到时间域；第二类是直接法，利用差分格式对含有时间的偏导项进行离散，然后直接在时间域求解电磁场。第一类方法求解过程中时频转换方法对结果的精度有很大的影响，且受限于加源方式，无法对各种不同发射波形进行全波形正演。而且这种策略的加源方式主要有三类：直接采取 $\delta$ 函数加源、采取伪 $\delta$ 函数加源、采取异常场背景场法加源。不难看出，这种策略受限于加源方式，无法对不同发射波形进行全波形正演。第二类方法是直接从时间域出发计算瞬变电磁场，加源方式是将电流密度直接插入到麦克斯韦方程组中，并且考虑上升沿和关断时间，这种直接的加源方式具有更广泛的适应性，且可实现全波形的三维正演。

## 10.1　边 值 问 题

　　由麦克斯韦方程组可知：

$$\nabla \times E = -\mu_0 \frac{\partial H}{\partial t} \tag{10.1.1}$$

$$\nabla \times H = \sigma E + J_{\mathrm{s}} \tag{10.1.2}$$

对式 (10.1.1) 左右两边同时取旋度：

$$\nabla \times \nabla \times E = -\mu_0 \frac{\partial \nabla \times H}{\partial t} \tag{10.1.3}$$

将式 (10.1.2) 代入式 (10.1.3) 得

$$\nabla \times \nabla \times E = -\mu_0 \frac{\partial(\sigma E + J_{\mathrm{s}})}{\partial t} \tag{10.1.4}$$

$$\nabla \times \nabla \times E + \mu_0 \sigma \frac{\partial E}{\partial t} + \mu_0 \frac{\partial J_{\mathrm{s}}}{\partial t} = 0 \tag{10.1.5}$$

　　为了唯一确定电磁场，在无源区域两种介质的界面，电磁场必须满足下面的四个表达式：

$$\begin{cases} n \times (E_1 - E_2) = 0 \\ n \cdot (D_1 - D_2) = 0 \\ n \times (H_1 - H_2) = 0 \\ n \cdot (B_1 - B_2) = 0 \end{cases} \tag{10.1.6}$$

其中，$n$ 为两种介质界面处的单位法向分量，方向为由介质 2 指向介质 1。

对于无穷远边界,也就是电场或者磁场在无穷远边界上的切向分量为零,即满足

$$
\begin{cases}
\nabla \times E|_{\varGamma} = 0 \\
\nabla \times H|_{\varGamma} = 0
\end{cases}
\tag{10.1.7}
$$

## 10.2 矢量有限单元法求解

### 10.2.1 变分方程

根据加权余量法,电场控制方程相应的余量为

$$
R = \int_{V} \left( \nabla \times \nabla \times E + \sigma \mu_0 \frac{\partial E}{\partial t} + \mu_0 \frac{\partial J_s}{\partial t} \right) \mathrm{d}V
\tag{10.2.1}
$$

将伽辽金加权余量积分表达式 (10.2.1) 应用于电场 Helmholtz 方程 (式 (10.1.5)),并对全区域中的某个单元进行积分,有

$$
\int_{V} f \cdot \left( \nabla \times \nabla \times E + \sigma \mu_0 \frac{\partial E}{\partial t} + \mu_0 \frac{\partial J_s}{\partial t} \right) \mathrm{d}V = 0
\tag{10.2.2}
$$

其中,$f$ 为矢量基函数。根据矢量分析恒等式:

$$
B \cdot (\nabla \times A) = A \cdot (\nabla \times B) + \nabla \cdot (A \times B)
\tag{10.2.3}
$$

其中,$A$ 和 $B$ 为矢量。依据式 (10.2.3),将式 (10.2.2) 中的第一项积分分解为两项,有

$$
\int_{V} f \cdot (\nabla \times \nabla \times E) \, \mathrm{d}V = \int_{V} (\nabla \times E) \cdot (\nabla \times f) \, \mathrm{d}V + \int_{V} \nabla \cdot [(\nabla \times E) \times f] \, \mathrm{d}V
\tag{10.2.4}
$$

根据高斯公式:

$$
\int_{V_e} \nabla \cdot A \, \mathrm{d}e = \oint_{S_a} n_a \cdot A \, \mathrm{d}a
\tag{10.2.5}
$$

其中,$A$ 为三维矢量;$S_a$ 表示单元的边界;$n_a$ 为边界 $S_a$ 外法向的单位向量。利用式 (10.2.5),将式 (10.2.4) 右侧第二项的体积分转化为面积分:

$$
\int_{V} \nabla \cdot [(\nabla \times E) \times f] \, \mathrm{d}V = \int_{a} n_a \cdot [(\nabla \times E) \times f] \, \mathrm{d}a
\tag{10.2.6}
$$

再根据公式

$$
A \cdot (B \times C) = (A \times B) \cdot C
\tag{10.2.7}
$$

并加入无穷远的边界条件，式 (10.2.6) 可写成

$$\int_V \nabla \cdot [(\nabla \times E) \times f]\,\mathrm{d}V = \int_\Gamma f \cdot [n_\Gamma \times (\nabla \times E)]\,\mathrm{d}\Gamma = 0 \qquad (10.2.8)$$

那么，式 (10.2.2) 最终可写成

$$\int_V \left[ (\nabla \times f) \cdot (\nabla \times E) + \sigma \mu_0 f \cdot \frac{\partial E}{\partial t} + \mu_0 f \cdot \frac{\partial J_s}{\partial t} \right]\mathrm{d}V = 0 \qquad (10.2.9)$$

式 (10.2.9) 就是有限单元法分析的矢量变分方程。

## 10.2.2　Whitney 型插值函数

采用矩形单元剖分，并采用 Whitney 型插值基函数。在矩形单元中，节点与棱边的关系如图 10.2.1 所示。

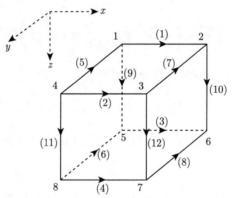

图 10.2.1　单元中节点与棱边的对应关系

在矩形单元中，每个单元在 $x$，$y$，$z$ 方向的棱边的长度记为 $l_x$，$l_y$，$l_z$。将电场切向分量的自由度赋予各个单元的棱边上。将场值近似为线性变化，则各个棱边上的电场强度可表示为

$$\begin{cases} E_e^x = \displaystyle\sum_{i=1}^{4} E_e^{xi} N_e^{xi} \\[2mm] E_e^y = \displaystyle\sum_{i=1}^{4} E_e^{yi} N_e^{yi} \\[2mm] E_e^z = \displaystyle\sum_{i=1}^{4} E_e^{zi} N_e^{zi} \end{cases} \qquad (10.2.10)$$

其中，$N$ 为插值基函数；$E$ 为电场矢量，为待求解。插值基函数可由式 (10.2.11)~ 式 (10.2.13) 确定：

$$
\begin{cases}
N_e^{x1} = \dfrac{1}{l_y l_z} \left( y_e^c + \dfrac{l_y}{2} - y \right) \left( z_e^c + \dfrac{l_z}{2} - z \right) \\[3mm]
N_e^{x2} = \dfrac{1}{l_y l_z} \left( y + \dfrac{l_y}{2} - y_e^c \right) \left( z_e^c + \dfrac{l_z}{2} - z \right) \\[3mm]
N_e^{x3} = \dfrac{1}{l_y l_z} \left( y_e^c + \dfrac{l_y}{2} - y \right) \left( z + \dfrac{l_z}{2} - z_e^c \right) \\[3mm]
N_e^{x4} = \dfrac{1}{l_y l_z} \left( y + \dfrac{l_y}{2} - y_e^c \right) \left( z + \dfrac{l_z}{2} - z_e^c \right)
\end{cases}
\tag{10.2.11}
$$

$$
\begin{cases}
N_e^{y1} = \dfrac{1}{l_x l_z} \left( z_e^c + \dfrac{l_z}{2} - z \right) \left( x_e^c + \dfrac{l_x}{2} - x \right) \\[3mm]
N_e^{y2} = \dfrac{1}{l_x l_z} \left( z + \dfrac{l_z}{2} - z_e^c \right) \left( x_e^c + \dfrac{l_x}{2} - x \right) \\[3mm]
N_e^{y3} = \dfrac{1}{l_x l_z} \left( z_e^c + \dfrac{l_z}{2} - z \right) \left( x + \dfrac{l_x}{2} - x_e^c \right) \\[3mm]
N_e^{y4} = \dfrac{1}{l_x l_z} \left( z + \dfrac{l_z}{2} - z_e^c \right) \left( x + \dfrac{l_x}{2} - x_e^c \right)
\end{cases}
\tag{10.2.12}
$$

$$
\begin{cases}
N_e^{z1} = \dfrac{1}{l_x l_y} \left( x_e^c + \dfrac{l_x}{2} - x \right) \left( y_e^c + \dfrac{l_y}{2} - y \right) \\[3mm]
N_e^{z2} = \dfrac{1}{l_x l_y} \left( x + \dfrac{l_x}{2} - x_e^c \right) \left( y_e^c + \dfrac{l_y}{2} - y \right) \\[3mm]
N_e^{z3} = \dfrac{1}{l_x l_y} \left( x_e^c + \dfrac{l_x}{2} - x \right) \left( y + \dfrac{l_y}{2} - y_e^c \right) \\[3mm]
N_e^{z4} = \dfrac{1}{l_x l_y} \left( x + \dfrac{l_x}{2} - x_e^c \right) \left( y + \dfrac{l_y}{2} - y_e^c \right)
\end{cases}
\tag{10.2.13}
$$

由插值基函数的表达式可以看出，这些插值基函数的散度为 0，而旋度不等于 0。所以采用矢量有限单元法求解瞬变电磁场可以自动满足电磁场的连续条件。当计算区域存在介质不连续性时，电场强度、磁场强度的切向分量连续，法向分量不连续，这样就可以有效地避免 "伪解" 的现象。Whitney 型单元的棱边与节点的关系如表 10.2.1 所示。

表 10.2.1　Whitney 型单元棱边和节点的对应关系

| 棱边编号 | 节点 1 编号 | 节点 2 编号 |
| --- | --- | --- |
| 1 | 1 | 2 |
| 2 | 4 | 3 |
| 3 | 5 | 6 |
| 4 | 8 | 7 |
| 5 | 1 | 4 |
| 6 | 5 | 8 |
| 7 | 2 | 3 |
| 8 | 6 | 7 |
| 9 | 1 | 5 |
| 10 | 2 | 6 |
| 11 | 4 | 8 |
| 12 | 3 | 7 |

### 10.2.3　单元分析

因为式 (10.2.9) 中有电场对时间的偏导项，首先需要对时间项进行离散。采用后向差分的格式进行离散，即

$$\frac{\partial E_n}{\partial t_n} = \frac{E_n - E_{n-1}}{t_n - t_{n-1}} \tag{10.2.14}$$

将式 (10.2.14) 代入式 (10.2.9) 得

$$\int_V (\nabla \times N_i) \cdot (\nabla \times N_j) E_n \mathrm{d}V + \sigma\mu_0 \int_V N_i \frac{E_n - E_{n-1}}{t_n - t_{n-1}} \mathrm{d}V$$
$$+ \mu_0 \int_V N_i \frac{J_n - J_{n-1}}{t_n - t_{n-1}} \mathrm{d}V = 0 \tag{10.2.15}$$

化简后得

$$\int_V (\nabla \times N_i) \cdot (\nabla \times N_j) \mathrm{d}V E_n + \frac{\sigma\mu_0}{t_n - t_{n-1}} \int_V N_i \cdot N_j \mathrm{d}V E_n$$
$$= \sigma\mu_0 \int_V N_i \frac{E_{n-1}}{t_n - t_{n-1}} - \mu_0 \int_V N_i \frac{J_n - J_{n-1}}{t_n - t_{n-1}} \mathrm{d}V \tag{10.2.16}$$

将式 (10.2.16) 写成矩阵形式：

$$A_e E_e^n = b_e \tag{10.2.17}$$

式中，

$$A_e = \int_V \left[ (\nabla \times N_i) \cdot (\nabla \times N_j) + \frac{\sigma \mu_0}{t_n - t_{n-1}} N_i \cdot N_j \right] \mathrm{d}V \qquad (10.2.18)$$

$$b_e = \frac{\sigma \mu_0}{t_n - t_{n-1}} \int_V E_{n-1} \cdot N_i \mathrm{d}V - \frac{\mu_0}{t_n - t_{n-1}} \int_V (J_n - J_{n-1}) \cdot N_i \mathrm{d}V \qquad (10.2.19)$$

$E_e^n$ 为待求第 $n$ 个时刻的电场在矩形单元的各个棱边上投影值形成的列向量；$J_n$ 为第 $n$ 个时刻外界所提供的电流密度。对于矩阵 $A_e$，可以将其分为 $A_{1e}$ 和 $A_{2e}$ 两部分。

对于 $A_{1e}$ 有

$$A_{1e} = \iiint_V \left[ (\nabla \times N_e^i) \cdot (\nabla \times N_e^j) \right] \mathrm{d}V \qquad (10.2.20)$$

将 $A_{1e}$ 写成分块矩阵的形式：

$$A_{1e} = \begin{bmatrix} A_{1e}^{xx} & A_{1e}^{xy} & A_{1e}^{xz} \\ A_{1e}^{yx} & A_{1e}^{yy} & A_{1e}^{yz} \\ A_{1e}^{zx} & A_{1e}^{zy} & A_{1e}^{zz} \end{bmatrix} \qquad (10.2.21)$$

每个子矩阵的表达式为

$$\begin{cases} A_{1e}^{xx} = \iiint_{V_e} \left[ \dfrac{\partial \{N_e^x\}}{\partial y} \dfrac{\partial \{N_e^x\}^{\mathrm{T}}}{\partial y} + \dfrac{\partial \{N_e^x\}}{\partial z} \dfrac{\partial \{N_e^x\}^{\mathrm{T}}}{\partial z} \right] \mathrm{d}V \\[2.5ex] A_{1e}^{yy} = \iiint_{V_e} \left[ \dfrac{\partial \{N_e^y\}}{\partial z} \dfrac{\partial \{N_e^y\}^{\mathrm{T}}}{\partial z} + \dfrac{\partial \{N_e^y\}}{\partial x} \dfrac{\partial \{N_e^y\}^{\mathrm{T}}}{\partial x} \right] \mathrm{d}V \\[2.5ex] A_{1e}^{zz} = \iiint_{V_e} \left[ \dfrac{\partial \{N_e^z\}}{\partial x} \dfrac{\partial \{N_e^z\}^{\mathrm{T}}}{\partial x} + \dfrac{\partial \{N_e^z\}}{\partial y} \dfrac{\partial \{N_e^z\}^{\mathrm{T}}}{\partial y} \right] \mathrm{d}V \\[2.5ex] A_{1e}^{zx} = [A_{1e}^{xz}]^{\mathrm{T}} = - \iiint_{V_e} \left[ \dfrac{\partial \{N_e^x\}}{\partial z} \dfrac{\partial \{N_e^z\}^{\mathrm{T}}}{\partial x} \right] \mathrm{d}V \\[2.5ex] A_{1e}^{xy} = [A_{1e}^{yx}]^{\mathrm{T}} = - \iiint_{V_e} \left[ \dfrac{\partial \{N_e^x\}}{\partial y} \dfrac{\partial \{N_e^y\}^{\mathrm{T}}}{\partial x} \right] \mathrm{d}V \\[2.5ex] A_{1e}^{yz} = [A_{1e}^{zy}]^{\mathrm{T}} = - \iiint_{V_e} \left[ \dfrac{\partial \{N_e^y\}}{\partial z} \dfrac{\partial \{N_e^z\}^{\mathrm{T}}}{\partial y} \right] \mathrm{d}V \end{cases} \qquad (10.2.22)$$

经过运算，式 (10.2.22) 可化简为

$$
\begin{cases}
A_{1e}^{xx} = \dfrac{l_x l_z}{6 l_y}\left[K_1\right] + \dfrac{l_x l_y}{6 l_z}\left[K_2\right] \\[2mm]
A_{1e}^{yy} = \dfrac{l_x l_y}{6 l_z}\left[K_1\right] + \dfrac{l_y l_z}{6 l_x}\left[K_2\right] \\[2mm]
A_{1e}^{zz} = \dfrac{l_y l_z}{6 l_x}\left[K_1\right] + \dfrac{l_x l_z}{6 l_y}\left[K_2\right] \\[2mm]
A_{1e}^{xy} = [A_{1e}^{yx}]^{\mathrm{T}} = -\dfrac{l_z}{6}\left[K_3\right] \\[2mm]
A_{1e}^{zx} = [A_{1e}^{xz}]^{\mathrm{T}} = -\dfrac{l_y}{6}\left[K_3\right] \\[2mm]
A_{1e}^{yz} = [A_{1e}^{zy}]^{\mathrm{T}} = -\dfrac{l_x}{6}\left[K_3\right]
\end{cases}
\tag{10.2.23}
$$

式中，矩阵 $K_1$，$K_2$，$K_3$ 分别为

$$
K_1 = \begin{bmatrix}
2 & -2 & 1 & -1 \\
-2 & 2 & -1 & 1 \\
1 & -1 & 2 & -2 \\
-1 & 1 & -2 & 2
\end{bmatrix}
\tag{10.2.24}
$$

$$
K_2 = \begin{bmatrix}
2 & 1 & -2 & -1 \\
1 & 2 & -1 & -2 \\
-2 & -1 & 2 & 1 \\
-1 & -2 & 1 & 2
\end{bmatrix}
\tag{10.2.25}
$$

$$
K_3 = \begin{bmatrix}
2 & 1 & -2 & -1 \\
-2 & -1 & 2 & 1 \\
1 & 2 & -1 & -2 \\
-1 & -2 & 1 & 2
\end{bmatrix}
\tag{10.2.26}
$$

对于矩阵 $A_{2e}$，有

$$
A_{2e} = \frac{\sigma \mu_0}{t_n - t_{n-1}} \iiint_V N_i \cdot N_j \mathrm{d}V
\tag{10.2.27}
$$

同样将其写成分块矩阵的形式，有

$$
A_{2e} = \frac{\sigma \mu_0}{t_n - t_{n-1}}
\begin{bmatrix}
A_{2e}^{xx} & 0 & 0 \\
0 & A_{2e}^{yy} & 0 \\
0 & 0 & A_{2e}^{zz}
\end{bmatrix}
\tag{10.2.28}
$$

式中，$A_{2e}^{xx}$，$A_{2e}^{yy}$，$A_{2e}^{zz}$ 为矩阵 $A_{2e}$ 的子矩阵，它们的表达式为

$$A_{2e}^{xx} = A_{2e}^{yy} = A_{2e}^{zz} = \iiint_{V_e} (N_e^x) \cdot (N_e^x)^{\mathrm{T}} \mathrm{d}V = \frac{l_x l_y l_z}{36} [K_4] \tag{10.2.29}$$

其中，$K_4$ 为

$$K_4 = \begin{bmatrix} 4 & 2 & 2 & 1 \\ 2 & 4 & 1 & 2 \\ 2 & 1 & 4 & 2 \\ 1 & 2 & 2 & 4 \end{bmatrix} \tag{10.2.30}$$

对于矩阵 $b_e$，也可以将其分为 $b_{1e}$ 和 $b_{2e}$ 两部分。

对于矩阵 $b_{1e}$ 有

$$b_{1e} = \frac{\sigma \mu_0}{t_n - t_{n-1}} \int_V E_{n-1} \cdot N_i \mathrm{d}V \tag{10.2.31}$$

将其写成分块矩阵的形式：

$$b_{1e} = \frac{\sigma \mu_0}{t_n - t_{n-1}} \begin{bmatrix} A_{2e}^{xx} & 0 & 0 \\ 0 & A_{2e}^{yy} & 0 \\ 0 & 0 & A_{2e}^{zz} \end{bmatrix} \cdot \begin{bmatrix} E_{ex}^{n-1} \\ E_{ey}^{n-1} \\ E_{ez}^{n-1} \end{bmatrix} \tag{10.2.32}$$

其中，$E_e^{n-1}$ 为上一时刻求得的电场值，为已知量，可表示为

$$\begin{cases} E_{ex}^{n-1} = \begin{bmatrix} E_{e1}^{n-1} & E_{e2}^{n-1} & E_{e3}^{n-1} & E_{e4}^{n-1} \end{bmatrix}^{\mathrm{T}} \\ E_{ey}^{n-1} = \begin{bmatrix} E_{e5}^{n-1} & E_{e6}^{n-1} & E_{e7}^{n-1} & E_{e8}^{n-1} \end{bmatrix}^{\mathrm{T}} \\ E_{ez}^{n-1} = \begin{bmatrix} E_{e9}^{n-1} & E_{e10}^{n-1} & E_{e11}^{n-1} & E_{e12}^{n-1} \end{bmatrix}^{\mathrm{T}} \end{cases} \tag{10.2.33}$$

对于矩阵 $b_{2e}$ 有

$$b_{2e} = -\frac{\mu_0}{t_n - t_{n-1}} \int_V (J_n - J_{n-1}) \cdot N_i \mathrm{d}V \tag{10.2.34}$$

将其写成分块矩阵的形式：

$$b_{2e} = -\frac{\mu_0}{t_n - t_{n-1}} \begin{bmatrix} A_{2e}^{xx} & 0 & 0 \\ 0 & A_{2e}^{yy} & 0 \\ 0 & 0 & A_{2e}^{zz} \end{bmatrix} \cdot \begin{bmatrix} J_{ex}^n - J_{ex}^{n-1} \\ J_{ey}^n - J_{ey}^{n-1} \\ J_{ez}^n - J_{ez}^{n-1} \end{bmatrix} \tag{10.2.35}$$

其中，$J$ 为电流密度。

对剖分区域的所有单元分析后，将这些单元整体合成刚度矩阵，进而形成实系数的大型线性方程组。

#### 10.2.4　源的加载

将电流密度直接施加到与电场的水平分量重合的单元棱边上，如图 9.2.1 所示。这种直接的加源方式具有更好的适用性。激发电流的波形理论上是可以任意设置的，所以书中给出的算法可以对任意波形的瞬变电磁场进行全波形的三维正演。

为了更好地模拟真实电流激发的瞬变电磁场，在程序中采用梯形波作为激发源，并且考虑激发电流的上升沿、持续时间及下降沿。

采用的梯形波的函数为

$$I(t) = \begin{cases} 0, & t < 0 \\ \dfrac{t}{t_1}, & 0 \leqslant t < t_1 \\ 1, & t_1 \leqslant t < t_2 \\ \dfrac{t - t_3}{t_2 - t_3}, & t_2 \leqslant t < t_3 \\ 0, & t \geqslant t_3 \end{cases} \tag{10.2.36}$$

对于电流密度 $J$，有如下关系式：

$$J = I(t)/S \tag{10.2.37}$$

其中，$S$ 为源所在棱边的单元网格的横截面积。

#### 10.2.5　稳定性条件

在时域有限单元法中，时间步长的选取要根据计算区域网格剖分的大小和所采取的差分格式来确定。网格剖分单元的尺寸不均匀时，时间步长一般选为

$$\Delta t \approx \frac{\lambda}{15c} \tag{10.2.38}$$

其中，$\lambda$ 为研究频段最高频率对应的最短波长。

#### 10.2.6　计算区域的网格剖分策略

采用直接时域矢量有限元进行时域电磁三维正演时，首先要对计算区域进行网格剖分。因为矢量有限单元法需要求解大型的线性稀疏方程组，所以剖分的网格不能太多，否则方程组的阶数过高，计算速度大幅度下降。剖分网格也不能过少，否则会导致精度过低 [31-33]。

采用第一类边界条件时，剖分区域不能太小，否则无法满足边界条件。把计算区域的各个方向都进行剖分。因为剖分区域比较大，进行单元剖分时无法对整个计算区域采用均匀剖分的策略。选择在源和异常体所在的区域采用均匀单元剖

分，而在其他计算区域采用递增的网格剖分。因为在低阻区域内，电磁场的传播速度较慢，持续的时间较长，而在高阻区内，电磁场的传播较快，持续的时间较短，所以在低电阻区要采用尺寸较小的网格，在高电阻区可采取尺寸较大的网格。为了保证数值计算的稳定性，每两个相邻网格之间的网格边长比值需控制在 1.1~2，这样既可以保证计算的稳定性，又可以保证计算的速度。

## 10.3 实 例 分 析

以 $100\Omega \cdot \mathrm{m}$ 的均匀半空间为对比模型，发射线圈采用 $100\mathrm{m} \times 100\mathrm{m}$ 的方形回线，激发电流 1A，上升沿、下降沿均为 $1\mu\mathrm{s}$，脉冲持续时间为 5ms。图 10.3.1、图 10.3.2 分别给出了均匀半空间解析解与三维时域有限元解 (数值解) 的感应电动势衰减曲线对比图及其相对误差。设计的网格为 $67 \times 67 \times 57$，网格节点数是255873，自由度数为 755492。

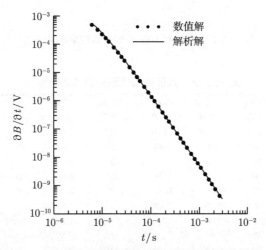

图 10.3.1 均匀半空间模型数值解与解析解计算结果对比

表 10.3.1 是六面体网格划分的节点坐标。

从图 10.3.2 中可以看出，早期得到的感应电动势衰减曲线与解析解的相对误差较大，主要原因是解析解场源采用负阶跃脉冲函数，而时域有限元解考虑了关断时间的影响。随着时间的推移，$20\mu\mathrm{s}$ 之后，感应电动势衰减曲线吻合较好，相对误差在 5% 以下。验证了三维瞬变电磁直接时域矢量有限元正演程序的可靠性。

### 10.3.1 三层模型与线性数字滤波解的对比

选取 A、H、K 三种典型的三层模型进一步进行验证，将三维瞬变电磁时域有限元的解与负阶跃脉冲的线性数字滤波解进行对比。发射线圈同样采用的是 $100\mathrm{m} \times$

100m 的方形回线，激发电流 100A，上升沿、下降沿均为 1μs，脉冲持续时间为 5ms。三种模型的地电参数如表 10.3.2 所示。

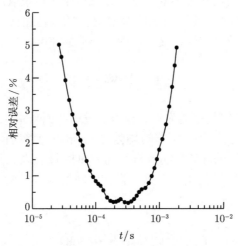

图 10.3.2　　数值解与解析解计算结果相对误差

表 10.3.1　　六面体网格划分的节点坐标

| | | | | | | | | | |
|---|---|---|---|---|---|---|---|---|---|
| | −40000 | −20000 | −10000 | −5000 | −2500 | −1500 | −1000 | −700 | −600 |
| | −550 | −450 | −400 | −350 | −300 | −250 | −220 | −200 | −180 |
| | −160 | −140 | −130 | −120 | −110 | −100 | −90 | −80 | −70 |
| $X$/m | −60 | −50 | −40 | −30 | −20 | −10 | 0 | 10 | 20 |
| | 30 | 40 | 50 | 60 | 70 | 80 | 90 | 100 | 110 |
| | 120 | 130 | 140 | 160 | 180 | 200 | 220 | 250 | 300 |
| | 350 | 400 | 450 | 550 | 600 | 700 | 1000 | 1500 | 2500 |
| | 5000 | 10000 | 20000 | 40000 | | | | | |
| | −40000 | −20000 | −10000 | −5000 | −2500 | −1500 | −1000 | −700 | −600 |
| | −550 | −450 | −400 | −350 | −300 | −250 | −220 | −200 | −180 |
| | −160 | −140 | −130 | −120 | −110 | −100 | −90 | −80 | −70 |
| $Y$/m | −60 | −50 | −40 | −30 | −20 | −10 | 0 | 10 | 20 |
| | 30 | 40 | 50 | 60 | 70 | 80 | 90 | 100 | 110 |
| | 120 | 130 | 140 | 160 | 180 | 200 | 220 | 250 | 300 |
| | 350 | 400 | 450 | 550 | 600 | 700 | 1000 | 1500 | 2500 |
| | 5000 | 10000 | 20000 | 40000 | | | | | |
| | −40000 | −20000 | −10000 | −5000 | −2500 | −1500 | −1000 | −700 | −600 |
| | −550 | −400 | −300 | −250 | −200 | −160 | −130 | −100 | −80 |
| | −60 | −50 | −40 | −30 | −20 | −10 | 0 | 10 | 20 |
| $Z$/m | 30 | 40 | 50 | 60 | 70 | 80 | 90 | 100 | 110 |
| | 120 | 130 | 140 | 160 | 180 | 200 | 220 | 250 | 300 |
| | 400 | 450 | 550 | 600 | 700 | 1000 | 1500 | 2500 | 5000 |
| | 10000 | 20000 | 40000 | | | | | | |

表 10.3.2 三种典型三层模型的地电参数

| | A 模型 | | H 模型 | | K 模型 | |
|---|---|---|---|---|---|---|
| | 厚度/m | 电阻率/(Ω·m) | 厚度/m | 电阻率/(Ω·m) | 厚度/m | 电阻率/(Ω·m) |
| 第一层 | 40 | 10 | 50 | 100 | 50 | 100 |
| 第二层 | 100 | 50 | 30 | 10 | 30 | 1000 |
| 第三层 | — | 1000 | — | 100 | — | 100 |

通过图 10.3.3、图 10.3.4 与图 10.3.5 中三种模型的感应电动势衰减曲线对比和误差分析可以看到，三维时域有限元计算得到的感应电动势衰减曲线与负阶跃脉冲的线性数字滤波解仅在早期存在较大的差异，这仍然是由三维时域有限元的计算考虑了关断时间而引起的，晚期几条曲线拟合较好，在双对数坐标系中几乎重合。而且层状模型的线性数字滤波解并不是真正的解析解，其计算值同样存在数值误差，整体来看，三维瞬变电磁直接时域矢量有限元正演方法对于层状模型的计算是有效的。

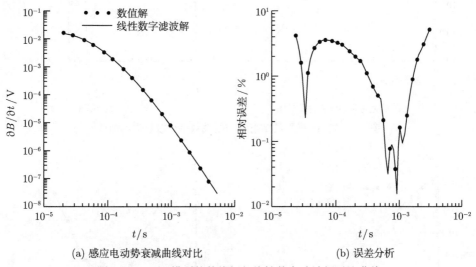

(a) 感应电动势衰减曲线对比  (b) 误差分析

图 10.3.3 A 模型的数值解与线性数字滤波解对比曲线

## 10.3.2 低阻块体模型模拟

低阻块体模型计算，模型 1 的地电参数如图 10.3.6 所示，模型剖分的最小尺寸为 10m，节点数为 65×65×57，发射电流为 100A。采用矢量有限元进行正演衰减的中心点曲线如图 10.3.7 所示，视电阻率断面见图 10.3.8，视电阻率断面与模型特征一致。

模型 2 的地电参数如图 10.3.9 所示，模型剖分的最小尺寸为 10m，节点数为 65×65×57，发射电流为 100A。视电阻率断面如图 10.3.10 所示，图中含有两个低阻异常，与模型 2 特征一致。

模型 3 的地电参数如图 10.3.11 所示，模型剖分的最小尺寸为 10m，节点数为 67×67×57，发射电流为 100A。

由图 10.3.12 和图 10.3.13 所示的中心点衰减曲线和视电阻率断面图都能明显地反映出低阻异常，而且视电阻率断面图与设计的模型基本保持一致，进一步验证了三维时域有限元正演方法的准确性。

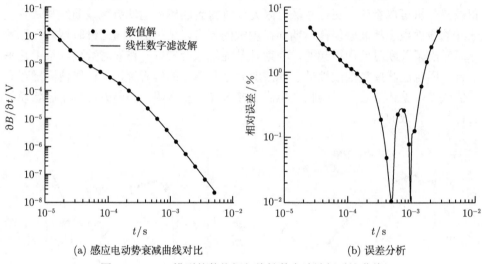

(a) 感应电动势衰减曲线对比　　　　　　(b) 误差分析

图 10.3.4　H 模型的数值解与线性数字滤波解对比曲线

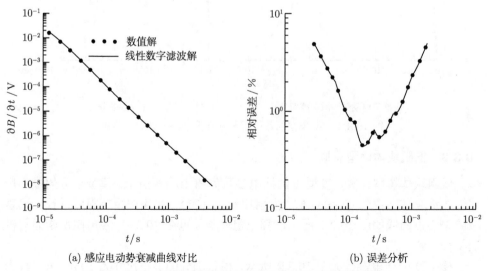

(a) 感应电动势衰减曲线对比　　　　　　(b) 误差分析

图 10.3.5　K 模型的数值解与线性数字滤波解对比曲线

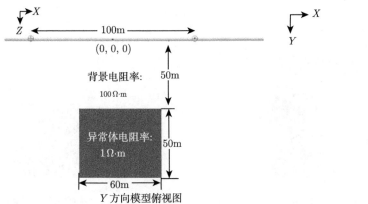

Y 方向模型俯视图          Z 方向模型俯视图

图 10.3.6    模型 1 示意图

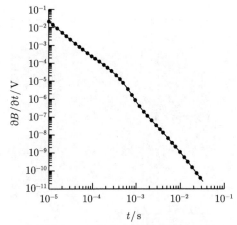

图 10.3.7    中心点衰减曲线 (模型 1)

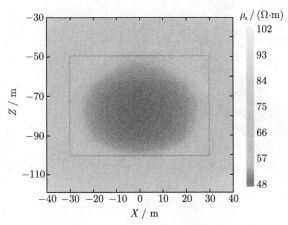

图 10.3.8    视电阻率断面图 (模型 1)

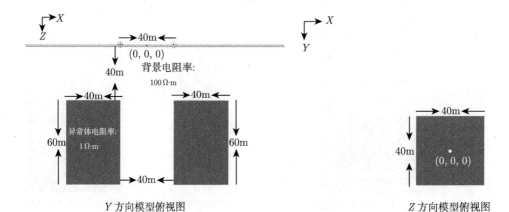

图 10.3.9　模型 2 示意图

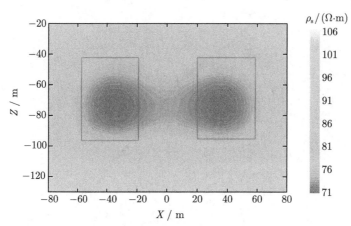

图 10.3.10　视电阻率断面图 (模型 2)

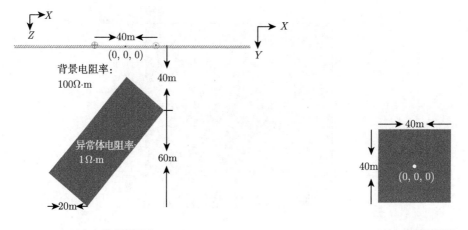

图 10.3.11　模型 3 示意图

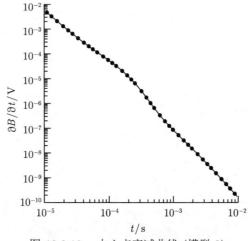

图 10.3.12　中心点衰减曲线 (模型 3)

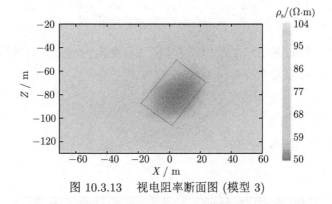

图 10.3.13　视电阻率断面图 (模型 3)

## 10.4　三维复杂模型瞬变电磁回线源响应模拟

开发三维时域有限元正演的意义在于对任意复杂模型瞬变电磁响应的正演模拟。为了检验算法对非常复杂三维模型的计算能力与计算效果，设计了三维浅海模型及三维地空系统模型。

### 10.4.1　浅海水下地形起伏模型计算

海岸带是人类活动最集中的区域，世界上大部分的人口和城市集中在海岸带区域。受人类活动的影响，浅海区域地形变化较快，快速确定浅海水下地形对经济建设、科学研究等具有重要的现实意义。

根据实际资料设计了两个浅海水下地形起伏的模型。模型 1 的参数如图 10.4.1 所示，飞机的飞行高度为 50m，发射线圈的等效半径为 16m，发射磁矩为 256000A·m²。

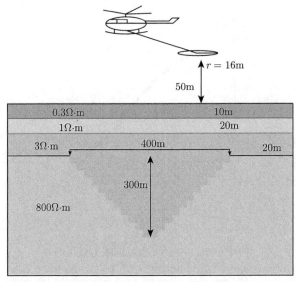

图 10.4.1    浅海地形起伏模型示意图 (模型 1)

模型 2 的参数如图 10.4.2 所示，飞机的飞行高度为 50m，发射线圈的等效半径为 16m，发射磁矩为 256000A·m²。

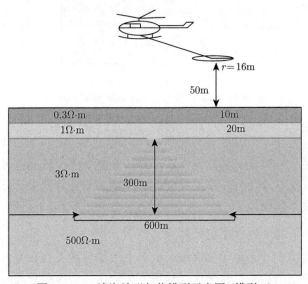

图 10.4.2    浅海地形起伏模型示意图 (模型 2)

视电阻率断面图 (图 10.4.3、图 10.4.4) 均可以明显反映出浅海水下地形的起伏，与设计的模型基本保持一致，进一步说明了三维瞬变电磁直接时域有限元正演的可靠性，并可以为海岸带区域的经济建设、科学研究等提供准确的浅海地形资料。

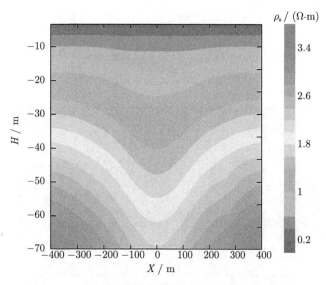

图 10.4.3　浅海地形起伏模型视电阻率断面图 (模型 1)

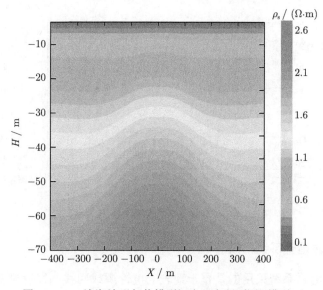

图 10.4.4　浅海地形起伏模型视电阻率断面图 (模型 2)

## 10.4.2　浅海低阻模型计算

三维浅海低阻模型计算, 模型的地电参数如图 10.4.5 所示, 发射磁矩为 1600 万 A · m²。视电阻率断面 (图 10.4.6) 可以明显反映出低阻异常, 与设计的模型基本保持一致, 进一步说明了三维瞬变电磁直接时域有限元正演的可靠性。

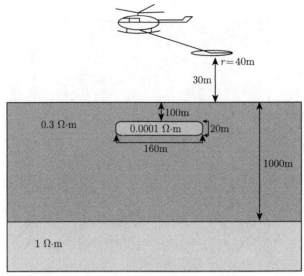

图 10.4.5　海洋低阻模型示意图

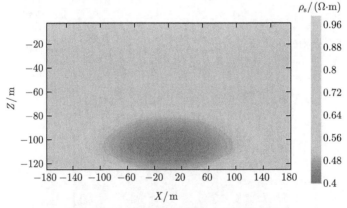

图 10.4.6　海洋低阻模型视电阻率断面图

### 10.4.3　电性源地空系统模拟

　　地空瞬变电磁系统采用的是置于地表的电性源或回线源发射瞬变电磁场,在空中用无人机携带的探头采集信号,采用了全域、扫面性、高密度的三维测量方法。可以看出,这种系统与航空系统相比,信号的信噪比更高,另外因为发射源是位于地面的,发射功率较大,勘探深度较深,更加适用于深部找矿,与地面瞬变电磁法比较,由于观测装置在空中,地空系统的工作效率得到了很大的提高,可以在山区、沼泽等复杂地形地区展开工作;与传统的电法工作方式相比,由于地空系统采用的是全域观测方式,信息采集量更大,对地下信息反映也更加全面。为了更好地推广地空瞬变电磁法，进行地空瞬变电磁法的三维正演是很有必要的。本节采用时域矢量有限单元法分别对单源地空瞬变电磁系统和多源系统进行了三维正演。

1) 单源地空瞬变电磁三维正演

在均匀半空间中含有一倾斜充水断层，在地面铺设一长为 100m 的电性源，均匀半空间的电阻率为 $100\Omega \cdot m$，充水断层的电阻率为 $10\Omega \cdot m$，发射电流为 10A，接收高度为 100m，模型的剖分尺寸为 $40000m \times 40000m \times 40000m$。具体的模型参数如图 10.4.7 所示。

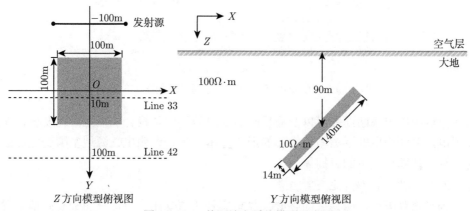

图 10.4.7 单源地空系统模型示意图

如图 10.4.7 所示，在该模型中，设置了 Line33、Line42 两条侧线，并利用电性源地空瞬变电磁的全域视电阻率法定义了相应的视电阻率，并画出了全域视电阻率断面图 (图 10.4.8 与图 10.4.9)。

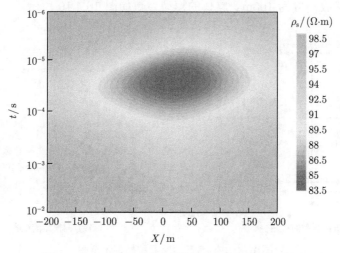

图 10.4.8 Line33 侧线全域视电阻率断面图 (单源)

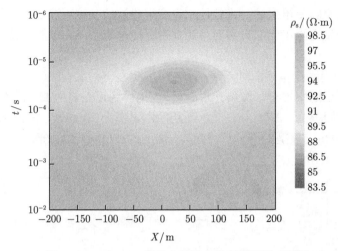

图 10.4.9　Line42 侧线全域视电阻率断面图 (单源)

全域视电阻率断面图可以明显反映出低阻异常，与设计的模型对比发现，全域视电阻率断面图的形态与地质体的形态基本一致，说明电性源地空瞬变电磁法能够有效地勘探地下的目标体。

2) 多源地空瞬变电磁三维正演

为了增强瞬变电磁信号的强度、提高信号的信噪比、更加全面地反映地下异常体位置等，本节采用多辐射源进行地空瞬变电磁三维正演。

在均匀半空间中含有两块低阻异常体，两块异常体的埋深均为 40m，它们之间的间距为 120m。均匀半空间的电阻率为 $100\Omega\cdot m$，异常体的电阻率为 $10\Omega\cdot m$。在地表铺设两条长为 100m 的电性源，两条电性源平行，电流方向相反，电流大小为 10A，接收高度为 100m。具体的模型参数如图 10.4.10 所示。

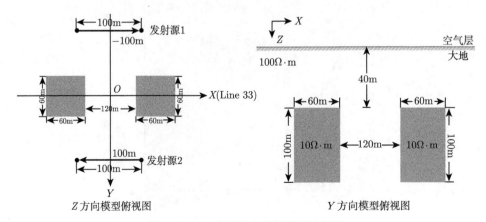

图 10.4.10　多源地空系统模型示意图

　　如图 10.4.10 所示, 在该模型中, 设置了 Line33 这条侧线, 利用电性源地空瞬变电磁的全域视电阻率法定义了相应的视电阻率, 并画出了全域视电阻率断面图 (图 10.4.11)。

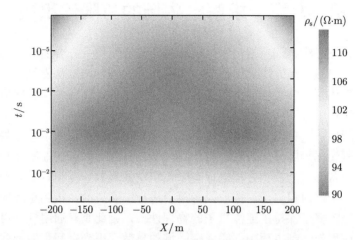

图 10.4.11　Line33 侧线全域视电阻率断面图 (多源)

　　全域视电阻率断面图可以明显地反映出两个低阻的异常, 与设计的模型对比发现, 全域视电阻率断面图的形态与地质体的形态基本一致, 说明电性源地空瞬变电磁法能够有效地勘探地下的目标体。

# 第 11 章　求解电磁场的有限体积法

瞬变电磁法三维正演包括空间离散和时间集成两部分。合适的空间域离散方法是决定瞬变电磁正演方法通用性与可拓展性的关键。本章从麦克斯韦方程组出发，采用有限体积算法实现瞬变电磁三维空间域离散，无条件稳定的后推欧拉法完成时间域迭代求解[34]。

对于空间离散，首先引入内积定义，采用简单的自然边界条件，将瞬变电磁法的控制方程转化为弱形式表示。将计算区域划分为一系列的控制体积单元，采用交错网格对弱形式的控制方程进行有限体积空间离散，基于算子思想，对控制方程中微分算子、内积算子、插值投影算子进行空间离散，得到矩阵形式的离散算子。这些矩阵算子保持了连续算子的物理性质，因此具有通用性，可作为固定模块，灵活应用于控制方程中，完成空间域的离散，得到空间离散形式的电磁场控制方程。对于时间离散，为了同时保证计算精度和效率，采用分段等间隔的时间步迭代，利用直接法实现其快速求解[35]。

## 11.1　有限体积控制方程与数值离散

瞬变电磁法对应的时间域麦克斯韦方程，忽略位移电流：

$$\frac{\partial B}{\partial t} = -\nabla \times E \tag{11.1.1a}$$

$$\nabla \times \mu^{-1} B - \sigma E = s \tag{11.1.1b}$$

式中，$E$ 为电场强度矢量；$B$ 为磁感应强度矢量；$t$ 为时间；$\sigma$ 为电导率；$\mu$ 为磁导率；$s$ 为外加源项。

为了求解式 (11.1.1)，还需要补充边界条件和初始条件。采用简单的自然边界条件[36]：

$$B \times n = 0 \tag{11.1.2a}$$

$$n \times E = 0 \tag{11.1.2b}$$

以及初始条件：

$$B(0) = B_0 \tag{11.1.3}$$

其中，$B_0$ 为 $t = 0$ 时刻空间中的磁场分布。

与有限元方法一样，有限体积法处理弱形式的控制方程。按照泛函分析理论，$E$ 和 $B$ 位于不同的 Sobolev 空间，即 $E \in \mathrm{H}(\mathrm{Curl};\Omega)$，$B \in \mathrm{H}(\mathrm{Div};\Omega)^{[36,37]}$。定义内积为

$$(A, G) = \int_{\Omega} A \cdot G \mathrm{d}V \tag{11.1.4}$$

其中，$A$ 和 $G$ 为空间 $\mathrm{H}(\mathrm{Curl};\Omega)$ 或 $\mathrm{H}(\mathrm{Div};\Omega)$ 中的任意参数。

为了得到弱形式的控制方程，引入与 $E$ 位于相同的 Sobolev 空间的参数 $W$、与 $B$ 位于相同的 Sobolev 空间的参数 $F$。将式 (11.1.1a) 与 $F$ 做内积，式 (11.1.1b) 与 $W$ 做内积，得到

$$\frac{\partial}{\partial t}(B, F) + (\nabla \times E, F) = 0 \tag{11.1.5a}$$

$$\left(\left(\nabla \times \mu^{-1}B\right), W\right) - (\sigma E, W) = (s, W) \tag{11.1.5b}$$

利用分部积分公式：

$$\left(\nabla \times \left(\mu^{-1}B\right), W\right) = \left(\mu^{-1}B, \nabla \times W\right) - \int_{\partial\Omega} \mu^{-1}W \cdot (B \times n)\,\mathrm{d}s \tag{11.1.6}$$

根据边界条件 $B \times n = 0\big|_{\partial\Omega}$，利用式 (11.1.6)，得到弱形式的控制方程：

$$\frac{\partial}{\partial t}(B, F) + (\nabla \times E, F) = 0 \tag{11.1.7a}$$

$$\left(\mu^{-1}B, \nabla \times W\right) - (\sigma E, W) = (s, W) \tag{11.1.7b}$$

由式 (11.1.7) 可知，由于 $E$ 和 $W$ 位于相同的 Sobolev 空间 $\mathrm{H}(\mathrm{Curl};\Omega)$，因此空间离散只需要求取空间 $\mathrm{H}(\mathrm{Curl};\Omega)$ 参数的旋度即可。对比式 (11.1.1)，弱形式控制方程不需要求取 $B$ 的旋度，由于求取旋度是一种微分运算，因此弱形式控制方程弱化了对电磁场的可微性。

设定整个网格剖分区域的 6 个面均为规则矩形，采用正交规则矩形网格，在 $x,y$ 和 $z$ 三个方向上离散网格单元数为 $n_x$，$n_y$ 和 $n_z$。典型的控制体积网格单元如图 11.1.1 所示，定义网格中心点为 $(i, j, k)$。根据式 (11.1.1a)，$E$ 的旋度对应 $B$，定义 $E$ 在网格棱边中心，三个方向的场点分别为 $E^x_{i,j\pm1/2,k\pm1/2}$，$E^y_{i\pm1/2,j,k\pm1/2}$ 和 $E^z_{i\pm1/2,j\pm1/2,k}$，定义 $B$ 在网格面中心，三个方向的场点分别为 $B^x_{i\pm1/2,j,k}$，$B^y_{i,j\pm1/2,k}$ 和 $B^z_{i,j,k\pm1/2}$。

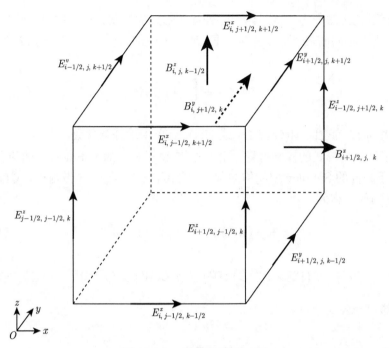

图 11.1.1　网格单元 $(i, j, k)$

由式 (11.1.7) 可知，空间离散主要包含两部分内容：旋度算子离散和空间内积离散。有限体积法 (FVM) 采用积分形式的斯托克斯定理处理电场旋度的离散。对于网格单元 $(i, j, k)$，在 $x, y$ 和 $z$ 三个方向上的单元网格长度记为 $h_{xi}, h_{yj}$ 和 $h_{zk}$。单元网格 6 个表面分别记为 $S_{i\pm1/2,j,k}$, $S_{i,j\pm1/2,k}$ 和 $S_{i,j,k\pm1/2}$。以表面 $S_{i\pm1/2,j,k}$ 为例，计算电场的旋度 $x$ 方向的分量，即关于表面 $S_{i\pm1/2,j,k}$ 的投影为

$$(\nabla \times E) \cdot n_{i\pm1/2,j,k} = \frac{1}{h_{yj}h_{zk}} \oint_{\partial S_{i\pm1/2,j,k}} E \cdot \mathrm{d}l \tag{11.1.8}$$

根据中点积分规则可以得到式 (11.1.8) 右端项线积分的离散表示为

$$\oint_{\partial S_{i+1/2,j,k}} E \cdot \mathrm{d}l$$
$$= h_{yj}\left(-E^y_{i+1/2,j,k+1/2} + E^y_{i+1/2,j,k-1/2}\right) + h_{zk}\left(E^z_{i+1/2,j+1/2,k} - E^z_{i+1/2,j-1/2,k}\right) \tag{11.1.9}$$

同理计算电场的旋度 $y$ 方向分量为

$$(\nabla \times E) \cdot n_{i,j+1/2,k}$$

$$= \frac{h_{xi}\left(-E^x_{i,j+1/2,k+1/2} + E^x_{i,j+1/2,k-1/2}\right) + h_{zk}\left(E^z_{i+1/2,j+1/2,k} - E^z_{i-1/2,j+1/2,k}\right)}{h_{xi}h_{zk}}$$

$$(11.1.10)$$

计算电场的旋度 $z$ 方向分量为

$$(\nabla \times E) \cdot n_{i,j,k+1/2}$$

$$= \frac{h_{xi}\left(-E^x_{i,j+1/2,k+1/2} + E^x_{i,j-1/2,k+1/2}\right) + h_{yj}\left(E^y_{i+1/2,j,k+1/2} - E^y_{i-1/2,j,k+1/2}\right)}{h_{xi}h_{yj}}$$

$$(11.1.11)$$

根据式 (11.1.8)~ 式 (11.1.11)，可以将旋度算子整理为矩阵形式：

$$\nabla \times E = \mathrm{Curl}e = P^{-1}CLe \tag{11.1.12}$$

式中，$P$ 为包含剖分网格所有表面面积的对角矩阵；$L$ 为包含剖分网格所有棱边长度的对角矩阵；$e$ 为网格中电场 $E$ 的矩阵表示形式；$C$ 为包含 0 和 $\pm 1$ 的矩阵，其形式表达为

$$C = \begin{bmatrix} 0 & D_{yz} & -D_{zy} \\ -D_{xz} & 0 & D_{zx} \\ D_{xy} & -D_{yx} & 0 \end{bmatrix}_{\mathrm{nb}\times\mathrm{ne}}$$

其中，nb 为剖分网格所有表面数；ne 为剖分网格所有棱边数；$D_{ij}\,(i,j=x,y,z)$ 为各方向上的差分矩阵，如

$$D_{yz} = \begin{bmatrix} -1 & 0 & \cdots & 0 & 1 & & & \\ & -1 & 0 & \cdots & 0 & 1 & & \\ & & -1 & 0 & \cdots & 0 & 1 & \\ & & & -1 & 0 & \cdots & 0 & 1 \end{bmatrix}_{[\mathrm{nz}*\mathrm{ny}*(\mathrm{nx}+1)]\times[(\mathrm{nz}+1)*\mathrm{ny}*(\mathrm{nx}+1)]},$$

nx, ny, nz 分别表示各方向网格数。

由式 (11.1.7) 可知，空间内积离散包含两种不同类型：位于面中心点的参数内积 $(B,F)$ 和位于棱边中心的参数内积 $(\sigma E,W)$。设定网格单元内部的电导率均一，内积计算可以采用简单的中心点算术平均来求得。

网格单元 $(i,j,k)$ 中，面中心点参数内积即

$$(B,F) = \sum_{i,j,k}\int_{\Omega_{i,j,k}}\left(B^x_{i,j,k}F^x_{i,j,k} + B^y_{i,j,k}F^y_{i,j,k} + B^z_{i,j,k}F^z_{i,j,k}\right)\mathrm{d}V \tag{11.1.13}$$

由于 $B$ 和 $F$ 都定义在网格面中心, 对于一个网格单元, 在一个方向上有 2 个面中心, 因此:

$$\int_{\Omega_{i,j,k}} \left(B_{i,j,k}^x F_{i,j,k}^x\right) \mathrm{d}V = v_{i,j,k} \left(\frac{B_{i-1/2,j,k}^x F_{i-1/2,j,k}^x + B_{i+1/2,j,k}^x F_{i+1/2,j,k}^x}{2}\right)$$
$$\text{(11.1.14a)}$$

$$\int_{\Omega_{i,j,k}} \left(B_{i,j,k}^y F_{i,j,k}^y\right) \mathrm{d}V = v_{i,j,k} \left(\frac{B_{i,j-1/2,k}^y F_{i,j-1/2,k}^y + B_{i,j+1/2,k}^y F_{i,j+1/2,k}^y}{2}\right)$$
$$\text{(11.1.14b)}$$

$$\int_{\Omega_{i,j,k}} \left(B_{i,j,k}^z F_{i,j,k}^z\right) \mathrm{d}V = v_{i,j,k} \left(\frac{B_{i,j,k-1/2}^z F_{i,j,k-1/2}^z + B_{i,j,k+1/2}^z F_{i,j,k+1/2}^z}{2}\right)$$
$$\text{(11.1.14c)}$$

其中, $v_{i,j,k}$ 是网格单元 $(i,j,k)$ 的体积。综合式 (11.1.13) 和式 (11.1.14), 采用矩阵形式表示, 即为

$$(B, F) = f^{\mathrm{T}} M_f b \tag{11.1.15}$$

其中, $f$ 和 $b$ 分别为 $F$ 与 $B$ 的矩阵表示形式; $M_f$ 的具体形式如下:

$$M_f = \mathrm{diag} \begin{pmatrix} (A_{fx})^{\mathrm{T}} v \\ (A_{fy})^{\mathrm{T}} v \\ (A_{fz})^{\mathrm{T}} v \end{pmatrix} \tag{11.1.16}$$

其中, $v$ 为包含所有剖分网格单元体积的对角矩阵; $A_{fr}, r = x, y, z$ 分别对应 $B_x$, $B_y$ 和 $B_z$ 的平均, 具体形式为

$$A_{fr} = \begin{pmatrix} 1/2 & 1/2 & & & \\ & 1/2 & 1/2 & & \\ & & & \ddots & \\ & & & 1/2 & 1/2 \end{pmatrix}_{\mathrm{nc} \times \mathrm{nr}} \tag{11.1.17}$$

其中, nc 为剖分网格单元数; nr 为剖分网格 $r$ 方向表面数。

棱边中心的参数内积 $(\sigma E, W)$ 离散, 同样是将参数平均到网格单元中心位置, 与面中心点参数内积离散方法类似, 不同在于: 对于一个网格单元, 在每个方向上有 4 条棱边, 因此每条棱边上的场值占比为 1/4, 从而得到棱边中心的参数内积 $(\sigma E, W)$ 离散的矩阵, 表示为

$$(\sigma E, W) = e^{\mathrm{T}} M_{\sigma e} w \tag{11.1.18}$$

其中，$w$ 为 $W$ 的矩阵表示形式；$M_{\sigma e}$ 的具体形式为

$$M_{\sigma e} = \mathrm{diag} \begin{pmatrix} (A_{ex})^{\mathrm{T}} V_{\sigma} \\ (A_{ey})^{\mathrm{T}} V_{\sigma} \\ (A_{ez})^{\mathrm{T}} V_{\sigma} \end{pmatrix} \tag{11.1.19}$$

$V_{\sigma}$ 为包含所有网格单元体积与该网格单元电导率的乘积的对角矩阵；$A_{er}, r = x, y, z$ 代表定义在网格棱边中心的 $E_r$ 平均到网格中心的转换矩阵。

得到了旋度离散和内积离散的具体形式后，可以给出控制式 (11.1.7) 的完整离散，用矩阵形式表示，即为

$$f^{\mathrm{T}} M_f b_t + f^{\mathrm{T}} M_f \mathrm{Curl} e = 0 \tag{11.1.20a}$$

$$w^{\mathrm{T}} \mathrm{Curl}^{\mathrm{T}} M_{f\mu} b - w^{\mathrm{T}} M_{e\sigma} e = w^{\mathrm{T}} M_e s \tag{11.1.20b}$$

由于 $f$ 和 $w$ 是任意引入的参数 $F$ 与 $W$ 对应的矩阵形式，因此式 (11.1.20) 两边可以消去 $f$ 和 $w$，得到控制方程空间离散的矩阵，表示为

$$b_t + \mathrm{Curl} e = 0 \tag{11.1.21a}$$

$$\mathrm{Curl}^{\mathrm{T}} M_{f\mu} b - M_{e\sigma} e = M_e s \tag{11.1.21b}$$

## 11.2 初始场求解

对于常见的下阶跃发射波形，根据发射源形状的不同，初始场的计算可以分为三类。

对于圆形回线源瞬变电磁装置，在电流关断之前，空间中只存在稳定电流产生的静态磁场，该静态磁场分布与模型电导率无关，即为 $t = 0$ 时刻空间中的磁场分布 $b^0 = b(0)$。如果不考虑模型中的磁导率变化，即假定地下模型的磁导率与空气磁导率相同，均为真空磁导率 $\mu_0$，则柱坐标系中全空间的磁矢势可以解析形式表示为 [28]

$$A_{\varphi}(r, z) = \frac{\mu_0 I}{k\pi} \sqrt{\frac{a}{r}} \left[ \left( 1 - \frac{k^2}{2} \right) P - Q \right] \tag{11.2.1}$$

回线源中心点位置为 $(x_0, y_0, z_0)$，回线源半径为 $a$，接收点位置为 $(x_r, y_r, z_r)$，$x = x_r - x_0$，$y = y_r - y_0$，$z = z_r - z_0$，$r = \sqrt{x^2 + y^2}$，$k = \sqrt{\dfrac{4ar}{(a+r)^2 + z^2}}$，$P = \displaystyle\int_0^{\pi/2} \dfrac{\mathrm{d}\theta}{\sqrt{1 - k^2 \sin^2 \theta}}$ 和 $Q = \displaystyle\int_0^{\pi/2} \sqrt{1 - k^2 \sin^2 \theta} \mathrm{d}\theta$ 分别为第一类和第二类椭圆积

分。将柱坐标系中磁矢势转化到直角坐标系中，即 $A_x = A_\varphi \cdot \dfrac{-y}{r}$，$A_y = A_\varphi \cdot \dfrac{x}{r}$，$A_z = 0$。根据磁场与磁矢势的关系：

$$B = \nabla \times A \qquad\qquad (11.2.2)$$

即可得到初始时刻的磁场。

对比式 (11.2.2) 和式 (11.1.1a)，可知 $A$ 与 $E$ 位于相同的 Sobolev 空间，即 $A$ 与 $E$ 在离散网格中位于同一位置。利用式 (11.2.1)，计算离散网格棱边中点位置的磁矢势，利用式 (11.2.2)，即可得到 $t = 0$ 时刻空间中的磁场分布，表示为矩阵形式：

$$b^0 = \mathrm{Curl}\, a \qquad\qquad (11.2.3)$$

采用磁矢势求得磁场而不是直接采用解析形式的磁场表示式，主要是考虑到式 (11.2.3) 能够保证初始时刻的磁场 $b^0$ 是无散的，即 $\nabla \cdot B(0) \equiv 0$，根据有限体积法的特点，能够保证之后的磁场 $b^n$ 总是无散的。

对于接地导线源，在电流关断前地下存在稳定的电场，同时全空间存在稳定的磁场。采用有限体积法对欧姆定律进行离散，初始电场可表示为

$$e_0 = M_{e\sigma}^{-1} j_0 \qquad\qquad (11.2.4)$$

其中，$j_0$ 表示离散形式的地下初始静电流密度，可以分为如下两部分：

$$j_0 = M_{e\sigma} e_{DC} + j_\mathrm{s} \qquad\qquad (11.2.5)$$

式中，$j_\mathrm{s}$ 表示接地点强加的电流源；$e_{DC}$ 表示电流源激励在地下产生的稳定直流电场，可表示为

$$e_{DC} = -\mathrm{Grad}\phi\, e_{DC} = -\mathrm{GRAD}\phi \qquad\qquad (11.2.6)$$

其中，$\phi$ 为空间离散形式的电位场，可通过求解离散形式的三维泊松方程得到：

$$\mathrm{Grad}^\mathrm{T} M_{e\sigma} \mathrm{Grad}\phi = \mathrm{Grad}^\mathrm{T} j_\mathrm{s} \qquad\qquad (11.2.7)$$

采用直接法求解式 (11.2.7) 得到电位场 $\phi$ 后，代入式 (11.2.4)、式 (11.2.5) 和式 (11.2.6) 中即可求解初始电场 $e_0$。

得到电场 $e_0$ 后，磁场 $b_0$ 可通过求解如下有限体积形式的安培定律方程得到：

$$\left(\mathrm{Curl}^\mathrm{T} M_{f\mu} \mathrm{Curl} + \mathrm{Grad} M_n \mathrm{Grad}^\mathrm{T}\right) a = -M_{e\sigma} e_0 \qquad\qquad (11.2.8)$$

$$b_0 = \mathrm{Curl}\, a \qquad\qquad (11.2.9)$$

其中，$a$ 为磁矢量位；Grad 为离散梯度算子。式 (11.2.8) 是一个线性对称系统，从而保证 $\text{Grad}^{\text{T}}a = 0$，其中 $M_n$ 是任意对称半正定矩阵。

不规则回线源在实际瞬变电磁探测中同样应用广泛，相比于接地导线源，在电流关断前，地下不存在电流场，只在全空间中存在稳定的磁场。

为了简单起见，通常可以把不规则回线源看作多段长导线源的叠加，因此可以用与接地导线相同的算法分别计算各段导线源产生的磁场，最后叠加得到不规则回线源的初始磁场。但这种方法需要多次求解方程组，计算效率低。由于叠加后电流仍只集中于回线中，根据空间离散形式的安培定律，可直接得到初始磁场的方程：

$$\left(\text{Curl}^{\text{T}}M_{f\mu}\text{Curl} + \text{Grad}M_n\text{Grad}^{\text{T}}\right)a = -M_e s \tag{11.2.10}$$

$$b_0 = \text{Curl}a \tag{11.2.11}$$

求解式 (11.2.10)，代入式 (11.2.11) 即可得到初始磁场 $b_0$。

## 11.3　时间域后推欧拉离散

完成空间离散后，进行时间离散。时间离散采用无条件稳定的后推欧拉差分法，即

$$b_t^n = \frac{b^n - b^{n-1}}{\Delta t} \tag{11.3.1}$$

将式 (11.1.22) 代入式 (11.1.21)，得到离散控制方程为

$$\left(\text{Curl}^{\text{T}}M_{f\mu}\text{Curl} + \Delta t^{-1}M_{e\sigma}\right)e^n = \Delta t^{-1}\text{Curl}^{\text{T}}M_{f\mu}b^{n-1} - \Delta t^{-1}M_e s^n \tag{11.3.2a}$$

$$b^n = b^{n-1} - \Delta t\text{Curl}e^n \tag{11.3.2b}$$

由式 (11.1.21a) 可以得到 $b_t^n = -\text{Curl}e^n$。

得到初始场 $b^0$ 之后，通过求解时间步迭代的线性方程组 (11.3.2)($s^n = 0$) 即可得到不同时刻的电磁场响应。该方程组的求解可以采用迭代法或直接法。直接法对矩阵条件数不敏感，能有效处理多右端项问题，采用直接法求解器 PARDISO 求解线性方程组 (11.3.2)。为了同时保证计算精度和效率，选取分段等间隔的时间步长。

## 11.4　时间域迭代求解数值算例

首先通过一维层状模型与解析解的比较，以及三维典型模型与其他三维正演算法的比较，验证算法的计算精度。计算设备为 32G 内存、四核主频 3.6GHz 的 Intel i7 CPU 的台式电脑。

采用层状地层模型，通过与 Ward 和 Hohmann 等的一维解析解结果对比，验证算法的计算精度。层状地层模型参数如图 11.4.1 所示，空气层电导率设置为 $10^{-6}$S/m，在电导率为 0.01S/m 半空间地层中存在一个顶部埋深 50m、层厚 50m、电导率 0.1S/m 的低阻层。发射源为地表圆形回线框，半径为 10m，发射电流为 1A，接收回线中心点的 $\mathrm{d}B_z/\mathrm{d}t$ 和 $B_z$。采用非均匀网格剖分，最小网格长度为 5m，网格放大系数为 1.3，总的网格单元数为 $37 \times 37 \times 52$。最小时间步长为 $1 \times 10^{-7}$s，每间隔 200 步时间步长增大一倍，总的时间步迭代次数为 1800 次。采用直接法求解器 PARDISO 求解，需 9 次系数矩阵分解，1800 次方程求解，总的计算时间为 350s。与 1D 解析解的对比结果如图 11.4.2 所示，其中图 11.4.2(a) 为接收回线中心点的 $\mathrm{d}B_z/\mathrm{d}t$ 响应，图 11.4.2(b) 为 $\mathrm{d}B_z/\mathrm{d}t$ 三维响应与一维响应的相对误差；图 11.4.2(c) 为接收回线中心点的 $B_z$ 响应，图 11.4.2(d) 为 $B_z$ 三维响应与一维响应的相对误差。由图 11.4.2 可知，$B_z$ 三维响应与一维响应的相对误差在 3% 以内，$\mathrm{d}B_z/\mathrm{d}t$ 三维响应与一维响应的相对误差早期 (0.02ms 以内) 略大，其他时间区域的相对误差在 3% 以内。采用本章算法计算的层状模型响应与解析解吻合得很好，说明算法是有效的。

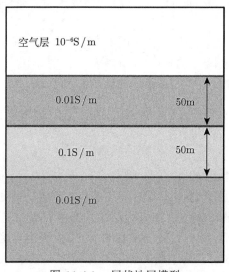

图 11.4.1　层状地层模型

采用 Commer 等在计算电性源瞬变电磁响应时设计的三维垂直接触带模型 [27]，通过与三维矢量有限元计算结果比较，进一步验证算法的计算精度。模型如图 11.4.3 所示，地表下方是厚度 50m、电导率为 0.1S/m 的覆盖层，覆盖层下由两部分的垂直接触带构成，电导率分别为 0.01S/m 和 0.0033333S/m。垂直接触带中间存在一个电阻率为 1S/m 的三维复杂形状的低阻体，沿走向的长度为 400m，宽度为 100m,厚度近似为 500m,具体的形状如图 11.4.3(a) 所示。空气层电导率设置为 $10^6$S/m。发射线圈为 100m × 100m 的方形回线框,发射线框的中心点坐标为 $(0, 50, 0)$ m,4 个观测点分别位于 $(0, 50, 0)$ m,$(0, 150, 0)$ m,$(0, 450, 0)$ m 和 $(0, 1050, 0)$ m。采用非均匀网格剖分,最小网格长度为 10m,网格放大系数为 1.4,总的网格单元数为 58 × 40 × 53,具体的剖分如图 11.4.3(b) 所示,总的计算时间为 1060s。计算结果与采用矢量有限元法 (FEM) 的结果对比如图 11.4.4 所示。由图 11.4.4 可知,两种方法计算的不同观测点处的响应重合得非常好,进一步说明了算法计算的结果是可靠的。

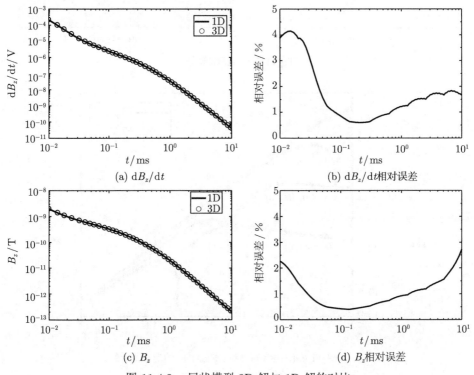

图 11.4.2 层状模型 3D 解与 1D 解的对比

建立三维浅海模型,首先考虑下凹地形,模型参数如图 11.4.5 所示,空气电导率为 $10^{-7}$S/m,浅海深度为 10m,电导率为 3S/m,海水下为 20m 的含沙层,电导率为 0.5 S/m,在含沙层中存在一个下凹的地形变化,该部分在 $xoz$ 面上为一个直角三角形,在 $y$ 方向上延伸 400m。含沙层下为海底基岩,电导率为 1/800 S/m。发射线框边长为 30m,发射电流为 100A,发射线圈位于海底与沉积层的接触面向上 2m 处,回线中心点接收。接收点距为 20m,测线长 400m。采用非均匀网格剖分,网格放大系数为 1.3,总的网格单元数为 72 × 82 × 93,求解时间范围为 0.01∼100ms。

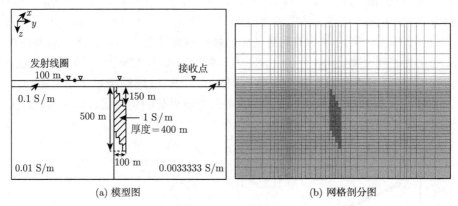

(a) 模型图　　　　　　　　　　　　(b) 网格剖分图

图 11.4.3　三维模型

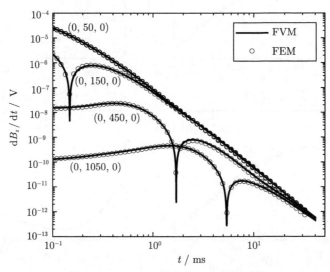

图 11.4.4　FVM 解与 FEM 解的对比

　　三维正演结果表明,低阻下凹地形会导致多测道图 (图 11.4.6) 中存在明显的向上突起,视电阻率剖面图 (图 11.4.7) 中表现为明显的低阻下凹特点,与实际地层模型的电阻率分布特点相符。

　　上隆地形模型参数如图 11.4.8 所示,空气电导率为 $10^{-7}$S/m,浅海深度为 10m,电导率为 3S/m,海水下为 60m 的含沙层,电导率为 0.5 S/m,在含沙层中存在一个海底基岩上隆的地形变化,该部分在 $xoz$ 面上为一个直角三角形,在 $y$ 方向上延伸 200m。含沙层下为海底基岩,电导率为 1/800 S/m。发射线框边长为 30m,发射电流为 100A,发射线圈位于海底与沉积层的接触面向上 2m 处,回线中心点接收。接收点距为 10m，测线长 200m。采用非均匀网格剖分，网格放大系数为 1.3，总的网格单元数为 $72 \times 82 \times 93$，求解时间范围为 0.01~100ms。

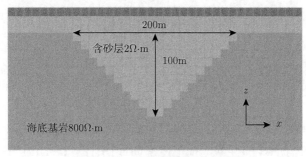

图 11.4.5　下凹地形模型示意图

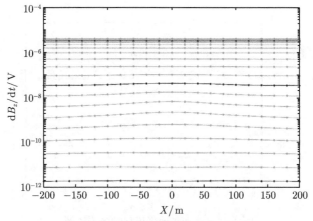

图 11.4.6　下凹地形模型的多测道图

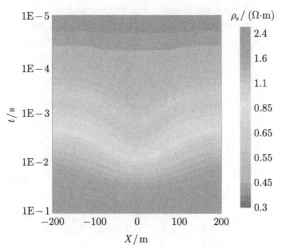

图 11.4.7　下凹地形模型的视电阻率图

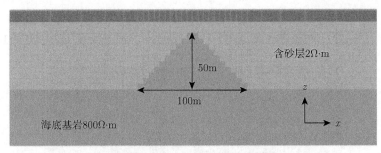

图 11.4.8　　上隆地形模型示意图

　　三维正演结果表明，高阻上隆地形对瞬变电磁响应的影响较弱，多测道图 (图 11.4.9) 中没有明显的异常，视电阻率断面图 (图 11.4.10) 中表现出一定的高阻上隆特点，与实际地层模型的电阻率分布特点相符。

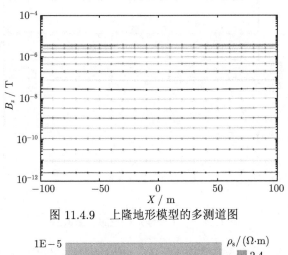

图 11.4.9　　上隆地形模型的多测道图

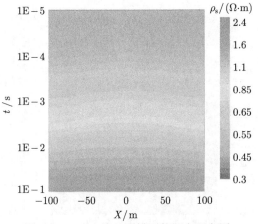

图 11.4.10　　上隆地形模型的视电阻率图

# 参 考 文 献

[1] 徐世浙. 地球物理中的有限单元法 [M]. 北京: 科学出版社,1994.

[2] 朱伯芳. 有限单元法原理与应用 [M]. 杭州: 水利出版社, 1979.

[3] 金建铭. 电磁场有限单元方法 [M]. 西安: 西安电子科技大学出版社,1998.

[4] 李庆扬. 数值分析 [M]. 北京：清华大学出版社,2008.

[5] 徐士良. FORTRAN 常用算法程序集 [M]. 北京: 清华大学出版社, 1995.

[6] 傅良魁. 电法勘探原理 [M]. 北京: 地质出版社,1983.

[7] 李金铭. 地电场与电法勘探 [M]. 北京：地质出版社,2005.

[8] 曾余庚, 徐国华, 宋国襄. 电磁场有限单元法 [M]. 北京: 科学出版社, 1982.

[9] 李建慧, 朱自强, 曾思红, 等. 瞬变电磁法正演计算进展 [J]. 地球物理学进展, 2012,27(4): 1393-1400.

[10] 徐世浙. 点源二维电场问题中傅氏反变换的滤波系数选择 [J]. 物化探计算技术, 1988, 10(3): 235-239.

[11] 徐世浙. 地球物理中的边界单元法 [M]. 北京: 科学出版社, 1995.

[12] 徐世浙, 赵生凯. 二维各向异性地电剖面的大地电磁场有限元解法 [J]. 地震学报, 1985, 7(1): 80-90.

[13] 李忠元. 电磁场边界元素法 [M]. 北京：北京工业大学出版社,1987.

[14] 埃伯哈德·蔡德勒. 数学指南——实用数学手册 [M]. 李文林, 译. 北京: 科学出版社,2006.

[15] 田宪谟, 黄兰珍. 电法勘探用边界单元法 [M]. 北京：地质出版社, 1990.

[16] 徐世浙. 三维地形均匀各向异性岩石点电源电场的边界单元解法 [J]. 山东海洋学院学报, 1985, 15(2): 54-61.

[17] 田宪谟, 黄兰珍, 寸树苍. 点源场电阻率法三维地形改正的边界元法 [J]. 成都理工大学学报 (自然科学版), 1986, 3: 17.

[18] 阮百尧, 徐世浙, 徐志锋. 三维地形大地电磁场的边界元模拟方法 [J]. 地球科学: 中国地质大学学报, 2007, 32(1): 130-134.

[19] 胡博, 岳建华, 邓帅奇. 边界元算法在电法勘探正演中的应用综述 [J]. 地球物理学进展, 2010, 3: 1024-1030.

[20] 戴光明, 罗延钟. 用边界元法求积分方程数值解 [J]. 物化探计算技术, 1995, 17(4): 32-37.

[21] 李貅. 瞬变电磁测深的理论与应用 [M]. 西安: 陕西科学技术出版社, 2002.

[22] 朴化荣. 电磁测深法原理 [M]. 北京: 地质出版社,1990.

[23] 邓晓红. 定回线源瞬变电磁三维异常特征反演 [J]. 物探化探计算技术, 2007 (S1):42-46.

[24] 孙怀凤, 李貅, 李术才, 等. 考虑关断时间的回线源激发 TEM 三维时域有限差分正演 [J]. 地球物理学报, 2013,56(3): 1049-1064.

[25] 葛德彪, 闫玉波. 电磁波时域有限差分法 [M]. 西安：西安电子科技大学出版社,2005.

[26] 余文华, 李文光. 高等时域有限差分方法: 并行、优化、加速、标准和工程应用 [M]. 哈尔滨: 哈尔滨工程大学出版社, 2011.

[27] Commer M, Newman G. A parallel finite-difference approach for 3D transient electro-magnetic modeling with galvanic sources[J]. Geophysics, 2004,69(5): 1192-1202.

[28] Nabighian M N. Electromagnetic Methods in Applied Geophysics - Theory (Volume 1)[M]. Tulsa OK: Society of Exploration, 1988.

[29]  Yu W, Mittra R, Su T et al. Parallel Finite-Difference Time-Domain Method[M]. USA: Artech House, 2006.

[30]  He Li, Zhipeng Qi, Xiu Li, et al. Numericalmodelling analysis ofmulti-source semi-airborne TEMsystems using a TFEM[J]. Journal of Geophysics and Engineering, 2020, 17, 399-410.

[31]  薛国强, 李貅, 底青云. 瞬变电磁法正反演问题研究进展 [J]. 地球物理学进展, 2008,23(4): 1165-1172.

[32]  任政勇, 汤井田. 基于局部加密非结构化网格的三维电阻率法有限元数值模拟 [J]. 地球物理学报, 2009,52(10): 2627-2634.

[33]  张继锋, 汤井田, 喻言, 等. 基于电场矢量波动方程的三维可控源电磁法有限单元法数值模拟 [J]. 地球物理学报, 2009,52(12):3122-3141.

[34]  周建美, 刘文韬, 李貅, 等. 双轴各向异性介质中回线源瞬变电磁三维拟态有限体积正演算法 [J]. 地球物理学报, 2018,61(1): 368-378.

[35]  彭荣华, 胡祥云, 韩波, 等. 基于拟态有限体积法的频率域可控源三维正演计算 [J]. 地球物理学报, 2016,59(10): 3927-3939.

[36]  Haber E, Ruthotto L. A multiscale finite volume method for Maxwell's equations at low frequencies[J]. Geophysical Journal International, 2014,199(2): 1268-1277.

[37]  Börner R, Ernst O G, Spitzer K. Fast 3-D simulation of transient electromagnetic fields by model reduction in the frequency domain using Krylov subspace projection[J]. Geophysical Journal International, 2008,173(3): 766-780.

# 附　　录

## 附录一　时间域矢量有限元瞬变电磁三维正演程序说明

程序的结构及主要子程序的功能介绍如下，程序主体分为三大部分，分别为数据读取、数值计算和计算结果输出。程序下载网址：https://github.com/tdem-lixiu/TEM-TDFEM3D。

数据读取过程包含两个子程序：

(1) GET_PP(PP,NS,SX,WE)，此程序的功能是读取每个单元的电阻率，其中 PP 表示每个单元的电阻率，WE,NS,SX 表示模型在 X,Y,Z 三个方向上的节点数；

(2) GRID(XYZ,I3,N3,NI,NS,WE,SX)，此程序的功能是对模型的每个单元的棱边及节点进行编号，并且读取每个节点的坐标，其中 XYZ 表示每个节点的坐标，I3 表示每个单元的 8 个节点，N3 表示每个单元的 12 条棱边，NI 表示每条棱边的 2 个节点。

计算过程包含四个子程序：

(1) UKE1(DELTAT,K,XYZ,N3,NI,I3,NS,SX,WE,EA,PP,U0)，此程序的功能是进行单元分析，其中 DELTAT 表示时间步长，K 表示单元的编号，EA 表示单元矩阵，U0 表示磁导率；

(2) HECHENG()，此程序的功能是单元合成；

(3) YUAN11()，此程序的功能是源的加载；

(4) YOUHECHENG()，此程序的功能是求解方程组的右端项。

计算结果输出包含两个子程序：

(1) NB(E2,HHH,XYZ,WE,NS,SX,NI)，此程序的功能是边转换，将自由度在棱边中心点的电场值转换到节点上，其中 E2 表示各条棱边上的电场值，HHH 表示转换后的各个节点上的电场值；

(2) HZA(HHH,HH2,XYZ,WE,NS,SX)，此程序的功能是将节点上的电场转换为 $dB/dt$，其中 HH2 表示转换后的各个节点上的 $dB/dt$。

## 附录二　时域有限差分瞬变电磁三维正演程序说明

时间域电磁勘探三维正演计算程序采用 Fortran 语言开发，基础编译器采用 Intel Fortran 编译器，并保持对 Gfortran 和 PGIfortran 的兼容性。能够实现任意发射波形、任意关断时间、多种装置型式的瞬变电磁勘探三维响应模拟。详细资料可参考时间域电磁勘探三维正演程序 TEM3dFDTD 产品说明书。

程序目前支持跨平台使用，在 Windows、Linux、Macos 环境均能获得较好的性能。在 Windows 环境中通过访问 git 仓库地址 https://git.oschina.net/geophy/tem3dfdtd.git 获得产品。